零基础 Go语言

算法实战

廖显东 编著

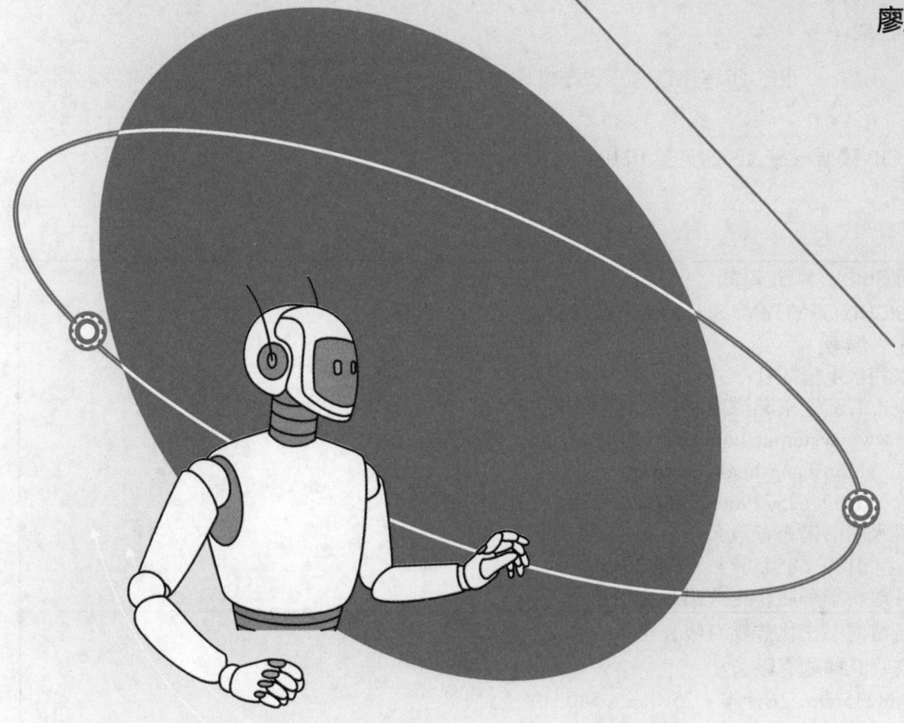

中国水利水电出版社
www.waterpub.com.cn
· 北京 ·

内容提要

本书以Go语言算法实战为核心，系统讲解了Go语言基础、常见算法的基本原理及其Go语言实现，同时还提供名企算法面试真题及其解答。所有代码采用目前Go语言的最新版本（1.20）编写。

全书分为3篇，第1篇是基础入门篇，包括Go语言入门、Go语言编程基础、算法与数据结构基础、基本数据结构，系统介绍了Go语言基础知识、算法基础、栈、队列、链表等的基本原理，Go语言实现及面试题实战；第2篇是进阶篇，包括树、图两章内容，系统介绍了树与图数据结构的基本原理，Go语言实现及面试题实战；第3篇是高级篇，系统介绍了排序算法、搜索算法、贪心算法、分治算法、回溯算法、动态规划算法、递归算法、常见机器学习算法等的基本原理，Go语言实现及面试题实战。本书还提供了完整的配套代码，同时为重难点知识提供了配套视频，帮助读者以最快的速度从零基础新手向算法高手进阶。

本书旨在满足不同读者的需求，既适合专业科学研究人员、算法工程师等一线开发人员作为工具书使用，也适合相关院校、机构作为培训教材使用。

图书在版编目（CIP）数据

零基础Go语言算法实战 / 廖显东编著. —北京：中国水利水电出版社，2024.4

ISBN 978-7-5226-2252-1

Ⅰ. ①零… Ⅱ. ①廖… Ⅲ. ①程序语言－程序设计 Ⅳ. ①TP312

中国国家版本馆 CIP 数据核字（2024）第 021068 号

书　　名	零基础Go语言算法实战 LING JICHU Go YUYAN SUANFA SHIZHAN
作　　者	廖显东　编著
出版发行	中国水利水电出版社 （北京市海淀区玉渊潭南路1号D座　100038） 网址：www.waterpub.com.cn E-mail：zhiboshangshu@163.com 电话：（010）62572966-2205/2266/2201（营销中心）
经　　售	北京科水图书销售有限公司 电话：（010）68545874、63202643 全国各地新华书店和相关出版物销售网点
排　　版	北京智博尚书文化传媒有限公司
印　　刷	河北文福旺印刷有限公司
规　　格	190mm×235mm　16开本　25印张　540千字
版　　次	2024年4月第1版　2024年4月第1次印刷
印　　数	0001—3000册
定　　价	108.00元

Go 语言简介

Go 语言是谷歌公司于 2009 年开源的一门新的系统编程语言，可以在保证应用程序性能的情况下极大地降低代码的复杂度。相比于其他编程语言，Go 语言简洁、快速、安全、并行、有趣、开源。

Go 语言在高性能分布式系统、Web 服务器编程、分布式系统开发、云平台开发、区块链开发等领域有着广泛应用。近几年，很多公司，特别是云计算公司开始采用 Go 语言重构其基础架构。很多应用都直接采用 Go 语言进行开发，Docker、Kubernetes 等轻量级应用的持续火热，更是让 Go 语言成为当下最热门的编程语言之一。

为什么编写本书

作为一名软件工程师或者软件初学者，算法显得十分重要。很多公司，特别是知名大公司在招聘软件工程师时，基本都会有与算法相关的笔试或面试。而目前国内关于算法的书籍很少，且使用的算法版本较旧，对零基础读者十分不友好。市面上的一些关于 Go 语言算法的图书只注重面试题本身，对算法基本原理的描述不够详细，没有系统地对 Go 语言算法进行讲解。这对于想系统地学习 Go 语言算法的开发者来说将非常困难。所以作者想结合多年的 Go 语言软件架构与实战开发经验，编写一本 Go 语言算法方面的书，希望给更多的初学者以帮助。

本书内容

本书主要内容如下图所示。

（1）基础入门篇（第1~4章）。

本篇内容系统介绍Go语言基础知识、编程基础知识、算法基础知识，数据结构如栈、队列、链表等的基本原理，精细讲解如何用Go语言实现它们，并辅以相关面试题来加深印象。

（2）进阶篇（第5~6章）。

本篇内容系统介绍数据结构树与图的基本原理，精细讲解如何用Go语言实现它们，并辅以相关面试题来加深印象。

（3）高级篇（第7~13章）。

本篇内容系统介绍排序算法、搜索算法、贪心算法、分治算法、回溯算法、动态规划算法、其他常见算法等的基本原理，精细讲解如何用Go语言实现它们，并辅以相关面试题来加深印象。

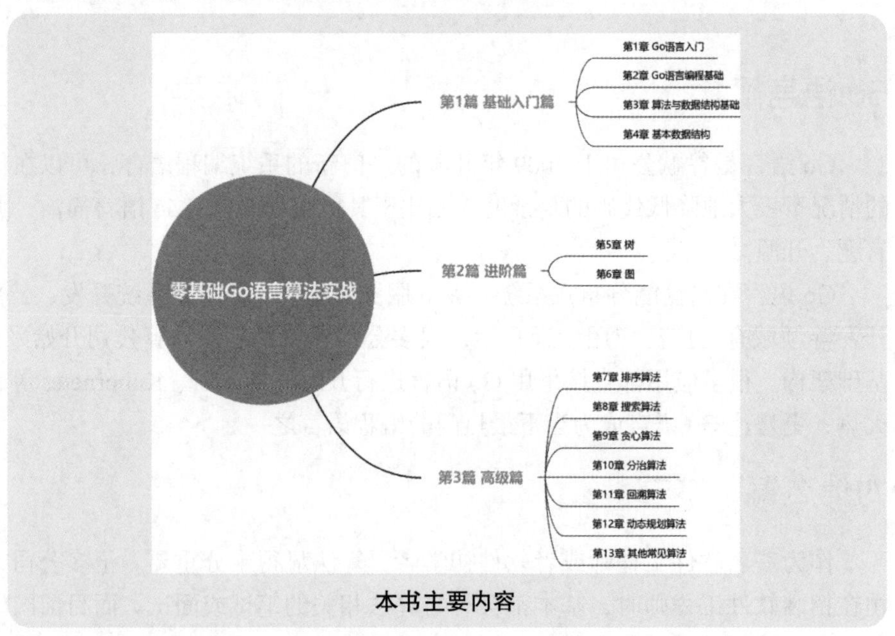

本书主要内容

本书特色

作者结合多年的Go语言编程招聘、面试及实践经验，对Go语言算法进行了详细的梳理和讲解。本书具有以下特点。

（1）一线技术，突出实战。

本书以实战为核心，贯穿整本书，系统地讲解 Go 语言算法的知识和面试技巧，覆盖了主流算法知识。每个算法都有详细的算法原理、Go 语言实现和面试题实战解答。所有代码采用目前 Go 语言的最新版本（1.20）编写。

（2）零基础入门，循序渐进。

本书零基础入门，学习曲线十分平滑，对初学者十分友好。所有初级、中级、高级开发者都可以从本书中学到有用的知识。本书先从 Go 语言入门学起，然后学习算法的基本概念，再学习 Go 语言算法的具体实现，最后再进行算法的名企面试真题实战，真正帮助读者从新手向 Go 语言算法高手进阶。

（3）提供完整的配套代码和配套视频。

为帮助读者提升开发效率，本书提供了完整的配套代码，同时为重难点知识提供了配套视频，尽可能帮助读者降低学习本书的难度。

（4）名企真题，快速突击。

名企面试真题贯穿整本书，帮助读者快速学会 Go 语言算法的知识和技巧。本书的实例代码绝大部分来自最新的企业面试真题，对于购买本书的读者，配套面试题答案可在网上下载，直接运行，让读者通过实践来加深理解。

本书资源

为了给读者提供完整、系统的学习体验，本书配套以下学习资源。通过这些资源的帮助和支持，读者可以更好地掌握相关知识技能、提高学习效率和成果、增强实践操作能力、拓宽视野、获得及时的技术支持，以保持竞争力。

（1）拓展学习资料。

100+ 集教学视频、50+ 页算法全套学习笔记、20+ 节算法入门必修课、10+ 张思维导图、5+ 实战项目案例资料等。

（2）在线技术支持。

为了提高读者的学习效率和学习效果，本书提供在线技术支持服务。技术支持团队由经验丰富的专业人士组成，他们将竭诚为读者提供疑难解答服务。读者在学习过程中遇到任何问题均可通过与他们的互动交流来获得及时的帮助与解答，确保学习无阻。

（3）定期更新与补充。

为了确保读者始终能掌握最新、最前沿的知识，本书将定期更新和补充新内容。我们会根据行业发展和技术进步的情况，对本书进行修订和扩充，以便为读者提供最新、最全面的知识和信息，帮助读者紧跟时代步伐，保持竞争力。

技术交流

本书提供以下三种技术交流途径：

（1）扫描下方二维码（左），关注“源码大数据公众号”。读者在阅读本书的过程中有任何疑问，在公众号后台按照提示输入问题，作者会尽快与读者取得联系。在公众号后台输入 go algorithms，即可获得本书源代码、学习资源、面试题库等；输入“更多源码”，免费赠送大量学习资源，包括但不限于电子书、源代码、视频教程等。

（2）扫描下方二维码（右），加入“本书读者交流圈”，本书的勘误情况会在此交流圈中发布。此外，读者也可以在此交流圈中分享读书心得、提出对本书的建议等。

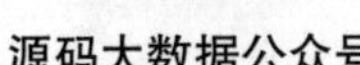

本书读者交流圈

（3）读者可加入 QQ 群：814066474，请注意加群时的提示，作者在线提供本书的疑难解答等服务，帮助读者无障碍快速学习本书。

致谢

特别感谢中国水利水电出版社的杨莹莹编辑，是她推动了本书的出版，并在本书的写作过程中提出了许多宝贵的意见和建议。

感谢我的家人，特别是我的妻子，在本书写作期间，她给予了我许多意见和建议，并坚定地支持我，才使得我更加专注而投入地写作。没有她的支持，本书就不会这么快完稿。

感谢 Go 语言社区的所有贡献者，没有他们多年来对开源的支持，就没有 Go 语言社区的繁荣。谨以此书献给所有喜欢 Go 语言算法的读者朋友们。

作者

2023 年 10 月

目　录

Contents

第1篇 基础入门篇 / 1

第1章 Go语言入门 / 2

第2章 Go语言编程基础 / 27

第3篇　高级篇 / 197

第7章　排序算法 / 198

第9章 贪心算法 / 266

第10章 分治算法 / 295

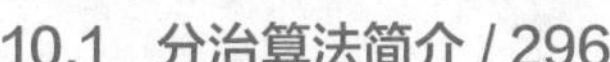

第11章 回溯算法 / 309

第12章 动态规划算法 / 322

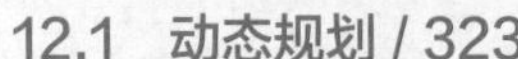

第13章 其他常见算法 / 349

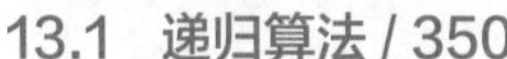

参考文献 / 381

第1篇　基础入门篇

Gopher：
嘿，怎么才能快速学好第1篇？

GoBot：
首先要理解第1章 Go语言入门，
掌握Go的基本操作和语法。

Gopher：
明白！看了目录，第2章 Go语言编程基础，
是学习Go语言编程的用法和技巧，对吗？

GoBot：
是的。接着是第3章 算法与数据结构基础，
主要是学习算法和数据结构的基础内容，
为学习后面的章节做好准备。

Gopher：
然后是目录的第4章 基本数据结构，
是学习栈、队列等常见的数据结构，对吗？

GoBot：
没错！这4章合起来就像是学习一门完整的
技艺，从基础到进阶，再到算法和数据结构
的应用，奠定一个坚实的学习基础。

Gopher：
明白了！我准备好了，让我们开始快速
学习Go语言算法的基础技能吧！

第 1 章　Go语言入门

Gopher：
嘿，我们要开始学习第1章了，
这一章主要讲什么呢？

GoBot：
嗯！首先是1.1 Go语言基础语法，
主要学习Go语言的字母和语法规则。

Gopher：
Go语言基础语法，有点像是在学写字。
下一个呢？

GoBot：
下一个是1.2 变量与常量，就像是在给不同的食材取名字，确保它们在烹饪中能够被正确使用。

Gopher：
酷，我喜欢这个比喻。接下来呢？

GoBot：
接下来是1.3 运算符与流程控制语句，就像是在烹饪中控制火候和烹饪顺序，确保每道菜品都能够完美呈现。

Gopher：
我也喜欢烹饪好吃的美食。
下一个呢？

GoBot：
下一个是1.4 Go数据类型，就像是在烹饪中使用不同的厨具，每种厨具都有特定的用途。

Gopher：
哈哈，太棒了，我已经迫不及待想烹饪Go语言这道美食了！

1.1 Go语言基础语法

1.1.1 Go 语言基础语法简介

1. 什么是 Go 语言

Go 语言是一种开放源代码、编译和静态类型的编程语言，由谷歌公司设计开发。Go 语言于 2009 年发布，并于 2012 年发布第 1 个版本 1.0 时开源。相比于其他编程语言，Go 语言简洁、快速、安全、并行、有趣、开源。Go 语言被广泛应用于服务器端编程、分布式系统开发、云平台开发、区块链开发等领域。

2. Go 程序基本组成

Go 程序由多种标记组成，如关键词、标识符、常量、字符串、运算符等。在 Go 程序中，一般来说一行就是一个语句，不需要在一行的最后用英文分号“;”结尾。例如，下面的写法是两个语句：

```
fmt.Println("这是一个语句！")
fmt.Println("我爱Go语言编程，我爱算法")
```

3. 关键字

Go 语言中的关键字共 25 个：break、continue、const、chan、case、for、fallthrough、else、defer、default、import、if、goto、go、func、return、range、package、map、interface、var、type、switch、struct、select。

除以上介绍的这些关键字外，最新版本的 Go 语言中还有 30 多个预定义标识符，它们可以分为以下 3 类。

（1）常量相关预定义标识符：包括 true、false、iota、nil。

（2）类型相关预定义标识符：包括 int、int8、int16、int32、int64、uint、uint8、uint16、uint32、uint64、uintptr、float32、float64、complex128、complex64、bool、byte、rune、string、error。

（3）函数相关预定义标识符：包括 make、len、cap、new、append、copy、close、delete、complex、real、imag、panic、recover。

1.1.2 面试题实战

【题目 1-1】Go 语言预定义标识符

Go 语言中与常量相关的预定义标识符有哪些？

【解答】

true、false、iota、nil。

1.2 变量与常量

1.2.1 变量

1. 变量的声明

Go 语言是静态类型的语言，所以变量（variable）的类型是明确的，编译器也会对变量类型进行正确性检查。声明变量的一般形式如下：

```
var name type
```

以上声明中，var 是关键字，name 是变量名，type 是变量的类型。需要注意的是，Go 语言和其他编程语言不同，Go 语言在声明变量时将变量的类型放在变量的名称之后。例如，在 Go 语言中，用以下格式声明整型指针类型的变量：

```
var x, y *int
```

当一个变量被声明后，系统将自动赋予该类型零值或空值，如 int 类型为 0、float 类型为 0.0、bool 类型为 false、string 类型为空字符串、指针类型为 nil 等。

变量的命名规则遵循驼峰命名的方式，即第 1 个单词的首字母小写，后面每个单词的首字母大写。命名规则不是强制性的，开发者可以按照习惯制定自己的命名规则。

2. 变量的赋值

（1）给单个变量赋值。其标准形式如下：

```
var name [type] = value
```

（2）给多个变量赋值。其标准形式如下：

```
var (
    name1 [type1] = value1
    name2 [type2] = value2
    //...
)
```

或者，在中间以英文逗号“,”隔开多个变量，和变量值在同一行，形式如下：

```
var name1,name2,name3 = value1,value2,value3
```

例如，声明一个用户的用户编号（userId）、用户名（username）、得分（score），可以通过以下形式批量赋值：

```
var (
    userId int = 1
    username string = "Barry"
    score float32= 98
)
```

也可以通过以下形式批量赋值：

```
var userId,username,score = 1,"Barry",98
```

最简单的形式如下：

```
userId,username,score := 1,"Barry",98
```

以上 3 种批量赋值的形式是等价的。

1.2.2 常量

1. 常量的声明

常量的声明格式如下：

```
const 常量名 [ 类型 ] = 常量值
```

例如，声明一个常量 pi 的方法如下：

```
const pi = 3.1415926
```

2. 常量生成器 iota

常量声明中，使用常量生成器 iota 可以进行初始化。用 iota 生成的一组常量的初始化规则相似，但初始化表达式不需要在每一行都写一遍。在常量声明语句中，iota 会在第 1 个声明的常量所在的行中被设置为 0，然后在每一个常量声明的行中加 1 递增。

1.2.3 面试题实战

【题目 1–2】**变量赋值问题**

“=”和“:=”运算符有什么区别？举例说明。

【解答】

运算符“=”是赋值运算符。它的使用方式与其他语言中的使用方式相同。示例如下：

```
var hi string = "This is a string"
```

运算符“ := ”提供短变量声明子句的语法，并用于声明、赋值和重新声明，只能在函数内部使用。类型不是必需的，因为 Go 语言编译器能够根据开发者分配给变量的文字值推断出类型。示例如下：

```
hi := "This is a string"
```

【题目 1-3】打印变量类型

如何在 Go 语言中打印变量类型？举例说明。

【解答】

可以使用 fmt.Printf() 函数打印变量类型，示例如下：

```
var x = 68
fmt.Printf("x is of type %T\n", x)
//x is of type int
```

【题目 1-4】常量赋值

以下常量中，const3、const5 的值是多少？

```
const (
    const1 = iota
    const2
    const3
    const4 = "abc"
    const5
)
```

【解答】

```
const3= 2
const5= "abc"
```

【题目 1-5】通过 iota 给常量赋值

下面代码段的各个常量的输出结果是什么？

```
const (
    _  = iota
    KB = 1 << iota
    MB
    GB
    TB
    PB
)
```

【解答】

```
fmt.Println(KB, MB, GB, TB, PB)
//2 4 8 16 32
```

【题目 1–6】**常量和变量的赋值符号“=”**

Go 语言中的“=”的左值和右值分别是什么？

【解答】

左值：①引用一个内存位置；②表示变量标识符；③可变的；④可能出现在“=”操作符的左侧或右侧。例如，在语句 x =20 中，x 是一个左值，20 是一个右值。

右值：①表示存储在内存中的数据值；②表示常数值；③始终出现在“=”操作符的右侧。

1.3 运算符与流程控制语句

1.3.1 运算符简介

运算符是一个符号，在程序运行过程中，用于进行数学或逻辑操作。在 Go 语言中，一个表达式可以包含多个运算符，当多个运算符存在于表达式中时就会遇到优先级的问题。

Go 语言的运算符有几十种，分为十几个等级，有些运算符有不同的优先级，有些则有相同的优先级。Go 语言运算符优先级说明见表 1.1。

表 1.1　Go 语言运算符优先级别说明

优先级	分类	运 算 符	结合性
1	逗号运算符	,	从左到右
2	赋值运算符	=、+=、-=、*=、/=、 %=、 >=、 <<=、&=、^=、|=	从右到左
3	逻辑或	||	从左到右
4	逻辑与	&&	从左到右
5	按位或	|	从左到右
6	按位异或	^	从左到右
7	按位与	&	从左到右
8	相等 / 不等	==、!=	从左到右
9	关系运算符	<、<=、>、>=	从左到右
10	位移运算符	<<、>>	从左到右

续表

优先级	分类	运 算 符	结合性
11	加法 / 减法	+、-	从左到右
12	乘法 / 除法 / 取余	*（乘号）、/、%	从左到右
13	单目运算符	!、*（指针）、&、++、--、+（正号）、-（负号）	从右到左
14	后缀运算符	()、[ ]、->	从左到右

注意：在表1.1中，优先级数值越大表示优先级越高。

1.3.2 流程控制语句

1. if–else 语句

在 Go 语言中，if 是用于测试某个条件的语句，如果这个条件成立，则会执行 if 后的代码块，否则就忽略该代码块继续执行后续的代码。

如果存在第 2 个分支，则可以在上面代码的基础上添加 else 关键字及另一个代码块。只有在条件不满足的情况下，才会执行另一个代码块中的代码。if{} 和 else{} 中的两个代码块是相互独立的分支，两者只能执行其中一个。一般来说，else–if 分支的数量是没有限制的，但是为了代码的可读性，建议不要在 if 后面加入太多的 else–if 分支。

关键字 if 和 else 之后的左大括号 "{" 必须和关键字在同一行。如果使用了 else–if 结构，则前段代码块的右大括号 "}" 必须和 else–if 关键字在同一行。

2. for 循环语句

Go 语言中的 for 循环语句形式如下：

```
for init; condition; post { }
```

以上形式的说明如下。

- init：一般为赋值表达式，为控制变量赋初值。
- condition：关系表达式或逻辑表达式，为循环控制条件。
- post：一般为赋值表达式，为控制变量增量或减量。

在使用循环语句时，需要注意以下几点。

- 左大括号 "{" 必须与 for 处于同一行。
- Go 语言中的 for 循环与 C 语言中的 for 循环一样，都允许在循环条件中定义和初始化变量。唯一的区别是，Go 语言不支持以逗号为间隔的多个赋值语句，必须使用平行赋值的方式初始化多个变量。
- Go 语言中的 for 循环同样支持用 continue 和 break 来控制循环，但是它提供了一个更高

级的 break，可以选择中断某一个循环。

3. for-range 循环语句

for-range 循环结构是 Go 语言特有的一种迭代结构。for-range 可以遍历数组、切片、字符串、map 及通道（channel）。for-range 循环结构的一般形式如下：

```
for key, val := range 复合变量值 {
    //... 逻辑语句
}
```

4. switch-case 语句

Go 语言中的 switch-case 语句要比 C 语言中的 switch-case 语句更加通用，表达式的值不必为常量，甚至不必为整数。case 按照从上往下的顺序进行求值，直到找到匹配的项。Go 语言中的 switch-case 语句的用法比较灵活，语法设计尽量以使用方便为主。

Go 语言改进了 switch-case 语句的语法设计：case 与 case 之间是独立的代码块，无须通过 break 语句跳出当前 case 代码块以避免执行到下一行。同时，Go 语言中的 switch-case 语句还支持一些新的写法，如一分支多值、分支表达式等。

（1）一分支多值。

当一个分支具有多个值时，case 表达式使用逗号分隔。语法如下：

```
var user= "Jack"
switch user {
case "Jack", "Barry":
    fmt.Println("good name")
}
```

以上代码的运行结果如下：

```
good name
```

（2）分支表达式。

case 语句后既可以是常量，也可以是条件表达式。示例如下：

```
var num int = 16
switch {
case num > 1 && num < 10:
    fmt.Println(r)
}
```

5. goto 语句

在 Go 语言中，可以通过 goto 语句跳转到标签，进行代码间的无条件跳转，goto 语句可以简化一些代码的实现过程。另外，goto 语句可用于实现快速跳出循环、避免重复退出等功能。示例如下：

```
func main() {
    for x := 0; x < 5; x++ {
        for y := 0; y < 5; y++ {
            if y == 2 {
                goto breakTag                 // 跳转到标签
            }
        }
    }
    return                                    // 手动返回，避免执行进入标签
breakTag:                                     // 标签
    fmt.Println("done")
}
```

6. break 语句

Go 语言中的 break 语句可以结束 for、switch 和 select 的代码块。break 语句后面可以添加标签，表示退出某个标签对应的代码块。添加的标签必须定义在对应的 for、switch 和 select 的代码块上。示例如下：

```
// 不使用标签
fmt.Println("---- break ----")
for i := 1; i <= 5; i++ {
    fmt.Printf("i: %d\n", i)
    for j := 1; j <= 5; j++ {
        fmt.Printf("j: %d\n", j)
        break
    }
}
// 使用标签
fmt.Println("---- break 标签 ----")
breakLabel:
for i := 1; i <= 5; i++ {
    fmt.Printf("i: %d\n", i)
    for j := 1; j <= 5; j++ {
        fmt.Printf("j: %d\n", j)
        break breakLabel
    }
}
```

7. continue 语句

Go 语言中的 continue 语句可以结束 for 循环语句的当前循环，开启下一次的循环过程。在 continue 语句后添加标签时，表示开始标签对应的循环。示例如下：

```
// 不使用标签
fmt.Println("---- break ----")
for i := 1; i <= 5; i++ {
    fmt.Printf("i: %d\n", i)
    for j := 1; j <= 5; j++ {
        fmt.Printf("j: %d\n", j)
        continue
    }
}
// 使用标签
fmt.Println("---- break 标签 ----")
breakLabel:
for i := 1; i <= 5; i++ {
    fmt.Printf("i: %d\n", i)
    for j := 1; j <= 5; j++ {
        fmt.Printf("j: %d\n", j)
        continue breakLabel
    }
}
```

1.3.3 面试题实战

【题目 1-7】**循环结构**

Go 语言中有哪些循环结构？

【解答】

Go 语言中只有一个循环结构：for 循环。for 循环的结构如下：

```
for init; condition; post { }
```

示例如下：

```
product := 1
for i := 1; i < 6; i++ {
    product *= i
}
fmt.Println(product)
//120
```

1.4 Go数据类型

1.4.1 布尔类型

1. 什么是布尔类型

布尔类型表示逻辑实体。它有两个可能的值：true 或 false。false 是布尔类型的默认值。

（1）声明布尔型变量。

在 Go 语言中，声明布尔型变量的方法如下：

```
var var_name bool
```

示例如下：

```
package main
import "fmt"
func main() {
    var b bool = true
    fmt.Printf("Type of b: %T", b)
}
//$ go run bool.go
//Type of b: bool
```

可以省略 bool 关键字来创建布尔类型的变量。示例如下：

```
package main
import "fmt"
func main() {
    var boolTrue = true
    var boolFalse = false
    fmt.Println(" 布尔值是 ", boolTrue, " 和 ", boolFalse)
}
//$ go run bool1.go
// 布尔值是 true 和 false
```

（2）关系运算符。

在 Go 语言中，可以使用关系运算符来比较两个值或变量。示例如下：

```
num1 := 8
num2 := 6
res := num1 > num2
//true
```

（3）逻辑运算符。

Go 语言中有 &&（逻辑与）、||（逻辑或）、!（逻辑非）3 种逻辑运算符。逻辑运算符是返回 true 还是 false 取决于条件。

Go 语言中的逻辑运算符的示例如下：

```
package main
import "fmt"
func main() {
    num1 := 8
    num2 := 18
    num3 := 8
    var res bool
    res = (num1 > num2) && (num1 == num3)
    fmt.Printf("&&（逻辑与）结果：%t \n", res)
    res = (num1 > num2) || (num1 == num3)
    fmt.Printf("||（逻辑或）结果：%t \n", res)
    res = !(num1 == num3)
    fmt.Printf("!（逻辑非）结果：%t \n", res)
}

//$ go run bool2.go
//&&（逻辑与）结果：false
//||（逻辑或）结果：true
//!（逻辑非）结果：false
```

（4）布尔表达式。

在 Go 语言中，布尔表达式的返回值为 true 或 false。示例如下：

```
num1 := 6
num2 := 8
res := num1 > num2
```

以上代码中，num1 > num2 是一个返回值为 false 的布尔表达式。

2. 面试题实战

【题目 1-8】布尔类型的默认值

Go 语言中布尔类型的默认值是什么？如何声明？

【解答】

false 是布尔类型的默认值。示例如下：

```
var boo bool
fmt.Println(boo)
//false
```

【题目 1-9】布尔值转换为字符串

Go 语言如何将布尔值转换为字符串？举例说明。

【解答】

通过 strconv 包的 strconv.FormatBool() 函数实现。示例如下：

```
var bool1 bool = true
var bool2 bool = false
str := strconv.FormatBool(bool1)
fmt.Println(str) //true
```

1.4.2 数字类型

1. 什么是数字类型

Go 语言支持整型和浮点型数字，并且原生支持复数，其中位的运算采用补码。不同操作系统类型的长度不同，例如，int 和 uint 在 32 位操作系统上，它们均使用 32 位（4 字节），在 64 位操作系统上，它们均使用 64 位（8 字节）。Go 语言数字类型的符号和描述见表 1.2。

表1.2　Go语言数字类型的符号和描述

符　号	类型和描述
uint8	无符号 8 位整型（0 ~ 255）
uint16	无符号 16 位整型（0 ~ 65535）
uint32	无符号 32 位整型（0 ~ 4294967295）
uint64	无符号 64 位整型（0 ~ 18446744073709551615）
int8	有符号 8 位整型（-128 ~ 127）
int16	有符号 16 位整型（-32768 ~ 32767）
int32	有符号 32 位整型（-2147483648 ~ 2147483647）
int64	有符号 64 位整型（-9223372036854775808 ~ 9223372036854775807）
float32	IEEE-754 32 位浮点型数
float64	IEEE-754 64 位浮点型数
complex64	32 位实数和虚数
complex128	64 位实数和虚数

续表

符　号	类型和描述
byte	和 uint8 等价，是另外一种名称
rune	和 int32 等价，是另外一种名称
uint	32 位或 64 位
int	32 位或 64 位
uintptr	无符号整型，用于存放一个指针

2. 面试题实战

【题目 1–10】rune 类型

Go 语言中的 rune 类型是什么？举例说明如何使用。

【解答】

Go 语言中的 rune 是 int32 的别名，因为每个 rune 最多可以存储一个 32 位的整数值。示例如下：

```
var str string = "GOOD"
runeArray := []rune(str)
```

1.4.3 字符串类型

1. 什么是字符串类型

字符串是一串由固定长度的字符连接起来的字符序列。Go 语言中字符串的字节使用 UTF–8 编码表示 Unicode 文本，UTF–8 是一种被广泛使用的编码格式，是文本文件的标准编码，XML 和 JSON 也都使用该编码。由于该编码对占用字节长度的不确定性，在 Go 语言中字符串也可能根据需要占用 1 ~ 4 字节，这与其他编程语言如 C++、Java 或者 Python 不同（Java 始终使用 2 字节）。Go 语言这样做不仅减少了内存和硬盘空间的占用，同时也不用像其他语言那样需要对使用 UTF–8 字符集的文本进行编码和解码。

字符串是一种值类型，且值不可变，即创建某个文本后将无法修改这个文本的内容，更深入地讲，字符串是字节的定长数组。

2. 面试题实战

【题目 1–11】格式化字符串

在 Go 语言中，找到使用变量格式化字符串而不打印值的简单方法。

【解答】

在 Go 语言中，在不打印值的情况下进行格式化的最简单方法是使用 fmt.Sprintf() 函数，它返回一个格式化的字符串而不打印它。示例如下：

```
var name, age = "Shirdon", 18
s := fmt.Sprintf("%s is %d years old.\n", name, age)
fmt.Println(s)
```

【题目 1-12】**连接字符串**

Go 语言如何连接字符串？举例说明。

【解答】

连接字符串的最简单方法是使用连接运算符（+），它允许开发者像添加数值一样添加字符串。示例如下：

```
var str1 string
str1 = "I"
var str2 string
str2 = " love Go"
fmt.Println("New string：", str1+str2)
```

【题目 1-13】**一次性编写多行字符串**

如何在 Go 语言中一次性编写多行字符串？

【解答】

要在 Go 语言中编写多行字符串，应使用原始字符串文字，其中字符串由反引号（`）分隔。示例如下：

```
`line 1
line 2
line 3`
```

【题目 1-14】**字符串的替换**

请编写一个函数，将字符串中的空格全部替换为“%20”。假定该字符串有足够的空间存放新增的字符，并且知道字符串的真实长度（≤ 1000），同时保证字符串由大小写的英文字母组成。给定一个字符串为原始串，返回替换后的字符串。

【解答】

① 思路。

本题可以使用 Go 语言内置函数 unicode.IsLetter() 来判断字符是否为字母，之后使用 strings.Replace() 函数来替换空格。

② Go 语言实现。

```
package main
import (
    "strings"
```

```
    "unicode"
)
func replaceBlank(s string) (string, bool) {
    if len([]rune(s)) > 1000 {
        return s, false
    }
    for _, v := range s {
        if string(v) != " " && unicode.IsLetter(v) == false {
            return s, false
        }
    }
    return strings.Replace(s, " ", "%20", -1), true
}
```

【题目 1-15】**字符串的比较**

请用 Go 语言实现一个算法，在不使用额外存储结构的条件下判断一个字符串的所有字符是否全都相同，字符串的长度不能超过 3000。

【解答】

① 思路。

本题需要实现一个算法来判断字符串中的所有字符是否全都相同且不允许使用额外的存储结构。如果允许使用额外的存储结构，则本题很好解。如果不允许，则可以使用 Go 语言内置的方式实现。

② Go 语言实现。

通过 strings.Count() 函数判断，代码如下：

```
package main
import (
    "strings"
)
func isUniqueString1(s string) bool {
    if strings.Count(s, "") > 3000 {
        return false
    }
    for _, v := range s {
        if v > 127 {
            return false
        }
        if strings.Count(s, string(v)) > 1 {
            return false
        }
```

```
    }
    return true
}
```

通过 strings.Index() 函数和 strings.LastIndex() 函数判断索引是否存在，代码如下：

```
func isUniqueString2(s string) bool {
    if strings.Count(s, "") > 3000 {
        return false
    }
    for k, v := range s {
        if v > 127 {
            return false
        }
        if strings.Index(s, string(v)) != k {
            return false
        }
    }
    return true
}
```

【题目 1-16】**字符串的遍历与比较**

给出两个字符串，请编写程序以确定能否将其中一个字符串重新排列后变成另一个字符串，并规定大小写是不同的字符，空格也作为字符考虑。保证两个字符串的长度小于或等于 5000。

【解答】

① 思路。

首先要保证字符串长度小于 5000。之后只需一次循环遍历 str1 中的字符在 str2 中是否都存在即可。

② Go 语言实现。

```
func isRegroup(str1, str2 string) bool {
    strLen1 := len([]rune(str1))
    strLen2 := len([]rune(str2))

    if strLen1 > 5000 || strLen2 > 5000 || strLen1 != strLen2 {
        return false
    }
    for _, v := range str1 {
        if strings.Count(str1, string(v)) != strings.Count(str2, string(v)) {
            return false
        }
```

```
    }
    return true
}
```

1.4.4 指针类型

1. 什么是指针类型

普通类型变量中存的就是值，因此也叫值类型。使用“&”可以获取变量的地址，如 var b int，使用 &b 获取 b 的地址。而指针类型变量中存的是一个地址，这个地址中存的才是值。使用“*”可以获取指针类型所指向的值，如 var *p int，使用 *p 获取 p 指向的值。示例如下：

```
var b int = 66
var *p int = &b
```

Go 语言指针支持以下两种运算符。

- “*”运算符：用于访问指针存储的地址中的值。
- “&”运算符：用于返回指针中存储的变量的地址。

如图 1.1 所示，当声明一个整数变量 a 时，将它包含的值存储在内存地址为 0x01001 的位置。内存中的位置表示地址，指针变量的值是指向该地址处的值的地址。使用“&”运算符来获取值的地址，变量 b 的值为变量 a 在内存中的地址。

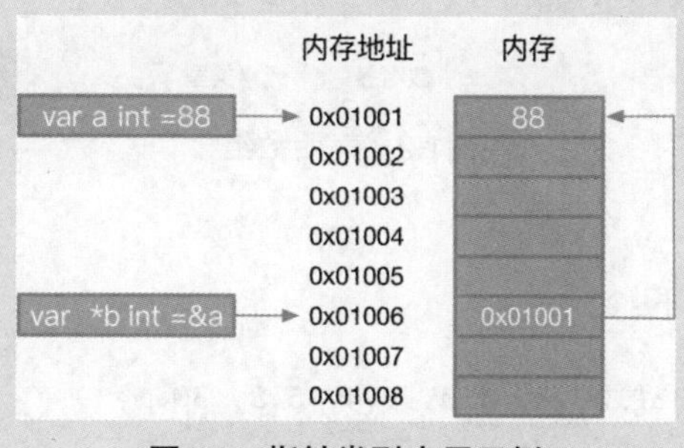

图1.1　指针类型应用示例

2. 面试题实战

【题目 1-17】Go 语言指针

Go 语言中的指针是什么？举例说明。

【解答】

指针类型变量中存的是一个地址，这个地址中存的才是值。使用“*”获取指针类型所指向的值，如 var *p int，使用 *p 获取 p 指向的值。示例如下：

```
var b int = 66
var *p int = &b
```

1.4.5 复合类型

1. 什么是复合类型

（1）数组类型。

Go 语言中，数组是具有相同唯一类型的一组已编号且长度固定的数据项序列，数组类型可以是任意的原始类型（如整型、字符串）或自定义类型。

1）声明数组。

Go 语言声明数组的语法格式如下：

```
var name[SIZE] type
```

以上为一维数组的声明方式，name 为数组的名称，SIZE 为声明的数组元素个数，type 为元素类型。

如图 1.2 所示，声明一个数组名为 strs、元素个数为 8、元素类型为 string 的数组的形式如下：

```
var strs[8] string
```

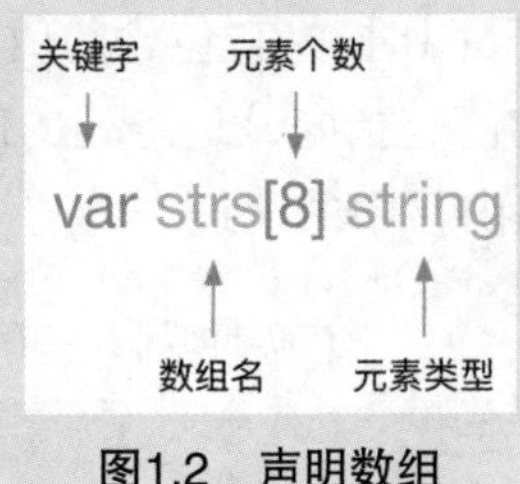

图1.2 声明数组

2）初始化数组。

初始化数组，其示例如下：

```
var numbers = [5]float32{100.0, 8.0, 9.4, 6.8, 30.1}
```

3）访问数组元素。

数组元素可以通过索引（位置）来读取。索引从 0 开始，第 1 个元素索引为 0，第 2 个元素索引为 1，以此类推。其格式为数组名后加中括号，中括号内为索引的值。例如，读取第 3 个元素的形式如下：

```
var salary float32 = numbers[2]
```

以上示例读取了数组 numbers 中第 3 个元素的值。

（2）结构体类型。

1）什么是结构体。

结构体（struct）是由 0 个或多个任意类型的值聚合成的实体，每个值都可以称为结构体的成员。结构体成员也可以称为"字段"，这些字段具有以下特性。

- 字段拥有自己的类型和值。
- 字段名必须唯一。
- 字段的类型也可以是结构体。

使用关键字 type 可以将各种基本类型定义为自定义类型。结构体是一种复合的类型，通过 type 定义为自定义类型后，使结构体更便于使用。

2）结构体定义。

如图 1.3 所示，结构体的定义格式如下：

```
type 类型名 struct {
    字段1 类型1
    字段2 类型2
    // ...
}
```

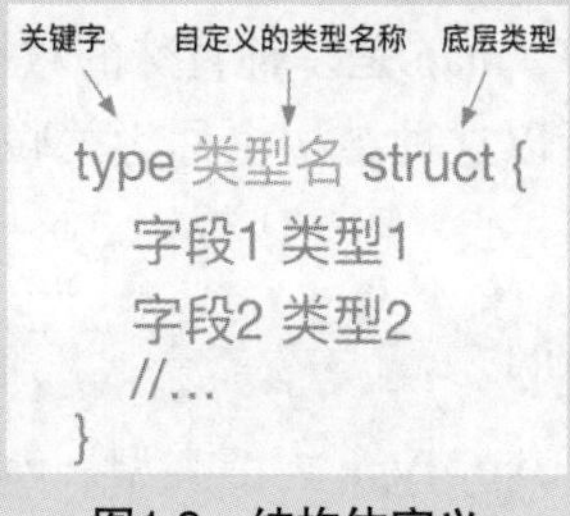

图1.3　结构体定义

以上各个部分的说明如下。

- 类型名：自定义的类型名称，在同一个包内不能重复地标识自定义结构体的名称。
- struct{}：表示底层类型为结构体类型。
- 字段 1、字段 2、…：结构体的字段名。
- 类型 1、类型 2、…：表示结构体各个字段的类型。

（3）切片类型。

切片（slice）是对数组的一个连续片段的引用，这个片段可以是整个数组，也可以是由起始和终止索引标识的一些项的子集。需要注意的是，终止索引标识的项不包括在切片内。Go 语言中切片的内部结构包含地址、大小和容量，切片一般用于快速地操作一块数据集合。

如图 1.4 所示，切片的结构体由三部分构成，pointer 代表指向一个数组的指针，len 代表当前切片的长度，cap 代表当前切片的容量。cap 总是大于等于 len。

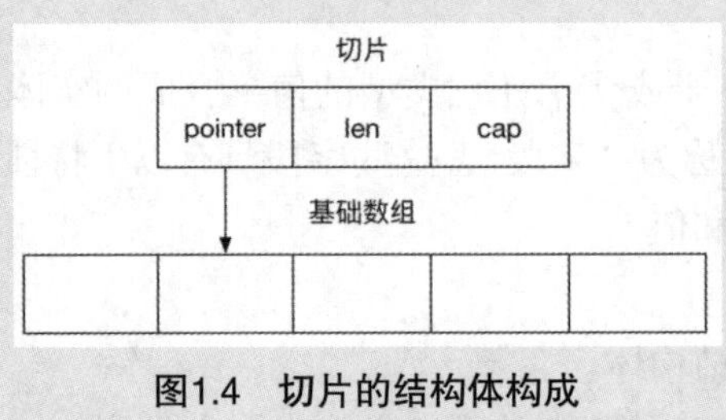

图1.4 切片的结构体构成

切片默认指向一段连续内存区域，可以是数组，也可以是切片本身。从连续内存区域生成切片的语法如下：

```
slice [ 开始位置 : 结束位置 ]
```

语法说明如下。

- slice：目标切片对象。
- 开始位置：对应目标切片对象的开始索引。
- 结束位置：对应目标切片对象的结束索引。

（4）map 类型。

1）map 的定义。在 Go 语言中，map 是一种特殊的数据结构，是一种元素对的无序集合，其元素对应一个索引和一个值，所以这种结构也称为关联数组或 map。map 是引用类型，其声明方式如下：

```
var name map[keyType]valueType
```

其中，name 为 map 的变量名，keyType 为键类型，valueType 是键对应的值类型。注意，[keyType] 和 valueType 之间允许有空格。

2）map 的容量。map 可以根据新增的键值动态伸缩，它不存在固定长度或最大限制，但可以选择标明 map 的初始容量，语法如下：

```
make(map[keyType]valueType, cap)
```

例如：

```
map := make(map[string]float32, 100)
```

以下是 map 的具体示例，即将学生姓名和成绩进行映射：

```
achievement := map[string]float32{
    "xiake": 99.5, "zhongxin": 88,
    "liming": 96, "wangke": 100,
}
```

2. 面试题实战

【题目 1-18】**切片的反转**

请编写一个名为 reverse 的函数，采用整数切片并在不使用临时切片的情况下将切片反转。

【解答】

可以通过 for 循环交换切片中每个元素的值，使其从左向右滑动。最终，所有元素都将被反转。代码如下：

```
package main
import "fmt"
func reverse(slice []int) {
    for x, y := 0, len(slice)-1; x < y; x, y = x+1, y-1 {
        slice[x], slice[y] = slice[y], slice[x]
    }
}
func main() {
    slice := []int{1, 6, 168}
    reverse(slice)
    fmt.Println(slice)
}
//$ go run interview1-18.go
//[168 6 1]
```

【题目 1-19】**检查切片是否为空**

用 Go 语言创建一个检查切片是否为空的程序，使用尽可能简单的解决方案。

【解答】

① 思路。

最简单的检查切片是否为空的方法是使用返回切片长度的内置 len() 函数。如果 len(slice) == 0，则切片是空的。

② Go 语言实现。

```
package main
import "fmt"
func main() {
    arr := [5]int{1, 6, 8, 1, 66}
    if len(arr) == 0 {
        fmt.Println("is empty")
    } else {
        fmt.Println("is not empty")
    }
}
```

【题目 1-20】**Go 语言类型转换**

Go 语言支持哪种形式的类型转换？如何将浮点数类型转换为整数类型？举例说明。

【解答】

Go 语言支持满足其严格类型要求的显式类型转换，可以对浮点数类型变量使用 int() 函数强制转换成整数类型。示例如下：

```
package main
import "fmt"
func main() {
    num1 := 55                              // int
    num2 := 67.8                            // float64
    sum := num1 + int(num2)                 // num2 被转换成整数类型
    fmt.Println(sum)
}
//$ go run interview1-20.go
//122
```

【题目 1-21】**检查 map 中是否包含键**

如何检查 Go 语言的 map 中是否包含键？举例说明。

【解答】

map 是按键值对分组的元素的集合。一个键代表一个值。如果知道键，则映射在 $O(1)$ 复杂度方面可以提供更快的访问值。一旦值存储在映射中的键值对中，就可以通过使用键作为 map_name[key_name] 来检索对象，还可以检查键，如检查 Barry 是否存在，然后通过使用以下代码执行一些操作：

```
mapObj := map[string]string{"Barry": "Go"}
if val, isExists := mapObj["Barry"]; isExists {
    fmt.Println(val)
}
```

【题目 1-22】**运行时检查变量的类型**

在 Go 语言中如何在运行时检查变量的类型？

【解答】

在 Go 语言中，可以使用一种特殊类型的 switch 语句在运行时检查变量类型。此 switch 语句称为“类型 switch”。在以下代码中，正在检查变量 ty 的类型并执行一些操作：

```
var param interface{}
switch ty := param.(type) {
default:
    fmt.Printf("Unkonwn type %T", ty)
```

```
    case float32:
        fmt.Println("float32")
    case string:
        fmt.Println("string")
    }
```

在上面的代码中，正在检查变量 ty 的类型。如果变量的类型是 float32，则打印 float32；如果变量的类型是字符串，则打印 string；如果类型不匹配，则执行默认块中的语句。

【题目 1-23】**map 错误排查**

请解释以下代码在执行时为什么会报错。

```
type Books struct {
    name string
}
func main() {
    m := map[string]Books{"name": {"《零基础 Go 语言算法实战》"}}
    m["book"].name = "《Go 语言高级开发与实战》"
}
```

【解答】

map 的 value 本身是不可寻址的，因为 map 中的值会存储在内存中，并且旧的指针地址在 map 改变时会变得无效。所以如果需要修改 map 值，可以将 map 中的非指针类型的值修改为指针类型，如使用 map[string]*Books 。

【题目 1-24】**切片追加**

以下代码的输出内容是什么？

```
package main
import "fmt"
func main() {
    slice := make([]int, 6)
    slice = append(slice, 1, 6, 8)
    fmt.Println(slice)
}
```

【解答】

输出如下：

```
[0 0 0 0 0 0 1 6 8]
```

make() 函数在初始化切片时指定了长度，所以在追加数据时会从 len(s) 函数的位置开始填充数据。

1.5 本章小结

本章主要对 Go 语言的基础知识进行了讲解，主要知识结构如图 1.5 所示。

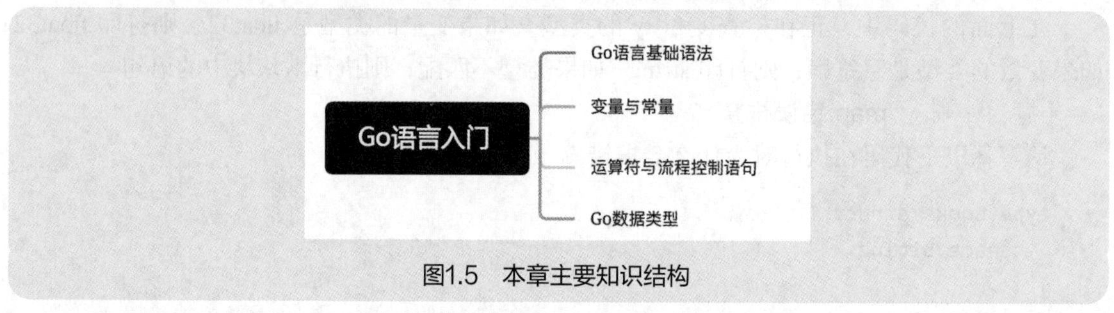

图1.5　本章主要知识结构

本章主要内容包括 Go 语言基础语法知识。

1.1 节讲解了 Go 语言基础语法，主要对 Go 语言的程序组成、关键字进行了讲解。题目 1–1 是常见的算法面试题，读者应该熟练掌握。

1.2 节讲解了 Go 语言变量与常量的声明和使用。题目 1–2 到题目 1–6 是常见的算法面试题，读者应尽量理解。

1.3 节讲解了运算符与流程控制语句。题目 1–7 是常见的算法面试题，读者应尽量理解。

1.4 节讲解了 Go 数据类型，包括布尔类型、数字类型、字符串类型、指针类型、复合类型。布尔类型表示逻辑实体，它有两个可能的值：true 或 false。Go 语言支持整型和浮点型数字，并且原生支持复数，其中位的运算采用补码，整型和浮点类型的名称及长度需要读者掌握。字符串是一串由固定长度的字符连接起来的字符序列。指针类型需要掌握“＊”运算符和“&”运算符的使用方法及含义。题目 1–8 到题目 1–24 是常见的算法面试题，读者应尽量理解。

通过本章的讲解，让读者对 Go 语言的基础有了初步的认识，为后续章节的进一步学习奠定了基础。

第 2 章　Go语言编程基础

2.1 函数

2.1.1 声明函数

在 Go 语言中，函数是执行特定任务的代码块。它可将程序分解为更小的、可重用的部分。函数可以有 0 个或多个参数，并且可以返回 0 个或多个值。

1. 如何声明函数

在 Go 语言中，函数的声明格式如下：

```
func function_name( [parameter list] ) [return_types] {
                    // 函数体
}
```

以上各部分的说明如下。

- func：函数声明关键字。
- function_name：函数名称。
- parameter list：参数列表。参数就像一个占位符，当函数被调用时，可以将值传递给参数，这个值被称为实际参数。
- return_types：返回类型，函数返回一列值，不是必需的，可以为空。
- 函数体：函数定义的代码集合。

可以把函数看成一台机器，将“材料”（参数）输入“机器”（函数），将“生产”的“产品”（返回值）输出。函数的结构如图 2.1 所示。

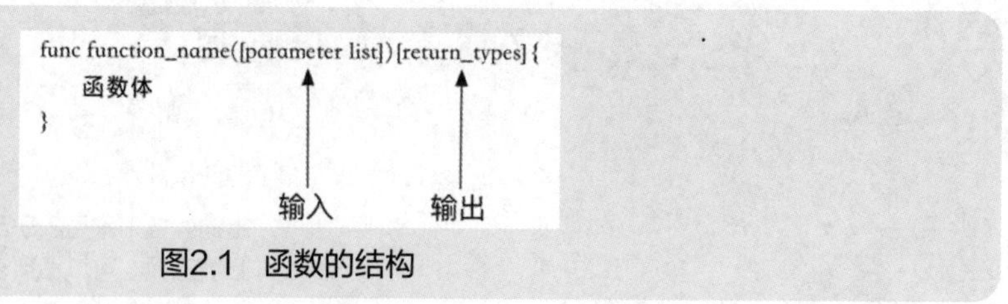

图2.1 函数的结构

2. 面试题实战

【题目 2-1】**使用一个函数比较两个整数**

接收两个整数并分别返回较小或较大的值，可以使用函数 Min(x, y int)。

【解答】

Go 语言实现如下：

```
package main
```

```
import "fmt"
// Min() 返回 x 或 y 中的较小者
func Min(x, y int) int {
    if x > y {
        return y
    }
    return x
}
// Max() 返回 x 或 y 中的较大者
func Max(x, y int) int {
    if x < y {
        return y
    }
    return x
}
func main() {
    fmt.Println(Min(6, 8))
    fmt.Println(Max(6, 8))
}
```

【题目 2-2】**使用函数交换两个变量的值**

在不使用第 3 个变量的情况下，使用 swap() 函数交换两个变量的值。

【解答】

①思路。

虽然这在其他语言中可能很棘手，但使用 Go 语言使这个问题变得很容易解决。可以简单地使用语句"b, a = a, b"，即包含变量引用的数据而不涉及任何一个值。

② Go 语言实现。

```
package main
import "fmt"
func main() {
    fmt.Println(swap())
}
func swap() []int {
    x, y := 66, 88
    y, x = x, y
    return []int{x, y}
}
```

【题目 2-3】**函数错误排查**

下面哪些函数不能通过编译?

```
func Func1(string string) string {
    return string + string
}
func Func2(len int) int {
    return len + len
}
func Func3(val, default string) string {
    if val == "" {
        return default
    }
    return val
}
func Func4(nil int) int {
    return nil + nil
}
```

【解答】

本题考查关键字问题，关键字不能作为变量名、参数名、函数名、结构体名、接口名。

Func3() 函数不能通过编译。因为 Func3() 函数中的 default 属于关键字。string、len、nil 是预定义标识符，可以在局部使用。不过不建议这样书写代码，因为可读性极差。

2.1.2 函数参数

1. 什么是函数参数

（1）参数的使用。

函数可以有一个或多个参数，如果函数使用参数，则该参数称为函数的形参。形参就像定义在函数体内的局部变量。

- 形参：定义函数时，用于接收外部传入的数据。
- 实参：调用函数时，传给形参的实际数据。

函数参数的调用需要遵循以下形式。

- 函数名称必须匹配。
- 实参与形参必须一一对应，顺序、个数和类型都要一致。

（2）可变参数。

Go 函数支持可变参数，定义函数使其接收可变参数的形式如下：

```
func myFunc(arg ...string) {
```

```
    //...
}
```

arg ...string 表示这个函数接收数量不定的参数。注意，这些参数的类型全部是 string。在函数体中，变量 arg 是一个 string 类型的切片：

```
for _, v:= range arg {
    fmt.Printf("And the string is: %s\n", v)
}
```

（3）参数传递。

调用函数时，可以通过值传递和引用传递两种方式来传递参数。

1）值传递。值传递是指在函数调用时，复制一份实际参数传递到函数中，如果参数在函数中被修改，不会对实际参数产生影响。默认情况下，Go 语言使用的是按值传递，即在调用过程中不会影响到实际参数。值传递的示例如下：

```
//定义相互交换值的函数
func exchange(x, y int) int {
    var tmp int
    tmp = x       /* 保存x的值 */
    x = y         /* 将y值赋给x */
    y = tmp       /* 将temp值赋给y */
    return tmp
}
```

2）引用传递。引用传递是指在调用函数时将实际参数的地址传递到函数中，这样在函数中对参数所进行的修改将影响到实际参数。引用传递会将指针参数传递到函数内。引用传递的示例如下：

```
//定义相互交换值的函数
func exchange(x *int, y *int) int {
    var tmp int
    tmp = *x   /* 保存x的值 */
    *x = *y    /* 将y值赋给x */
    *y = tmp   /* 将temp 值赋给y */
    return tmp
}
```

默认情况下，Go 语言使用的是值传递，即在调用过程中不会影响到实际参数。

2. 面试题实战

【题目 2-4】**一个函数中的多个值**

Go 语言是否可以返回一个函数中的多个值？举例说明。

【解答】

Go 函数可以返回多个值，在 return 语句中值之间用逗号分隔。示例如下：

```
package main
import "fmt"
func multiReturn() (string, string) {
    return "Go", "Java"
}
func main() {
    fmt.Println(multiReturn())
}
```

【题目 2-5】**函数参数的值传递和引用传递**

下面代码的输出是什么？

```
package main
import "fmt"
type Test struct {
    array []int
    str   string
}
func asign(t Test) {
    t.array[0] = 88
    t.str = "Go is good"
}
func main() {
    var t = Test{
        array: []int{66, 6, 88},
        str:   "I Love Go",
    }
    asign(t)
    fmt.Println(t.array[0])
    fmt.Println(t.str)
}
```

【解答】

```
88
I Love Go
```

原因：调用 asign() 函数时，虽然是传值，但在 asign() 函数中，字段 array 是切片，为引用传递；str 是字符串，为值传递。

2.1.3 匿名函数

1. 什么是匿名函数

匿名函数是指一类无须定义函数名的函数或子程序。匿名函数没有函数名，只有函数体，函数可以作为一种类型被赋值给函数类型的变量；匿名函数往往以变量的方式被传递。匿名函数经常被用于实现回调函数、闭包等。

（1）匿名函数的定义。

匿名函数可以理解为没有名字的普通函数，其定义如下：

```
func (参数列表) (返回值列表) {
    // 函数体
}
```

（2）匿名函数的调用。

1）在声明时调用匿名函数。匿名函数可以在声明后直接调用，也可以直接声明并调用。匿名函数的用途非常广泛，它本身是一种值，可以方便地保存在各种容器中实现回调函数和操作封装。

2）匿名函数作回调函数。回调函数是作为参数传递给另一个函数的函数。匿名函数作为回调函数的设计，在 Go 语言的系统包中很常见。strings 包中就有这种实现：

```
func TrimFunc(s string, f func(rune) bool) string {
    return TrimRightFunc(TrimLeftFunc(s, f), f)
}
```

在切片的遍历操作中，访问每个元素的操作可以使用匿名函数实现，用户传入不同的匿名函数体可以实现对元素的遍历操作。

2. 面试题实战

【题目 2-6】**函数闭包**

什么是函数闭包？如何定义和使用闭包？

【解答】

函数闭包是一个从函数体外部引用变量的函数值。该函数可以访问和分配值给引用的变量。示例如下：

```
package main
import "fmt"
func main() {
```

```
    sum := func() func(x int) int {
        sum := 10
        return func(x int) int {
            sum += x
            return sum
        }
    }
    fmt.Println(sum()(6))
    //16
}
```

2.1.4 defer 延迟语句

1. 什么是 defer 延迟语句

defer 延迟语句主要用在函数中，用于在函数结束（return 或 panic 异常导致结束）之前执行某个动作，是一个函数结束前最后执行的动作。defer 延迟语句在函数中按照定义的顺序先注册或者压入到一个栈中，最后执行时，先进去的语句最后执行，最后进去的语句最先执行。defer 延迟语句原理示例如图 2.2 所示。

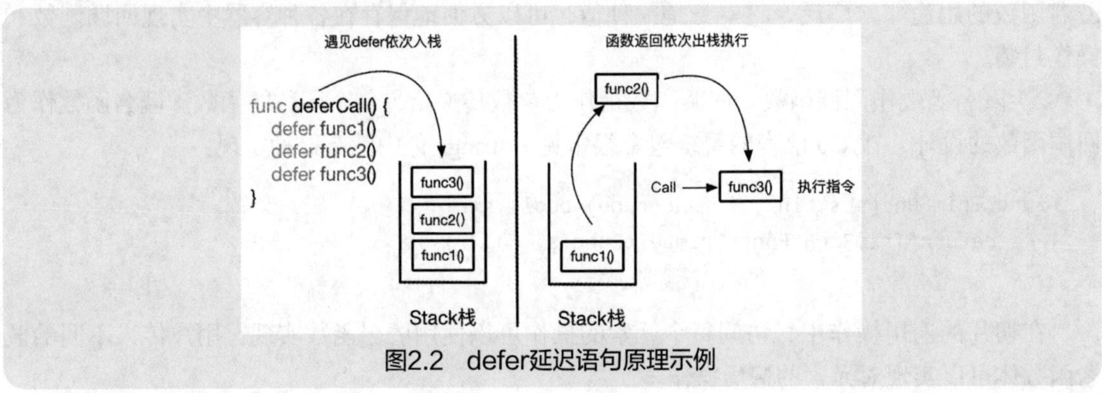

图2.2　defer延迟语句原理示例

2. 面试题实战

【题目 2-7】defer 关键字特性

下面代码的输出是什么？请说明原因。

```
package main
import (
    "fmt"
)
func main() {
    deferFunc()
```

```
}
func deferFunc() {
    defer func() { fmt.Println("value1") }()
    defer func() { fmt.Println("value2") }()
    defer func() { fmt.Println("value3") }()
    panic(" 异常 ")
}
```

【解答】

```
value3
value2
value1
panic: 异常
```

说明：defer 关键字的实现与 go 关键字的实现类似，不同的是它调用的是 runtime.deferproc() 函数而不是 runtime.newproc() 函数。在 defer 出现的地方插入了指令调用 runtime.deferproc() 函数，然后在函数返回之前的地方插入指令调用 runtime.deferreturn() 函数。

goroutine 的控制结构中有一张表记录 defer，调用 runtime.deferproc() 函数时会将需要 defer 的表达式记录在表中，而在调用 runtime.deferreturn() 函数时，则会依次从 defer 表中出栈并执行。因此，题目最后的输出顺序应该是 defer 定义顺序的倒序。panic 异常并不能终止 defer 的执行。

【题目 2-8】defer 和 return 语句

下面代码的输出是什么？请说明原因。

```
package main
import "fmt"
func main() {
    fmt.Println("result:", def())
}
func def() int {
    var i int
    defer func() {
        i++
        fmt.Println("a", i)
    }()
    defer func() {
        i++
```

```
        fmt.Println("b", i)
    }()
    return i
}
```

【解答】

```
b 1
a 2
result: 0
```

说明：多个 defer 的执行顺序为“后进先出”。defer、return、返回值三者的执行逻辑：return 最先执行，负责将结果写入返回值；接着 defer 开始执行；最后函数将返回值返回并退出。

【题目 2-9】defer 顺序问题

下面代码的输出是什么？请说明原因。

```
func calcFunc(index string, x, y int) int {
    ret := x + y
    fmt.Println(index, x, y, ret)
    return ret
}
func main() {
    x := 1
    y := 2
    defer calcFunc("1", x, calcFunc("10", x, y))
    x = 0
    defer calcFunc("2", x, calcFunc("20", x, y))
    y = 1
}
```

【解答】

```
10 1 2 3
20 0 2 2
2 0 2 2
1 1 3 4
```

说明：因为 defer 在定义时会计算好调用函数的参数，所以会优先输出 10、20 两个参数，然后根据定义的顺序倒序执行。

2.2 面向对象编程

2.2.1 Go 语言与面向对象编程

Go 语言中没有类（class）的概念，但这并不意味着 Go 语言不支持面向对象编程，毕竟面向对象编程只是一种编程思想。

2.2.2 面向对象编程简介

1. 什么是面向对象编程

面向对象编程（object oriented programming，OOP）是一种基于对象概念的编程范例，对象可以包含数据和操作该数据的方法。在面向对象编程中，程序是围绕相互交互以完成任务的对象组织的。面向对象编程拥有封装、继承、多态三大特性。

（1）封装。

1）属性。结构体可以被用在 Go 语言中封装属性，结构体就像一个简化形式的类。例如，要定义一个三角形，每个三角形都有底和高，可以这样进行封装：

```
type Triangle struct {
    Bottom float32
    Height float32
}
```

2）方法。Go 方法类似于 Go 函数，但有一个区别，即方法中包含一个接收者参数（receiver）。在接收者参数的帮助下，该方法可以访问接收者的属性。这里的接收者参数可以是 struct 类型，也可以是非 struct 类型。在代码中创建方法时，接收器和接收器类型必须存在于同一个包中，并且不允许创建一个方法，其中接收器类型已经在另一个包中定义，包括内置类型，如 int、string 等。

在 Go 语言中，定义方法的格式如下：

```
func(receiverName Type) methodName(parameterList)(returnType){
// 代码
}
```

3）访问权限。判断一个类的属性是公共的还是私有的，在其他编程语言中，常用 public、private、protected 访问控制修饰符来表达这样一种访问权限。在 Go 语言中没有 public、private、 protected 这样的访问控制修饰符，它是通过字母大小写来控制可见性的。如果定义的常量、变量、类型、接口、结构、函数等的名称是大写字母开头，则表示它们能被其他包访问或调用（相当于 public）；非大写字母开头就只能在包内使用（相当于 private）。

例如，定义一个学生结构体来描述名字和分数，示例如下：

```
type Student struct {
    name  string
    score float32
    Age int
}
```

以上结构体中，Age 属性是大写字母开头，其他包可以直接访问，而 name 是小写字母开头，不能直接访问。再看下面的代码：

```
s := new(person.Student)
s.name = "shirdon"
s.Age = 22
fmt.Println(s.GetAge())
```

以上代码中，可以通过 s.Age 访问，不能通过 s.name 访问，所以在运行时会报错：

```
s.name undefined (cannot refer to unexported field or method name)
```

和其他面向对象编程语言一样，Go 语言也有实现设置和获取的方法。

- 对于设置方法，使用 Set 前缀。
- 对于获取方法，只使用成员名。

（2）继承。

继承是指将超类的属性继承到基类中，是面向对象编程中最重要的概念之一。由于 Go 语言不支持类，也没有继承的概念，因此继承通过结构体嵌入进行。不能直接扩展结构体，而是使用一个称为组合的概念，其中结构体用于生成其他对象。在组合中，基本结构可以嵌入到子结构体中，并且可以在子结构体上直接调用基本结构体的方法。在 Go 语言中实现继承的示例如下：

```
package main
import (
    "fmt"
    "strconv"
)
type Person struct {
    firstName string
```

```
    lastName string
}
func (p *Person) FullName() string {
    return p.firstName + " " + p.lastName
}
type Employee struct {
    person  Person
    empID   int
    company string
}
func (e *Employee) EmployeeInfo() string {
    return "Name: " + e.person.FullName() + ", ID: " + strconv.Itoa(e.empID) +
            ",Company: " + e.company
}
func main() {
    p := Person{
        "Jack",
        "Barry",
    }
    e := Employee{
        person: p,
    }
    res := e.EmployeeInfo()
    fmt.Println(res)
}
//$ go run inheritance.go
//Name: Jack Barry, ID: 0, Company:
```

在上面的示例中，定义了两个结构体：Person 和 Employee。Employee 结构体包含 Person 结构体的一个实例。通过这样做，Employee 结构体“继承”了 Person 结构体的字段和方法。可以通过 Employee 结构体访问 Person 结构体中的 FullName() 方法。

（3）多态。

在 Go 语言中，不能借助类来实现多态，因为 Go 语言不支持类，但是可以通过接口来实现。接口在 Go 语言中是隐式实现的。因此，当创建一个接口并且其他类型想要实现该接口时，这些类型会在不知道该类型的情况下借助接口中定义的方法来使用该接口。在接口中，接口类型的变量可以包含实现该接口的任何值。此属性有助于接口在 Go 语言中实现多态性。

在 Go 语言中实现多态性的示例如下：

```
package main
import "fmt"
type Animal interface {
    Speak() string
}
type Tiger struct{}
func (d Tiger) Speak() string {
    return "Tiger Speak"
}
type Lion struct{}
func (c Lion) Speak() string {
    return "Lion Speak"
}
func main() {
    animals := []Animal{Tiger{}, Lion{}}
    for _, animal := range animals {
        fmt.Println(animal.Speak())
    }
}
//$ go run polymorphism.go
//Tiger Speak
//Lion Speak
```

在上面的示例中，定义了一个具有单一方法 Speak() 的 Animal 接口。然后通过定义 Speak() 方法来定义两个结构体 Tiger 和 Lion 以实现这个接口。

在 main() 函数中，创建了一个 Animal 切片，其中包含一个 Tiger 和一个 Lion 实例。然后遍历切片并对每个实例调用 Speak() 方法。每个实例的 Speak() 方法返回不同的字符串，展示了 Animal 接口的多态行为。通过定义 Animal 接口，可以创建实现相同接口的多种类型，并在需要 Animal 的任何地方互换使用它们。

2. 面试题实战

【题目 2–10】**接口的实现**

请指出下面代码中存在的问题。

```
type Programmer struct {
    Name string
}
func (p *Programmer) String() string {
    return fmt.Sprintf("print: %v", p)
```

```
}
func main() {
    p := &Programmer{}
    p.String()
}
```

【解答】

在 Go 语言中，String() 方法实际上实现了 Stringer 的接口，该接口定义在 fmt/print.go 中：

```
type Stringer interface {
    String() string
}
```

在使用 fmt 包中的打印方法时，如果类型实现了这个接口，则会直接调用；而题目中在打印 p 时会直接调用 p 实现的 String() 方法，然后就产生了循环调用。

【题目 2-11】属性的权限

下面代码的输出是什么？

```
type Programmer struct {
    name string `json:"name"`
}
func main() {
    js := `{
        "name":"18"
    }`
    var p Programmer
    err := json.Unmarshal([]byte(js), &p)
    if err != nil {
        fmt.Println("err: ", err)
        return
    }
    fmt.Println("programmer: ", p)
}
```

【解答】

```
programmer:  {}
```

按照 Go 语言的语法，首个单词的首字母以小写开头的方法、属性或结构体是私有的，同样，在 json 解码或转码时也无法上线私有属性的转换。题目中是无法正常得到 programmer 的 name 值的。而且，私有属性 name 也不应该加 json 的标签。

2.3 接口

2.3.1 接口简介

接口(interface)类型是对其他类型行为的概况与抽象,接口是Go语言最重要的特性之一。接口类型可以定义一组方法，但是这些方法不需要实现。接口本质上是指针类型。接口是为了实现多态功能而设定的，多态是指代码可以根据类型的具体实现采取不同行为的能力。如果某一类型实现了某一接口，则该类型的数值可以在所有使用该接口的场所中得到支持。定义接口的形式如下：

```
type 接口名称 interface {
    method1( 参数列表 ) 返回值列表
    method2( 参数列表 ) 返回值列表
    ...
    methodn( 参数列表 ) 返回值列表
}
```

如果接口没有任何方法声明，那么它就是一个空接口（interface{}），它的用途类似面向对象编程里的根类型Object，可被赋值为任何类型的对象。接口变量的默认值是nil。如果实现接口的类型支持，可做相等运算。

2.3.2 面试题实战

【题目2-12】Go语言接口的工作原理

请解释一下Go语言接口的工作原理，以及如何使用接口。

【解答】

接口是Go语言的一种特殊类型，它定义了一组方法签名但不提供实现。接口本质上充当方法的占位符，这些方法将根据使用它的对象具有多种实现。示例如下：

```
type interfaceExample interface{
    fun1() int
    fun2() float64
}
```

【题目2-13】Go语言继承

如何用Go语言实现继承？举例说明。

【解答】

Go 语言中没有继承，因为它不支持类。但是，开发者可以使用组合来模拟继承行为，以使用现有的结构体对象来定义新对象的起始行为。创建新对象后，可以将功能扩展到原始结构体之外。示例如下：

```
type Animal struct {
    // ...
}
func (a *Animal) Eat()   {
    // ...
}
type Cat struct {
    Animal
    // ...
}
```

以上代码中，Animal 结构包含 Eat() 方法。Animal 的这些方法通过结构体的组合，嵌入到子结构体 Cat 中，从而实现继承。

【题目 2-14】**实现接口**

Go 语言中的接口是如何实现的？举例说明。

【解答】

Go 语言中的接口与其他语言中的不同。在 Go 语言中，没有显式声明或 implements 关键字，而是通过结构体实现与接口函数同名的方法来间接实现接口。示例如下：

```
package main
import "fmt"
type I interface {
    M()
}
type T struct {
    S string
}
// 类型 T 实现了接口 I
func (t T) M() {
    fmt.Println(t.S)
}
func main() {
    var i I = T{"Test"}
    i.M()
```

```
}
//$ go run interview1-38.go
//Test
```

【题目 2-15】**类型断言**

如何理解 Go 语言中的类型断言？举例说明。

【解答】

类型断言采用接口值并检索指定的显式数据类型的值。类型断言的语法如下：

```
t := i.(T)
```

以上语句断言接口值 i 具有具体类型 T，并将类型 T 的值分配给变量 t。如果 i 没有具体的类型 T，则该语句将导致 panic 异常。

如果接口具有具体类型，则可以通过使用类型断言返回的两个值进行测试。一个值是基础值，另一个值是布尔值，用于判断断言是否完成。语法如下：

```
t, isSuccess := i.(T)
```

以上语法中，如果接口值 i 有 T，则底层值将被分配给 t，并且 isSuccess 的值为 true；否则，isSuccess 语句将为 false，并且 t 的值将具有对应于类型 T 的零值。这确保了断言失败时不会出现 panic 异常。

【题目 2-16】**接口的实现**

下面的代码是否可以编译通过？为什么？

```
package main
import (
    "fmt"
)
type Animal interface {
    Call(string) string
}
type Cat struct{}
func (cat *Cat) Call(sound string) (barking string) {
    if sound == "dog barking" {
        barking = "woof"
    } else {
        barking = "meow"
    }
    return
}
```

```
func main() {
    var a Animal = Cat{}
    sound := "meow"
    fmt.Println(a.Call(sound))
}
```

【解答】

编译失败，值类型 Cat{} 未实现接口 Animal 的方法，不能定义为 Animal 类型。在 Go 语言中，Cat 和 *Cat 是两种类型，前者表示 Cat 本身，后者表示指向 Cat 的指针。

【题目 2-17】**接口的实现**

下面代码的输出是什么？请说明原因。

```
package main
import (
    "fmt"
)
type Animal interface {
    Eat()
}
type Cat struct{}
func (cat *Cat) Eat() {
}
func live() Animal {
    var cat *Cat
    return cat
}
func main() {
    if live() == nil {
        fmt.Println("NIL")
    } else {
        fmt.Println("NON NIL")
    }
}
```

【解答】

```
NON NIL
```

和题目 2-16 类似，不同的是 *Cat 的定义后本身没有初始化值，所以 *Cat 是不存在的，但是 *Cat 实现了 Animal 接口，所以接口不为 nil。

2.4 反射

2.4.1 反射简介

反射（reflection）是程序在运行时检查其变量和值并找到它们的类型的能力。在 Go 语言中，反射主要通过类型实现。reflect 包为此提供了所有必需的 API 或方法。反射通常被称为元编程的一种方法。

为了更好地理解反射，让我们先了解一下空接口：指定零方法的接口称为空接口。当声明一个参数和数据类型未知的函数时，空接口非常有用。Println()、Printf() 等库方法采用空接口作为参数。

如图 2.3 所示，Go 语言反射是基于 Value 和 Type 的。这些在包中定义，类型为 reflect.Value、reflect.Type 和 reflect.Kind，可以使用以下方法获取。

- reflect.ValueOf(x interface{})。
- reflect.TypeOf(x interface{})。
- Type.Kind()。

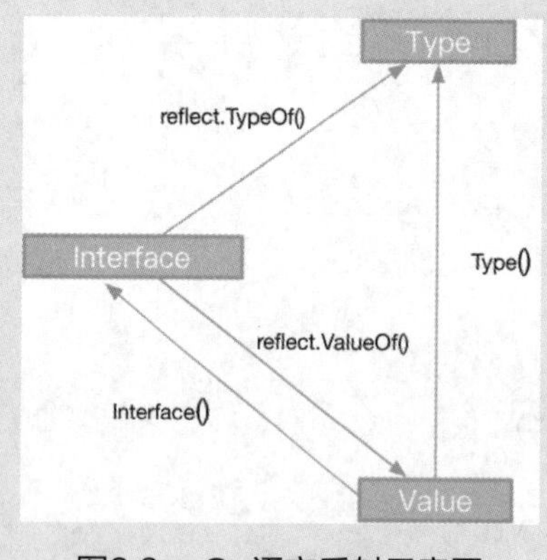

图2.3　Go语言反射示意图

在下面的示例中，将发现结构体的种类和类型与另一种自定义数据类型之间的区别。除此之外，还可以使用 reflect 包中的方法来获取和打印结构体中的字段以及自定义数据类型中的值。

```
package main
import (
    "fmt"
```

```
    "reflect"
)
type User struct {
    name   string
    userId int
    score  float64
}
type TypeString string
func print(x, y interface{}) {
    t1 := reflect.TypeOf(x)
    k1 := t1.Kind()
    t2 := reflect.TypeOf(y)
    k2 := t2.Kind()
    fmt.Println("Type1:", t1)
    fmt.Println("Kind1:", k1)
    fmt.Println("Type2:", t2)
    fmt.Println("Kind2:", k2)
    fmt.Println("参数x中的值是：")
    if reflect.ValueOf(x).Kind() == reflect.Struct {
        value := reflect.ValueOf(x)
        numberOfFields := value.NumField()
        for i := 0; i < numberOfFields; i++ {
            fmt.Printf("Type:%T || Value:%#v\n",
                value.Field(i), value.Field(i))
            fmt.Println("类型：", value.Field(i).Kind())
        }
    }
    value := reflect.ValueOf(y)
    fmt.Printf("y的值是 %#v", value)
}
func main() {
    str := TypeString("666")
    person := User{
        name:   "ShirDon",
        userId: 6,
        score:  99.5,
    }
    print(person, str)
}
```

```
//$ go run reflect1.go
//Type1: main.User
//Kind1: struct
//Type2: main.TypeString
//Kind2: string
//参数x中的值是：
//Type:reflect.Value || Value:"ShirDon"
//类型：string
//Type:reflect.Value || Value:6
//类型：int
//Type:reflect.Value || Value:99.5
//类型：float64
//y的值是 "666"
```

2.4.2 面试题实战

【题目 2-18】**获取结构体中字段的 tag 值**

在 Go 语言中，使用 json 包时，在结构体中的字段前会加上 tag，有没有什么办法可以获取到这个 tag 的内容呢？举例说明。

【解答】

tag 信息可以通过 reflect 包内的方法获取，下面通过一个例子来加深理解：

```
package main
import (
    "fmt"
    "reflect"
)
type Json struct {
    tag string `json:"Tag"`
}
func printTag(input interface{}) {
    t := reflect.TypeOf(input).Elem()
    for i := 0; i < t.NumField(); i++ {
        fmt.Printf("结构体字段%v对应的json tag是 %v\n", t.Field(i).Name,
            t.Field(i).Tag.Get("json"))
    }
}
func main() {
    j := Json{
```

```
        tag: "test",
    }
    printTag(&j)
}
//$ go run interview1-42.go
// 结构体字段tag对应的json tag是Tag
```

2.5 泛型

2.5.1 泛型简介

1. 什么是泛型

泛型（generics）是一种编写代码的方式，它独立于所使用的特定类型。泛型是在Go 1.18版本中增加的类型。为了能够正确地使用泛型，需要了解什么是泛型，以及为什么需要它们。泛型允许开发者在编写代码时无须明确提供它们获取或返回的特定数据类型——换句话说，在编写某些代码或数据结构时，开发者无须提供值的类型。

2. 泛型语法

Go语言引入了一种新语法，用于提供有关类型的额外元数据并定义对这些类型的约束。

```
package main
import "fmt"
func main() {
    fmt.Println(GenericsFunc([]int{99, 98, 97, 96, 95}))
}
// T是一个类型参数，在函数内部像普通类型一样使用
// any是对类型的约束，即T必须实现any接口
func GenericsFunc[T any](s []T) []T {
    l := len(s)
    r := make([]T, l)
    for i, ele := range s {
        r[l-i-1] = ele
    }
    return r
}
//$ go run generics1.go
//[95 96 97 98 99]
```

如图 2.4 所示，中括号“[]”用于指定类型参数，这是一个标识符列表和一个约束接口。T 是一个类型参数，用于定义参数并返回函数的类型。

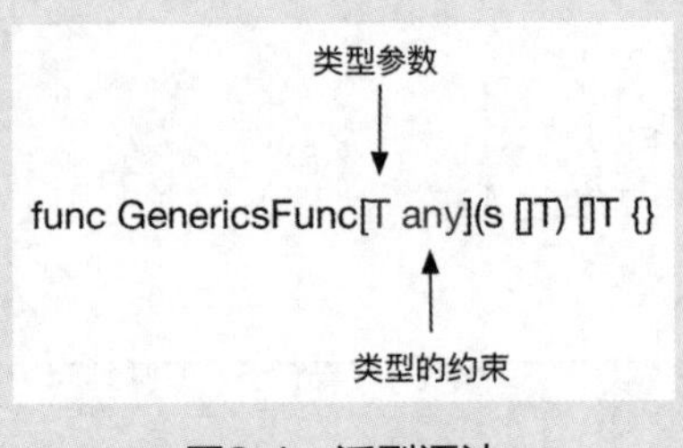

图2.4　泛型语法

该参数也可以在函数内部访问。any 是一个接口，T 必须实现这个接口。Go 1.18 引入了 any 作为 interface{} 的别名。类型参数就像一个类型变量，使用这些类型参数初始化的变量将支持约束的操作。在下面的示例中，约束是 any：

```
type any = interface{}
```

GenericsFunc() 函数的返回类型为 []T，输入类型为 []T。类型参数 T 用于定义函数内部使用的更多类型。这些泛型函数通过将类型值传递给类型参数进行实例化。

```
res:= GenericsFunc[int]
```

Go 语言的编译器通过检查传递给函数的参数来推断类型参数。

3. 类型参数

泛型通过提供一种用实际类型表示代码的解决方案来减少样板代码。可以将任意数量的类型参数传递给函数或结构体。

（1）函数中的类型参数。

在函数中使用类型参数允许开发者在类型上编写代码泛型。编译器将为在实例化时传递的每个类型组合创建一个单独的定义，或者创建一个基于接口的定义，该定义派生自使用模式和超出范围的其他一些条件。

```
// T 是类型参数，它的作用类似于类型
func print[T any](v T) {
    fmt.Println(v)
}
```

（2）特殊类型中的类型参数。

泛型对于特殊类型非常有用，因为它允许我们在特殊类型上编写实用函数。

1）切片类型参数。创建切片时，只需一个类型，所以只需一个类型参数。下面的示例显示了 T 带有切片的类型参数的用法。

```
// 在slice上，这将对slice的每个元素执行一个函数
func ForFunc[T any](s []T, f func(ele T, i int, s []T)) {
    for k, v := range s {
        f(v, k, s)
    }
}
```

2）map 类型参数。map 类型参数需要两种类型，一种是键（key）类型，另一种是值（value）类型。值类型没有任何约束，但键类型应始终满足 comparable 约束。

```
func MapKeys[K comparable, V any](m map[K]V) []K {
    // 创建具有地图长度的K类型切片
    key := make([]K, len(m))
    i := 0
    for k, _ := range m {
        key[i] = k
        i++
    }
    return key
}
```

（3）结构体中的类型参数。

Go 语言允许将类型参数用于结构体的定义，其语法类似于泛型函数。类型参数可用于结构体的方法和数据成员。示例如下：

```
package main
type TypeStruct[T any] struct {
    innerType T
}
func (m *TypeStruct[T]) Get() T {
    return m.innerType
}
func (m *TypeStruct[T]) Set(v T) {
    m.innerType = v
}
```

结构体方法中不允许定义新的类型参数，但在结构体定义中定义的类型参数可在方法中使用。

（4）泛型类型中的类型参数。

泛型可以嵌套在其他类型中。函数或结构体中定义的类型参数可以传递给具有类型参数

的任何其他类型。示例如下：

```
package main
import "fmt"
// 具有两个泛型类型的泛型结构
type GMap[K, V any] struct {
    Key   K
    Value V
}
func GeneFunc[K comparable, V any](m map[K]V) []*GMap[K, V] {
    // 定义一个 GMap 类型的切片，传递 K、V 类型参数
    g := make([]*GMap[K, V], len(m))
    i := 0
    for k, v := range m {
        // 使用 new 关键字创建值
        newGMap := new(GMap[K, V])
        newGMap.Key = k
        newGMap.Value = v
        g[i] = newGMap
        i++
    }
    return g
}
func main() {
    type K string
    type V any
    m := map[K]V{"a": "b"}
    res := GeneFunc(m)
    fmt.Println(res[0])
}
//$ go run generics4.go
//&{a b}
```

4. 类型约束

与 C++ 中的泛型不同，Go 语言泛型只允许执行接口中列出的特定操作，该接口称为约束。编译器使用约束来确保为函数提供的类型支持使用类型参数实例化的值执行的所有操作。

例如，在下面的代码片段中，类型参数 T 的任何值仅支持 String() 方法，开发者可以使用 len() 函数或任何其他操作对其进行操作。

```
package main
// StringConstraint 是一个约束
type StringConstraint interface {
    String() string
}
// T 必须实现 StringConstraint，T 只能执行 StringConstraint 定义的操作
func getString[T StringConstraint](s T) string {
    return s.String()
}
```

“|” 运算符将允许类型的联合，通过多个具体类型可以实现单个接口，并且生成的接口允许在所有联合类型中进行通用操作。示例如下：

```
type Number interface {
        int | int8 | int16 | int32 | int64 | float32 | float64
}
```

在上面的示例中，Number 接口现在支持所提供类型中常见的所有操作，如 <、> 和 +–，所有算法操作都由 Number 接口支持。

```
// T 作为类型参数现在支持所有 int、float 类型
func Max[T Number](a, b T) T {
    if a > b {
        return a
    }
    return b
}
```

使用多种类型的联合允许执行这些类型支持的常见操作，并编写适用于联合中所有类型的代码。

5. 类型近似运算符

Go 语言允许通过 int、string 等预定义类型创建用户定义的类型。类型近似运算符“~”允许指定接口，也支持具有相同底层类型的类型。例如，如果开发者想在 Max() 函数中添加对带有下划线类型 int 的 Point 类型的支持，则可以使用“~”。示例如下：

```
package main
import "fmt"
// 此接口将支持具有给定基础类型的任何类型
type TypeNumber interface {
    ~int | ~int8 | ~int16 | ~int32 | ~int64 | ~float32 | ~float64
}
```

```
// 具有底层 int 的类型
type Point int
func Max[T TypeNumber](a, b T) T {
    if a > b {
        return a
    }
    return b
}
func main() {
    // 创建点类型
    a, b := Point(6), Point(8)
    fmt.Println(Max(a, b))
}
//$ go run generics6.go
//8
```

所有预定义类型都支持这种近似类型，“~”运算符仅适用于约束。示例如下：

```
// 联合运算符和类型近似运算符一起使用，没有接口
func Max[T ~int | ~float32 | ~float64](a, b T) T {
    if a > b {
        return a
    }
    return b
}
```

约束也支持嵌套。例如，以下代码中，TypeNumber 由 TypeInteger 和 TypeFloat 类型组成。

```
// TypeInteger 由所有 int 类型组成
type TypeInteger interface {
    ~int | ~int8 | ~int16 | ~int32 | ~int64
}
// TypeFloat 由所有 float 类型组成
type TypeFloat interface {
    ~float32 | ~float64
}
// TypeNumber 由 TypeInteger 和 TypeFloat 类型组成
type TypeNumber interface {
    TypeInteger | TypeFloat
}
```

```
func Min[T TypeNumber](a, b T) T {
    if a < b {
        return a
    }
    return b
}
type Num int
func main() {
    // 创建点类型
    a, b := Num(6), Num(8)
    fmt.Println(Min(a, b))
}
//$ go run generics7.go
//6
```

2.5.2 面试题实战

【题目 2-19】**泛型的作用**

什么是 Go 语言泛型？它有什么作用？

【解答】

Go 语言泛型是一种编写代码的方式，它独立于所使用的特定类型。泛型允许函数或数据结构采用以其泛型形式定义的多种类型。

泛型允许开发者在编写代码时无须明确提供它们获取或返回的特定数据类型——换句话说，在编写某些代码或数据结构时，开发者无须提供值的类型。

【题目 2-20】**通过泛型比较大小**

使用 Go 语言泛型编写一个程序来比较两个数的大小。

【解答】

根据题意，编写泛型实现即可，代码如下：

```
package main
import "fmt"
type TypeNumber interface {
    ~int | ~int8 | ~int16 | ~int32 | ~int64 | ~float32 | ~float64
}
// 具有底层 int 的类型
type Num int
func Compare[T TypeNumber](a, b T) T {
    if a > b {
```

```
        return a
    }
    return b
}
func main() {
    // 创建点类型
    a, b := Num(6), Num(8)
    fmt.Println(Compare(a, b))
}
//$ go run interview1-44.go
//8
```

2.6 并发编程

2.6.1 并发与并行简介

1. 什么是并发

并发（concurrency）是系统在重叠的时间段内同时执行多个任务或进程的能力。在计算中，并发性通常是指计算机系统同时执行多个任务或程序的能力，而无须等待彼此完成。

并发可以通过多种技术实现，如多任务、多线程、多处理和并行性等。多任务允许单个 CPU 以分时的方式执行多个任务；多线程则允许单个进程中的多个线程并发执行；多处理涉及多个 CPU 同时执行不同的进程；而并行性涉及将单个任务拆分为多个子任务，这些子任务可以在多个 CPU 或内核上并发执行。

并发性在现代计算机系统中很重要，因为它可以提高效率和性能。通过允许同时执行多个任务，系统可以更好地利用可用资源并更快地响应用户的请求。然而，并发性也带来了竞争条件、死锁和资源争用等挑战，我们必须谨慎管理这些挑战以确保正确和可靠的操作。

2. 什么是并行

并行（parallelism）是一种计算技术，涉及将任务分解为更小的子任务，这些子任务可以在多个处理单元（如 CPU 或内核）上同时执行，以实现更快的处理和更高的性能。

并行可以通过多种方式实现，如通过多处理、多线程，或通过 GPU（graphics processing units，图形处理单元）或 FPGA（field-programmable gate arrays，现场可编程门阵列）等专用硬件。在多处理中，不同的处理器或内核用于同时执行不同的任务；而在多线程中，单个进程中的不同线程在不同的处理器或内核上同时执行。

并行性在现代计算中很重要，因为它可以加快处理速度并提高计算密集型任务（如科学模拟、数据分析和机器学习）的性能。然而，并行性也带来了同步、负载平衡和可伸缩性等挑战，我们必须谨慎管理这些挑战以确保正确和高效的操作。

2.6.2 goroutine 简介

1. 什么是 goroutine

goroutine 是一种函数或方法，它与其他函数或方法同时运行。goroutine 可以算是轻量级的线程。与线程相比，创建 goroutine 的成本很小。因此，Go 应用程序同时运行数千个 goroutine 是很常见的。

goroutine 使用 go 关键字创建，后跟需要并发执行的函数调用。当一个 goroutine 启动时，它与程序中的其他 goroutine 并发运行。goroutine 使用通道相互通信，通道是 Go 语言中的一种数据结构，允许在 goroutine 之间进行安全和同步的通信。

2. goroutine 的优势

goroutine 相对于线程的优势如下。

- 与线程相比，goroutine 对资源的消耗更少。它们的堆栈大小只有几千字节（KB），堆栈可以根据应用程序的需要增长和缩小，而在线程的情况下，堆栈大小必须指定并且是固定的。
- goroutine 被多路复用到较少数量的线程。一个有数千个 goroutine 的程序中可能只有一个线程。如果该线程中的任何 goroutine 阻塞等待用户输入，则会创建另一个线程，并将剩余的 goroutine 移动到新的线程。所有这些都在运行时处理，使得开发者可以从这些复杂的细节中抽象出来，并获得一个干净的 API 来处理并发。
- goroutine 利用通道通信。在使用 goroutine 访问共享内存时，通道设计可以防止竞争条件的出现。该通道可被视为 goroutine 通信的管道。

3. 如何启动一个 goroutine

在 Go 语言中，每一个并发执行的活动称为 goroutine，使用 go 关键字即可创建 goroutine，形式如下：

```
go funcName()
```

funcName() 是我们定义好的函数或者闭包，将 go 关键字声明放到一个需要调用的函数之前，在相同地址空间调用这个函数，这样该函数在执行时便会作为一个独立的并发 goroutine。示例如下：

```
package main
import "fmt"
func funcName() {
```

```
    fmt.Println("Hi goroutine")
}
func main() {
    go funcName()
    fmt.Println("main function")
}
```

4. 如何启动多个 goroutine

启动多个 goroutine 的程序示例如下：

```
package main
import (
    "fmt"
    "time"
)
func printNumbers() {
    for i := 6; i <= 8; i++ {
        time.Sleep(200 * time.Millisecond)
        fmt.Printf("%d ", i)
    }
}
func printChars() {
    for i := 'x'; i <= 'z'; i++ {
        time.Sleep(300 * time.Millisecond)
        fmt.Printf("%c ", i)
    }
}
func main() {
    go printNumbers()
    go printChars()
    time.Sleep(2000 * time.Millisecond)
    fmt.Println("main 结束～ ")
}

//$ go run goroutine2.go
//6 x 7 y 8 z main 结束～
```

5. Go 运行时调度程序

Go 运行时调度程序的工作是将可运行的 goroutine（G）分发到在一个或多个处理器（P）上运行的多个工作操作系统线程（M）。处理器正在处理多个线程，线程正在处理多个 goroutine。处理器取决于硬件，处理器的数量是根据开发者的 CPU 内核数量设置的。

如图 2.5 所示，G 表示 goroutine，M 表示操作系统线程，P 表示处理器。当一个新的 goroutine 被创建，或者一个现有的 goroutine 变得可运行时，它被推送到当前处理器的可运行 goroutine 列表中。当处理器完成执行一个 goroutine 时，它首先尝试从其可运行 goroutine 列表中弹出一个 goroutine。如果列表为空，则处理器随机选择一个处理器并尝试窃取一半的可运行 goroutine。

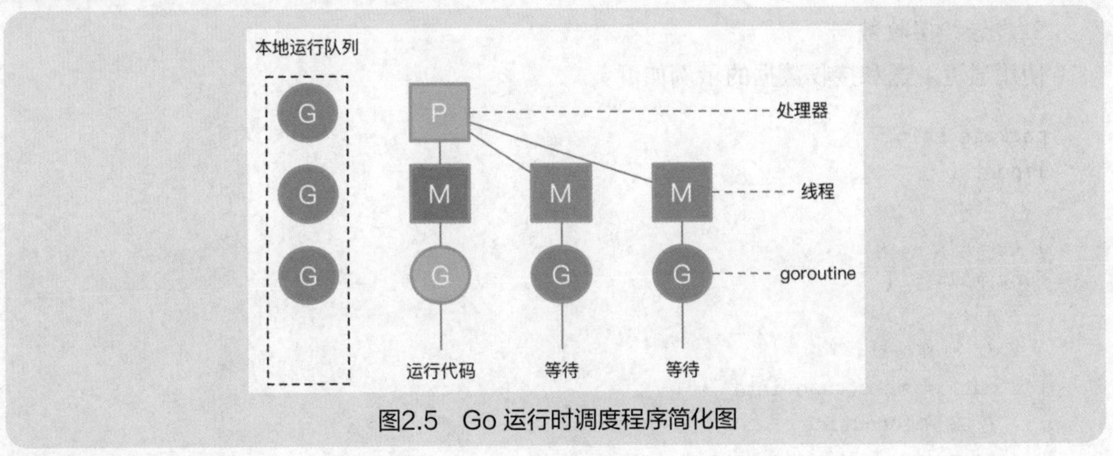

图2.5　Go 运行时调度程序简化图

2.6.3 通道简介

1. 什么是通道

在 Go 语言中，通道（channel）是一种编程结构，它允许开发者在代码的不同部分移动数据，通常来自不同的 goroutine。

2. 创建通道

在 Go 语言中，通道是一个 goroutine 与另一个 goroutine 通信的媒介，这种通信是无锁的。换句话说，通道是一种允许让一个 goroutine 将数据发送到另一个 goroutine 的技术。默认情况下通道是双向的，这意味着 goroutine 可以通过相同的通道发送或接收数据。通道的示例如图 2.6 所示。

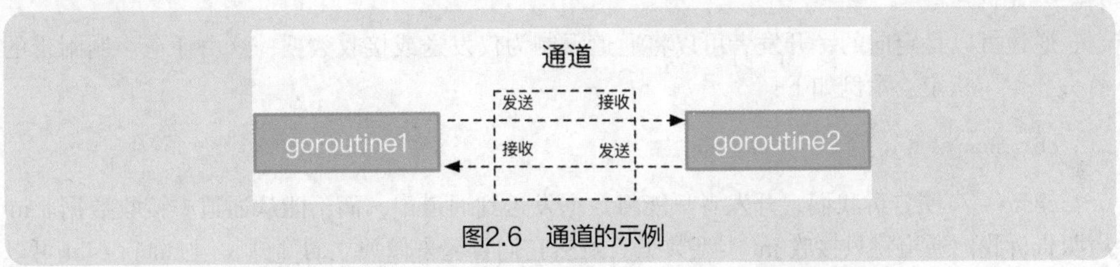

图2.6　通道的示例

在 Go 语言中，使用 chan 关键字和数据类型来声明一个新的通道类型：

```
var ch chan int
```

在以上代码中，ch 是发送类型 chan int 的通道。int 通道的默认值为 nil，因此需要在使用之前对其进行赋值。也可以使用 make() 函数来声明和初始化通道。示例如下：

```
ch := make(chan int)
```

3. 发送和接收数据

使用通道发送和接收数据的示例如下：

```
package main
import (
    "fmt"
)
func main() {
    n := 6
    // 创建通道
    out := make(chan int)
    // 启动 goroutine
    go multiplyByTwo(n, out)
    // 在此通道上收到任何输出后，将其打印到控制台并继续
    fmt.Println(<-out)
}
// 这个函数现在接收一个通道作为它的第 2 个参数 ...
func multiplyByTwo(num int, out chan<- int) {
    result := num * 2
    //... 并将结果通过管道传递给它
    out <- result
}
//$ go run channel1.go
//12
```

4. 定向通道

通道可以是定向的，开发者可以将通道限制为仅发送或接收数据，这由通道声明附带的箭头“<–”指定。示例如下：

```
out chan<- int
```

chan<– 声明告诉我们，开发者只能将数据发送到通道中，而不能从通道中接收数据。int 声明告诉我们通道将只接收 int 类型数据。虽然它们看起来像独立的部分，但 chan<– int 可以被认为是一种数据类型，它描述了一个“仅发送”的整数通道。同样，“仅接收”通道声明的示例如下：

```
out <-chan int
```

开发者还可以在不提供方向性的情况下声明一个通道，这意味着它可以发送或接收数据：

```
out chan int
```

当我们在函数中创建 out 通道时可以看到这一点：

```
out := make(chan int)
```

然后可以根据开发者要在代码中其他地方施加的限制，将此通道转换为定向通道。

5. 阻塞条件

从通道发送或接收值的语句在它们自己的 goroutine 中阻塞。

- 从通道接收数据的语句将阻塞，直到接收到一些数据。
- 向通道发送数据的语句将等待发送的数据被接收。

例如，当我们尝试在 main() 函数中打印接收到的值时：

```
fmt.Println(<-out)
```

以上 <-out 语句将阻塞代码，直到 out 在通道上接收到一些数据。

> **注意：**
> 从 nil 通道发送或接收数据时将永远阻塞。

6. select 语句

当有多个通道等待接收信息，并希望在其中任何一个通道先完成并执行一个动作时，可以使用 select 语句。switch 语句会从上到下遍历所有 case 语句，并尝试找到与 switch 表达式匹配的第 1 个 case 表达式。一旦找到匹配的 case 语句，它就退出并且不考虑其他 case 语句。语法如下：

```
select {
case <-channel1:
// ...
case <-channel2:
// ...
case <-channel3:
// ...
}
```

以上语法中，执行的操作取决于先完成哪种情况，其他情况将被忽略。

Go 语言的 switch 语句中还可以使用 fallthrough 关键字。如果 case 块中存在 fallthrough 关键字，则它会将控制转移到下一个 case，即使当前的 case 可能已经匹配。

为了更好地理解这一点，首先来看一个没有 fallthrough 关键字的示例：

```
package main
import "fmt"
func main() {
    a := 18
    switch {
    case a < 10:
        fmt.Println("a 小于 10")
    case a < 20:
        fmt.Println("a 小于 20")
    case a < 30:
        fmt.Println("a 小于 30")
    }
}
//$ go run goroutine3.go
//a 小于 20
```

默认情况下，switch 语句匹配从上到下遍历所有的 case 语句，并尝试找到与 switch 表达式匹配的第 1 个 case 表达式。一旦找到匹配的 case 语句，它就退出并且不考虑其他 case 语句。这就是上面示例中发生的情况。即使 a 小于 30，但该案例永远不会被执行，因为 a 与第 2 个案例相匹配，然后退出。

fallthrough 关键字则允许绕过这个限制。在下面的示例中，即使第 2 种 case 语句匹配，它也会因为 fallthrough 关键字而通过第 3 种案例。代码如下：

```
package main
import "fmt"
func main() {
    a := 18
    switch {
    case a < 10:
        fmt.Println("a 小于 10")
    case a < 20:
        fmt.Println("a 小于 20")
        fallthrough
    case a < 30:
        fmt.Println("a 小于 30")
    }
}
//$ go run goroutine4.go
//a 小于 20
//a 小于 30
```

7. 缓冲通道

缓冲通道是一种内部具有存储容量的通道。要创建缓冲通道，可以向 make() 函数中添加第 2 个参数以指定容量：

```
out := make(chan int, 2)
```

out 是一个容量为 2 个整数变量的缓冲通道。这意味着它在阻塞之前最多可以接收 2 个值。开发者可以将缓冲通道视为普通通道加上缓冲区：如果没有可用的接收器，又不希望通道语句阻塞，则使用缓冲通道。添加缓冲区允许开发者等待一些接收者被释放而不阻塞的发送代码。

2.6.4 面试题实战

【题目 2-21】并发和并行

解释并发和并行的区别，并描述在 Go 语言中如何实现并发。

【解答】

并发是指程序可以一次处理多个任务，而并行是指程序可以使用多个处理器一次执行多个任务。换句话说，并发是程序的一种属性，它允许开发者同时进行多个任务，但不一定同时执行。并行是同时执行两个或多个任务的运行时属性。因此，并行可以成为实现并发属性的一种手段，但它只是可用的众多手段之一。

Go 语言中并发的关键工具是 goroutine 和通道。goroutine 是并发的轻量级线程，而通道允许 goroutine 在执行期间相互通信。

【题目 2-22】Go 调度器优先调度问题

下面代码的输出是什么？请说明原因。

```
package main
import (
    "fmt"
    "runtime"
    "sync"
)
func main() {
    runtime.GOMAXPROCS(1)
    wg := sync.WaitGroup{}
    wg.Add(10)
    for i := 0; i < 5; i++ {
        go func() {
            fmt.Println("i: ", i)
            wg.Done()
```

```
        }()
    }
    for j := 0; j < 5; j++ {
        go func(i int) {
            fmt.Println("j: ", i)
            wg.Done()
        }(j)
    }
    wg.Wait()
}
```

【解答】

这个输出取决于调度器优先调度哪个 goroutine。从 runtime 的源码可以看到，当创建一个 goroutine 时，会优先放入到下一个调度的 runnext 字段上作为下一次优先调度的 goroutine。因此，最先输出的是最后创建的 goroutine，也就是 j: 4。完整输出如下：

```
j:  4
i:  5
i:  5
i:  5
i:  5
i:  5
j:  0
j:  1
j:  2
j:  3
```

【题目 2-23】fallthrough 关键字的使用

以下代码会输出什么？如何改进以下代码？

```
func main() {
    isMatch := func(i int) bool {
        switch i {
            case 1:
            case 2:
                return true
        }
        return false
    }
    fmt.Println(isMatch(1))
    fmt.Println(isMatch(2))
}
```

【解答】

```
false
true
```

因为 switch 语句没有中断操作，但如果 case 语句完成了程序，则会默认中断操作，可以在 case 语句后面加上关键字 fallthrough。改进的代码如下：

```
isMatch := func(i int) bool {
    switch(i) {
        case 1:
            fallthrough
        case 2:
            return true
    }
    return false
}
```

【题目 2–24】goroutine 及其控制

什么是 goroutine？如何停止一个 goroutine？

【解答】

goroutine 是一个函数或方法，它使用特殊的 goroutine 线程与任何其他 goroutine 一起并发执行。goroutine 线程比标准线程更轻量级，大多数 Go 语言程序一次使用数千个 goroutine。要创建 goroutine，只需在函数声明之前添加关键字 go，示例如下：

```
go f(x, y, z)
```

开发者可以通过发送一个信号通道来停止一个 goroutine。goroutine 只有在被告知检查时才能响应信号，因此开发者需要在逻辑位置（如 for 循环顶部）包含检查语句。示例如下：

```
package main
func main() {
    quit := make(chan bool)
    go func() {
        for {
            select {
            case <-quit:
                return
            default:
                // ...
            }
```

```
        }
    }()
    // ...
    quit <- true
}
```

【题目 2-25】goroutine 的执行权问题

请说明以下这段代码为什么会卡死。

```
package main
import (
    "fmt"
    "runtime"
)
func main() {
    var i byte
    go func() {
        for i = 0; i <= 255; i++ {
        }
    }()
    fmt.Println("start")
    // 让出执行以强制执行其他goroutine
    runtime.Gosched()
    runtime.GC()
    fmt.Println("end")
}
```

【解答】

Go 语言中，byte 是 uint8 的别名。所以上面的 for 循环会始终成立，因为 i++ 执行到 i=255 时会溢出，所以 i <= 255 一定成立。也就是说，for 循环永远无法退出，所以上面的代码其实可以等价于如下代码：

```
go func() {
    for {}
}
```

正在被执行的 goroutine 发生如 IO 操作、channel 阻塞、system call、运行较长时间等情况时，让出当前 goroutine 的执行权，并调度后面的 goroutine 执行。

【题目 2-26】goroutine 的执行效率问题

请说出下面的代码存在什么问题。

```
package main
import "fmt"
type Func func(string) string
func exec(name string, vs ...Func) string {
    ch := make(chan string)
    fn := func(i int) {
        ch <- vs[i](name)
    }
    for i, _ := range vs {
        go fn(i)
    }
    return <-ch
}
func main() {
    ret := exec("test", func(n string) string {
        return n + "func1"
    }, func(n string) string {
        return n + "func2"
    }, func(n string) string {
        return n + "func3"
    }, func(n string) string {
        return n + "func4"
    })
    fmt.Println(ret)
}
```

【解答】

依据 4 个 goroutine 的启动后执行效率，很可能输出 testfunc4，但其他的 testfunc1 也可能先执行，exec() 函数只会返回一条信息。

【题目 2-27】goroutine 的使用问题

请说出下面的代码存在什么问题。

```
package main
import (
    "fmt"
)
func main() {
    ch := make(chan int, 100)
    for i := 0; i < 10; i++ {
        ch <- i
```

```
    }
    go func() {
        for i := range ch {
            fmt.Println("i: ", i)
        }
    }()
    close(ch)
    fmt.Println("closed")
}
```

【解答】

以上代码只会输出 closed，因为 goroutine 可能还未启动，通道就关闭了。

【题目 2-28】**读写不安全问题**

请说出下面的代码存在什么问题。

```
package main
import "sync"
type UserAges struct {
    ages map[string]int
    sync.Mutex
}
func (ua *UserAges) Add(name string, age int) {
    ua.Lock()
    defer ua.Unlock()
    ua.ages[name] = age
}
func (ua *UserAges) Get(name string) int {
    if age, ok := ua.ages[name]; ok {
        return age
    }
    return -1
}
```

【解答】

在执行 Get() 方法时可能会抛出异常，因为 map 是并发读写，并不安全。map 属于引用类型，并发读写时多个 goroutine 通过指针访问同一个地址，即访问共享变量，此时同时读写资源将存在竞争关系。可能会报错误信息“fatal error: concurrent map read and map write”。因此，在 Get() 方法中也需要加锁，建议使用读写锁 sync.RWMutex。

【题目 2-29】**通道缓冲问题**

以下的代码迭代会有什么问题？

```
package main
import "sync"
type threadSafeMap struct {
    ages map[string]int
    sync.Mutex
}
func (set *threadSafeMap) Iteration() <-chan interface{} {
    ch := make(chan interface{})
    go func() {
        set.Lock()
        for elem := range set.ages {
            ch <- elem
        }
        close(ch)
        set.Unlock()
    }()
    return ch
}
```

【解答】

默认情况下使用 make() 函数初始化的通道是无缓冲的，也就是在迭代写时会阻塞。

【题目 2-30】**并发安全问题**

请举例说明如何在 Go 语言的 map 中保证并发安全，且需要实现以下接口：

```
type sp interface {
    Out(key string, val interface{})
}
```

【解答】

题目中要求并发安全，那么必须用锁，还要实现多个 goroutine 在读的时候如果值不存在则阻塞，直到写入值，那么每个键值都需要有一个阻塞 goroutine 的通道。实现如下：

```
type Map struct {
    c  map[string]*entry
    rmx *sync.RWMutex
}
type entry struct {
    ch      chan struct{}
    value   interface{}
```

```
    isExist bool
}
func (m *Map) Out(key string, val interface{}) {
    m.rmx.Lock()
    defer m.rmx.Unlock()
    item, ok := m.c[key]
    if !ok {
        m.c[key] = &entry{
            value:   val,
            isExist: true,
        }
        return
    }
    item.value = val
    if !item.isExist {
        if item.ch != nil {
            close(item.ch)
            item.ch = nil
        }
    }
    return
}
```

2.7 单元测试

2.7.1 单元测试简介

单元测试（unit testing）是一种软件测试技术，其中单独的单元或软件应用程序的组件与系统的其余部分隔离进行测试，以确保每个单元按预期执行并满足其设计规范。

在设计之初，Go 语言就将代码的可测试性考虑在内。Go 语言提供了 testing 库用于单元测试，go test 是 Go 语言的程序测试工具，在目录中，它以 *_test.go 的文件形式存在，go build 不会将其编译，使其成为文件构建的一部分。

go test 还可以从主体中分离出来生成独立的测试二进制文件，因为 go test 命令中包含了编译动作，所以它接收可用于 go build 命令的所有参数。go test 命令常见参数的作用见表 2.1。

表 2.1　go test 命令常见参数的作用

参　数	作　用
–v	打印每个测试函数的名字和运行时间
–c	生成用于运行测试的可执行文件，但不执行它。这个可执行文件会被命名为 pkg.test，其中的 pkg 即为被测试代码包的导入路径的最后一个元素的名称
–i	安装 / 重新安装运行测试所需的依赖包，但不编译和运行测试代码
–o	指定用于运行测试的可执行文件的名称。追加该标记不会影响测试代码的运行，除非同时追加了标记 –c 或 –i

例如，生成 test 二进制文件：

```
$ go test -c
```

运行 test 生成指定名字二进制文件的示例如下：

```
$ go test -v -o testexample.test
```

运行命令后，会在项目所在的目录下生成一个名为 testexample.test 的文件。

2.7.2 面试题实战

【题目 2–31】单元测试的步骤

请说明使用 Go 语言进行单元测试的步骤。

【解答】

Go 语言支持使用自定义测试套件对包进行自动化测试。要创建新套件，需要创建一个以函数结尾 _test.go 并包含 TestXxx 函数的文件，其中 Xxx 需要替换为开发者正在测试的特性的名称。例如，将调用一个测试登录功能的函数 TestLogin。然后，将测试套件文件放在与要测试的文件相同的包中。测试文件将在常规执行时被跳过，但会在输入 go test 命令时运行。

2.8 本章小结

本章包括 Go 语言基础知识及相关面试题实战，主要知识结构如图 2.7 所示。

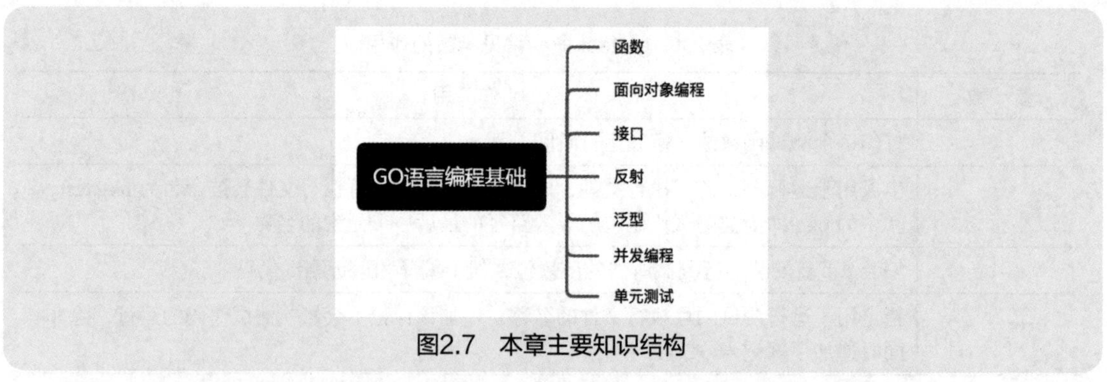

图2.7　本章主要知识结构

通过对以上基础知识点的讲解以及面试题实战，让读者掌握 Go 语言的基础知识，为后续章节的学习打好基础。同时通过面试题实战，帮助读者更好地应对各种面试。

本章对基本数据结构（函数、面向对象编程、接口、反射、泛型、并发编程、单元测试）进行了详细的分析和讲解。

函数是执行特定任务的代码块，包括声明函数、函数参数、匿名函数、defer 延迟语句几部分。需要重点掌握匿名函数、defer 延迟语句两部分。题目 2-1 到题目 2-9 都是常见的算法面试题，读者应尽量理解。

面向对象编程是一种基于对象概念的编程范例，面向对象编程拥有封装、继承、多态三大特征。题目 2-10 和题目 2-11 都是常见的算法面试题，读者应尽量理解。

接口类型是对其他类型行为的概况与抽象。题目 2-12 到题目 2-17 是常见的算法面试题，读者应尽量理解。

反射是程序在运行时检查其变量和值并找到它们的类型的能力。题目 2-18 是常见的算法面试题，读者应尽量理解。

泛型是一种编写代码的方式，它独立于所使用的特定类型。泛型是在 Go 1.18 版本中新增加的类型。题目 2-19 和题目 2-20 是常见的算法面试题，读者应尽量理解。

并发编程主要讲解了并发与并行、goroutine、通道三部分。并发是系统在重叠的时间段内同时执行多个任务或进程的能力；并行是一种计算技术，涉及将任务分解为更小的子任务，这些子任务可以在多个处理单元（如 CPU 或内核）上同时执行。goroutine 是一种函数或方法，它与其他函数或方法同时运行。与线程相比，goroutine 对资源的消耗更少。同时 goroutine 被多路复用到较少数量的 OS 线程。在 Go 语言中，通道是一个 goroutine 与另一个 goroutine 通信的媒介，这种通信是无锁的。题目 2-21 到题目 2-30 都是常见的算法面试题，读者应尽量理解。

单元测试是一种软件测试技术，其中单独的单元或软件应用程序的组件与系统的其余部分隔离进行测试，以确保每个单元按预期执行并满足其设计规范。读者需要掌握 go test 命令常见参数的作用。题目 2-31 是常见的算法面试题，读者应尽量理解。

第3章 算法与数据结构基础

3.1 算法

3.1.1 算法简介

算法（algorithm）是指为了解决一类特定问题或执行计算，在计算或解决其他问题的操作中需要遵循的一组有限规则或指令。因为想要实现的目标的难度不同，所以算法可以简单也可以复杂。

以生产某种产品为例即可理解算法。要生产某个产品，需要阅读产品生产的说明和步骤，并按照给定的顺序一一执行，直到最后生产出完整的产品。同样，算法有助于完成编程任务以获得预期的输出。

算法与语言无关，算法是可以用任何语言（如 Go、Java、Python 等）实现的简单指令，但其输出将与预期相同。

1. 算法的特征

并不是所有的过程都可以称为算法。算法应具有以下特征。

- 清晰明确：算法要清晰明确。它的每一步及其输入和输出都要明确，而且一定要有唯一的含义。
- 输入：算法应该有 0 个或多个明确定义的输入。
- 输出：一个算法要有明确定义的 1 个或以上的输出，所需输出要与之相匹配。
- 有限性：算法必须在有限数量的步骤后终止。
- 可行性：在可用资源的情况下应该是可行的。
- 独立性：算法要有循序渐进的指导，任何编程代码都要与之独立。设计的算法必须是语言无关的，即它必须只是可以用任何语言实现的简单指令，但其输出将与预期相同。

2. 算法的属性

算法具有以下属性。

- 算法应该在有限的时间后终止。
- 算法应该至少产生 1 个输出。
- 算法应该接收 0 个或多个输入。
- 算法应该是确定的，即为相同的输入情况提供相同的输出。
- 算法上的每一步都必须是有效的，也就是说每一步都要做点什么。

3. 算法的效率

算法的效率取决于执行算法所需的时间、存储和其他资源量。算法的效率是在大 O 符号（big O notation）的帮助下测量的。算法可能会对不同类型的输入有不同的性能表现。随着输

入大小的变化，性能也可能会随之发生变化。研究算法的性能随输入大小顺序的变化被定义为渐近分析。

提示：

大 O 符号，又称渐近式符号，是一种数学符号，用于形容函数的渐近式行为。它是用另一个函数，形如 $f(n)=o(g(n))$ 等来描述一个函数数量级的渐近上界。在计算机科学中，主要是用于对算法复杂性进行分析。

大 O 符号的常用表达式及其使用说明见表 3.1。

表 3.1 大 O 符号的常用表达式及其使用说明

表 达 式	说 明
$O(1)$	常数阶
$O(\log n)$	对数阶
$O(n)$	线性，次线性
$O(n^2)$	平方阶
$O(n!)$	阶乘，有时叫作“组合”

4. 常见的算法类型

常见的算法类型如下。

（1）暴力算法：解决问题的简单方法。当开发者看到问题时，暴力算法是第 1 种找到问题的方法。

（2）递归算法：递归算法基于递归。在递归算法中，一个问题被分解成几个子部分，并一次又一次地调用同一个函数。

（3）回溯算法：回溯算法通过在所有可能的解决方案中搜索来构建解决方案。使用此算法按照一定的标准构建解决方案。每当解决方案失败时，该算法会追溯到失败点并建立下一个解决方案并继续这个过程，直到找到所有可能的解决方案。

（4）搜索算法：搜索算法是用于从特定数据结构中搜索元素或元素组的算法。

（5）排序算法：排序算法按照要求将一组数据按特定的方式排列出来。通常，排序算法用于以递增或递减的方式对数据组进行排序。

（6）哈希算法：哈希算法是从给定输入生成固定长度结果（散列或散列值）的函数。

（7）分治算法：分治算法是通过将问题分解为子问题，解决单个子问题并将解决方案合并在一起以获得最终解决方案的算法。

（8）贪心算法：贪心算法是一种用于优化问题的简单、直观的算法。该算法在尝试找到解决整个问题的总体最佳方法时，会在每个步骤中作出最佳选择。贪心算法在某些问题上非常成功，如用于压缩数据的霍夫曼编码，或用于寻找图的最短路径的 Dijkstra 算法。

（9）动态规划：动态规划是计算机编程中的一种技术，有助于有效地解决一类具有重叠子问题和最优子结构属性的问题。任何一个问题都可以分解成子问题，子问题再分解成更小的子问题，如果这些子问题之间存在重叠，则这些子问题的解可以保存起来以备将来参考。

5. 算法复杂度

假设 x 是一个算法，n 是输入数据的大小，那么决定 x 效率的两个主要因素就是算法 x 所使用的时间和空间。

- 时间因素：时间因素通过计算算法中的关键操作的数量来衡量。
- 空间因素：空间因素通过计算算法所需的最大内存空间来衡量。

算法的复杂性 $f(n)$ 给出了算法所需要的运行时间或存储空间，其大小以 n 作为输入数据。

（1）空间复杂度。

在算法的生命周期中，所需要的内存空间数量是由算法的空间复杂度来表示的。空间复杂度的表现形式如下：

```
S(n)=O(f(n))
```

简单地说，如果空间复杂度为 $O(1)$，则表示程序所占用的存储空间与输入值无关；如果程序所占用的存储空间与输入值有关联，两者之间的关系就需要进一步判断了。

如果程序申请的临时空间随输入值 n 的增加呈线性增长，则用 $O(n)$ 表示程序的空间复杂度；如果程序申请的临时空间随输入值 n 的增加呈 n^2 关系增长，则用 $O(n^2)$ 表示程序的空间复杂度；如果程序申请的临时空间随输入值 n 的增加呈 n^3 关系增长，则用 $O(n^3)$ 表示程序的空间复杂度，以此类推。

（2）时间复杂度。

时间复杂度是衡量算法执行所需时间与其输入大小的函数。时间复杂度可以定义为数值函数 $T(n)$，在每一步消耗时间不变的前提下，时间复杂度的表现形式如下：

```
T(n)=O(f(n))
```

其中，$f(n)$ 表示每一行代码执行次数的总和，O 表示比例关系为正。举个例子，两个 n 位整数相加，就需要 n 个步骤。所以计算的总时间是 $T(n)=c\times n$，其中 c 为所花的时间。随着输入尺寸的增大，$T(n)$ 是呈直线上升的，则其时间复杂度为 $O(n)$。

最佳复杂度是指在最理想的情况下，算法解决问题所需的最短时间或最小空间。它也被称为复杂度的下限。另外，最坏复杂度是指算法在最坏的可能情况下解决问题所需的最长时间或最大空间。它也被称为复杂度的上限。通常，最坏复杂度能更好地体现算法的效率，所以本书的默认复杂度为最坏复杂度。

3.1.2 面试题实战

【题目 3-1】**时间复杂度的概念**

什么是时间复杂度?

【解答】

时间复杂度是衡量算法执行所需时间与其输入大小的函数。时间复杂度使我们能够分析算法的效率并确定它是否适合在合理的时间内解决大型问题。算法的时间复杂度通常使用大 O 符号表示法表示，它提供了算法将执行的操作数的上限，作为其输入大小的函数。

【题目 3-2】**时间复杂度的表示**

$O(1)$、$O(\log n)$、$O(n)$、$O(n \log n)$ 和 $O(n^2)$ 时间复杂度之间有什么区别?

【解答】

$O(1)$ 表示无论输入的大小如何，该算法都需要固定的时间才能完成。

$O(\log n)$ 表示算法完成所需的时间与输入大小的对数成正比。

$O(n)$ 表示算法完成所需的时间与输入大小成正比。

$O(n \log n)$ 表示算法完成所需的时间与 n 乘以输入大小的对数成正比。这是执行分而治之策略的典型算法，如快速排序或归并排序。

$O(n^2)$ 表示算法完成所需时间与输入大小的平方成正比。这是对输入执行嵌套循环的典型算法。

【题目 3-3】**最佳时间复杂度问题**

算法的最佳时间复杂度是多少?

【解答】

算法的最佳时间复杂度取决于要解决的问题和可用资源。一般来说，最好的时间复杂度是 $O(1)$，这意味着无论输入的大小如何，算法都需要固定的时间来完成。然而，许多问题需要具有更高时间复杂度的更复杂的算法。在这种情况下，目标是在给定可用资源的情况下，找到时间复杂度最低的算法来有效地解决问题。

【题目 3-4】**空间复杂度的概念**

什么是空间复杂度?

【解答】

空间复杂度衡量算法执行所需的内存量，作为其输入大小的函数。空间复杂度允许我们根据内存使用情况分析算法的效率，并确定它是否适合在合理的内存量下解决大型问题。算法的空间复杂度通常使用大 O 符号表示法表示，它提供了算法所需内存量的上限，作为其输入大小的函数。

【题目 3-5】**空间复杂度问题**

如何降低算法的空间复杂度?

【解答】

降低算法空间复杂度的方法如下。

- 尽可能使用不需要额外内存的算法。
- 使用动态规划或记忆化来存储中间结果，这可以通过避免重复计算来减少算法的内存使用。
- 使用空间效率更高的数据结构，如使用数组而不是链表，或者使用位数组而不是布尔数组。
- 使用迭代算法而不是递归算法，因为递归算法会由于调用堆栈而使用大量内存。
- 使用以顺序和迭代方式处理输入数据的流式算法，而不是一次将其全部存储在内存中。

3.2 数据结构

3.2.1 数据结构简介

数据结构是用于存储和组织数据的一种结构。它是一种在计算机上排列数据的方式，以便可以有效地访问和更新数据。根据开发者的要求和项目，为项目选择正确的数据结构很重要。例如，如果开发者想在内存中顺序存储数据，则开发者可以使用数组数据结构。

数据结构可以分为线性数据结构和非线性数据结构，线性数据结构和非线性数据结构的特点见表 3.2。

表 3.2　线性数据结构和非线性数据结构的特点

线性数据结构的特点	非线性数据结构的特点
数据项按顺序排列	数据项以非顺序排列（分层方式）
所有项都存在于单层	数据项存在于不同的层
可以在一次运行中遍历。也就是说，如果从第 1 个元素开始，可以一次遍历所有元素	需要多次运行，如果从第 1 个元素开始，可能无法一次遍历所有元素
内存利用率不高	不同的结构根据需要以不同的有效方式利用内存
随着数据量的增长，时间复杂度也在增加	时间复杂度保持不变
示例：数组、栈、队列	示例：树、图

3.2.2 线性数据结构简介

在线性数据结构中，元素按顺序依次排列。由于元素是按特定顺序排列的，因此它们很容易实现。但是，当程序的复杂性增加时，由于操作的复杂性，线性数据结构可能不是

最佳选择。

常见的线性数据结构包括数组、栈、队列和链表。

1. 数组

在数组中，元素连续排列在内存中。所有的元素在数组中都属于同一种类型。并且，以数组形式存储的元素的类型是由编程语言决定的。数组数据结构的示例如图 3.1 所示。

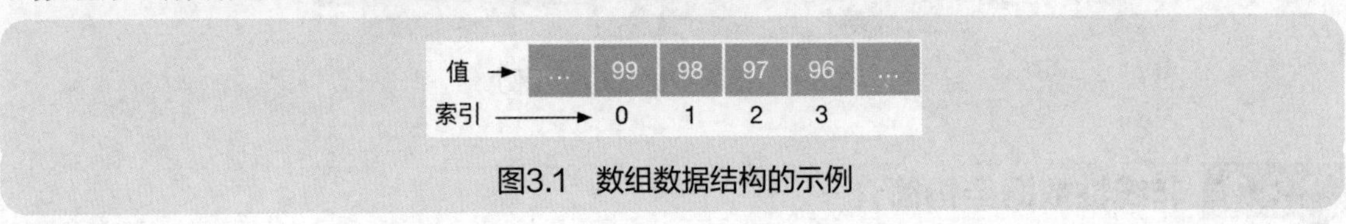

图3.1　数组数据结构的示例

2. 栈

在栈数据结构中，按照后进先出（last in first out，LIFO）原则存储元素。也就是说，存储在栈中的最后一个元素将首先被删除。它的工作原理就像一堆盘子，其中最后一个盘子将首先被移除。栈数据结构的示例如图 3.2 所示。

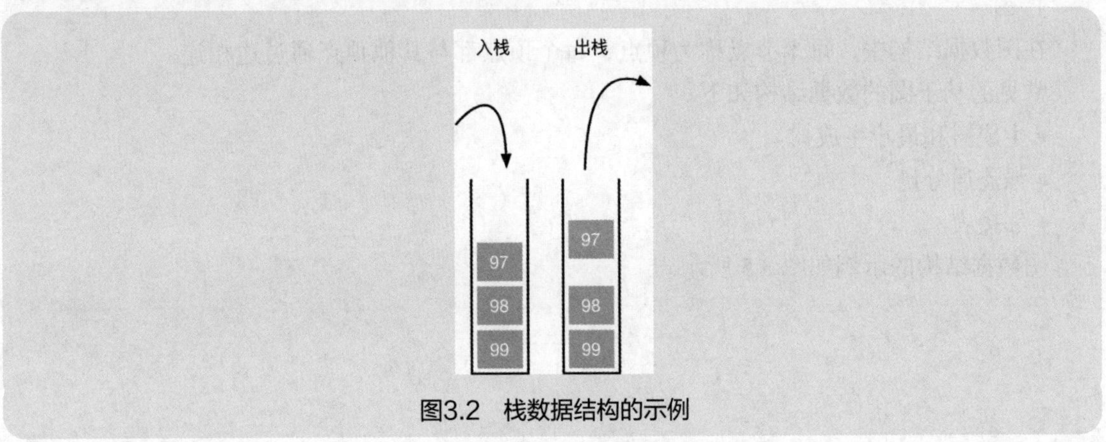

图3.2　栈数据结构的示例

3. 队列

与栈不同的是，队列（queue）数据结构工作的原则是先进先出（first in first out，FIFO），存储在队列中的第 1 个元素将首先被移除。它就像在售票柜台排队的人一样，队列中的第 1 个人将首先得到票。队列数据结构的示例如图 3.3 所示。

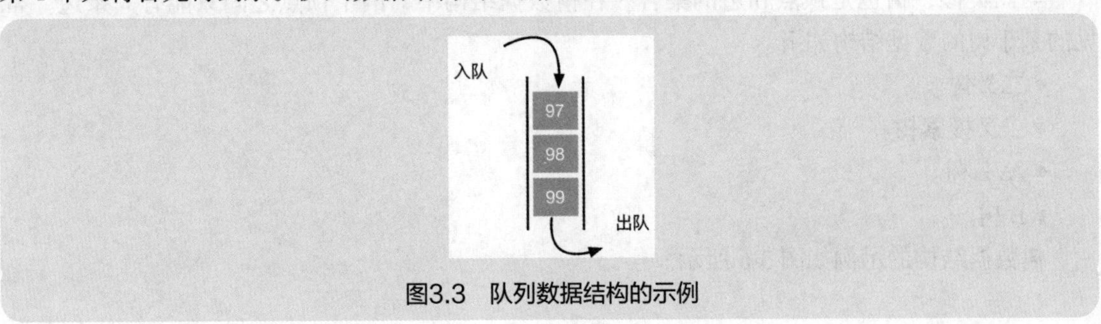

图3.3　队列数据结构的示例

4. 链表

在链表数据结构中，通过一系列的节点将数据元素联系在一起。并且，每个节点都包含了数据项，以及下一个节点的地址。链表数据结构的示例如图 3.4 所示。

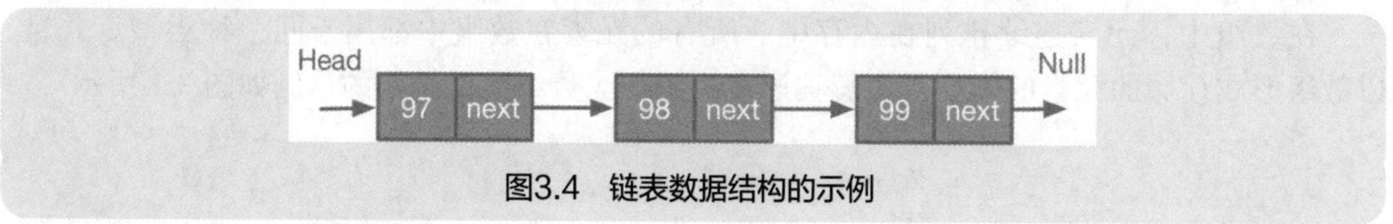

图3.4　链表数据结构的示例

3.2.3 非线性数据结构简介

非线性数据结构中的元素不像线性数据结构中的元素那样有顺序。相反，它们以分层方式排列，其中一个元素将连接到一个或多个元素。

非线性数据结构又进一步划分为图和树两种数据结构。

1. 图

在图数据结构中，每个节点称为顶点，每个顶点都与其他顶点通过边相连。

常见的基于图的数据结构如下。

- 生成树和最小生成树。
- 强连通分量。
- 邻接表。

图数据结构的示例如图 3.5 所示。

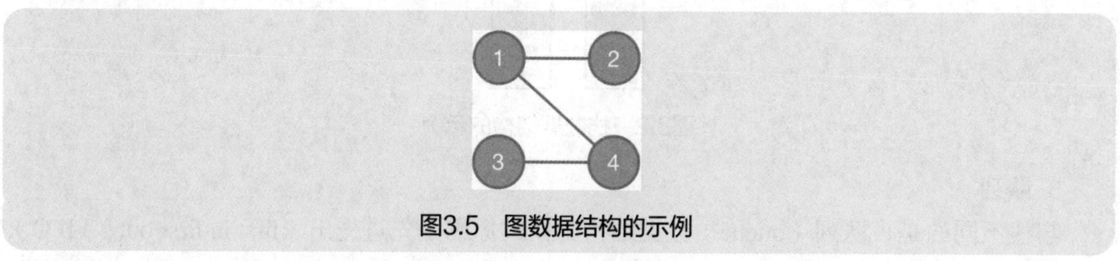

图3.5　图数据结构的示例

2. 树

与图类似，树也是顶点和边的集合。在树数据结构中，两个顶点之间只能有一条边。常见的基于树的数据结构如下。

- 二叉树。
- 二叉搜索树。
- AVL 树。
- B 树。

树数据结构的示例如图 3.6 所示。

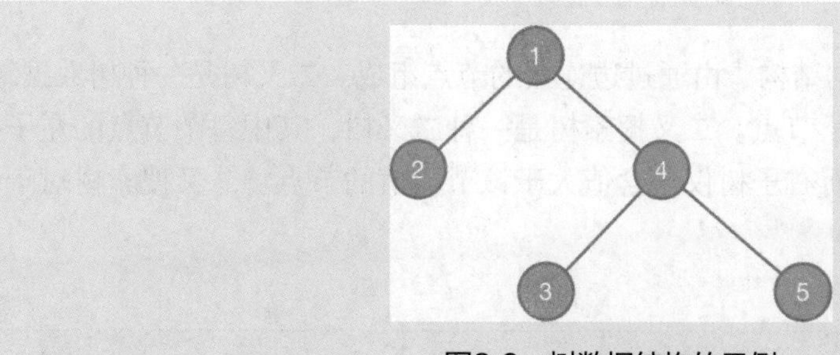

图3.6 树数据结构的示例

3.2.4 面试题实战

【题目 3-6】**数据结构**

什么是数据结构？请解释数据结构有哪些类型。

【解答】

数据结构是计算机程序中组织和存储数据的一种方式。数据结构有多种类型，包括数组、链表、栈、队列、树和图。

【题目 3-7】**数组和链表**

数组和链表有什么区别？在具体应用时应如何选择？

【解答】

数组是相同数据类型的元素的集合，存储在连续的内存位置，而链表是包含数据和对下一个节点的引用的节点的集合。访问随机位置的元素时，数组通常更快，而链表在列表中间插入或删除元素时使用效率会更高。

【题目 3-8】**栈的概念**

什么是栈？解释后进先出的概念并给出使用栈的示例。

【解答】

栈是一种线性数据结构，遵循后进先出原则。这意味着最后插入栈的元素是第 1 个被删除的元素。使用栈的一个示例是文本编辑器中的撤销或重做操作。

【题目 3-9】**队列的概念**

什么是队列？解释先进先出的概念并给出使用队列的示例。

【解答】

队列是一种线性数据结构，遵循先进先出原则。这意味着第 1 个插入队列的元素是第 1 个被删除的元素。使用队列的一个例子是操作系统中的作业调度。

【题目 3-10】**二叉树和二叉搜索树的区别**

什么是树数据结构？解释二叉树和二叉搜索树的区别。

【解答】

树数据结构是一种分层数据结构，由通过边连接的节点组成。二叉树是一种树数据结构，其中每个节点最多可以有两个子节点。二叉搜索树是一种二叉树，其中每个节点的左子树仅包含值小于该节点值的节点，而右子树仅包含值大于该节点值的节点。二叉搜索树对于快速搜索和排序数据很有用。

3.3 本章小结

本章主要对算法和数据结构基础概念进行简要介绍，主要知识结构如图 3.7 所示。

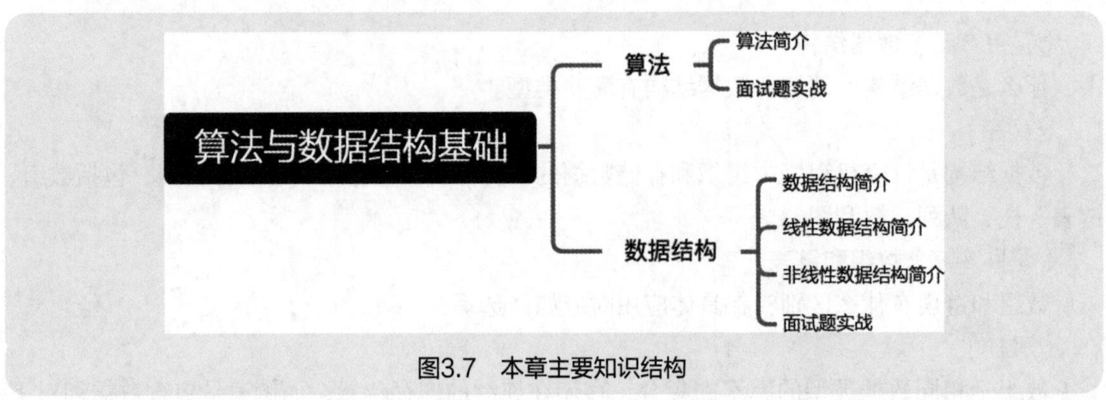

图3.7　本章主要知识结构

算法是指为了解决一类特定问题或执行计算，在计算或解决其他问题的操作中需要遵循的一组有限规则或指令。常见的算法包括暴力算法、递归算法、回溯算法、搜索算法等。题目 3–1 到题目 3–5 均是比较常见的面试题，读者应尽量理解。

数据结构是用于存储和组织数据的一种结构。数据结构可以分为线性数据结构和非线性数据结构。常见的线性数据结构包括数组、栈、队列和链表，非线性数据结构又进一步划分为图和树。题目 3–6 到题目 3–10 均是比较常见的面试题，读者应尽量理解。

第 4 章　基本数据结构

GoBot：
喂，我们现在来到了第4章。首先是4.1 数组，就像是一排排整齐的书架，每本书都有自己的位置。

Gopher：
嗯，我喜欢看书。目录中下一个是4.2 栈，就像是把书本叠起来，只能从最上面取出，是吗？

GoBot：
是的，就像是把书本一本一本地叠起来，只能从最上面取出。

Gopher：
嗯，目录中下一个是4.3 队列，就像是在书店排队，先来的先服务，对吗？

GoBot：
对。下一个是4.4 链表，就像是一本故事书，每一页都知道下一页在哪里。

Gopher：
哇，我喜欢精彩的故事编排。接下来是4.5 散列表，就像是建立图书的索引表，通过关键字能够快速找到对应的书，是吗？

GoBot：
嗯。最后是4.6字符串，就像是文字编织成的绳子，可以灵活地组合和处理。

Gopher：
太棒了，我已经迫不及待地想阅读这本书的知识了！

4.1 数组

4.1.1 数组简介

在 Go 语言中，数组是相同类型元素的固定大小序列。数组的大小在声明时就确定了，之后不能再改变。

Go 语言中声明数组的语法如下：

```
var arr [size]type
```

在以上声明中，size 是数组中元素的数量，type 是元素的数据类型。例如，要声明一个包含 5 个整数的数组，可以写成如下形式：

```
var nums [5]int
```

Go 语言中的数组是零索引的，这意味着数组中的第 1 个元素的索引为 0，第 2 个元素的索引为 1，以此类推。开发者可以使用方括号表示法访问数组的元素：

```
nums[0] = 1    // 将第 1 个元素设置为 1
fmt.Println(nums[0])
```

Go 语言中的数组通常用作其他数据结构（如切片）的构建块，它允许对元素序列进行更灵活和动态的操作。Go 语言数组的特征如下。

- 固定大小：在 Go 语言中，数组具有固定大小，这意味着数组一旦创建，其大小就无法更改。
- 同类元素：数组中的元素必须具有相同的数据类型，并且所有元素都存储在连续的内存位置中。
- 从 0 开始索引：在 Go 语言中，数组是从 0 开始索引的，这意味着第 1 个元素的索引为 0，第 2 个元素的索引为 1，以此类推。

4.1.2 Go 语言实现

Go 语言的数组使用示例如下：

```
package main
import "fmt"
func main() {
```

```
    // 声明一个包含5个整数的数组
    var nums [5]int
    //用一些值初始化数组
    nums[0] = 1
    nums[1] = 2
    nums[2] = 3
    nums[3] = 4
    nums[4] = 5
    //打印整个数组
    fmt.Println(nums)
    //访问数组的单个元素
    fmt.Println(nums[0])
    fmt.Println(nums[2])
}
//$ go run array.go
//[1 2 3 4 5]
//1
//3
```

4.1.3 面试题实战

【题目 4-1】**返回数组中所有元素的总和**

请用 Go 语言编写一个函数，将整数数组作为输入并返回数组中所有元素的总和。

【解答】

```
package main
import "fmt"
func sumArray(array [5]int) int {
    sum := 0
    for _, val := range array {
        sum += val
    }
    return sum
}
func main() {
    array := [5]int{6, 6, 6, 6, 6}
    total := sumArray(array)
    fmt.Println(total)
}
```

```
//$ go run interview4-1.go
//30
```

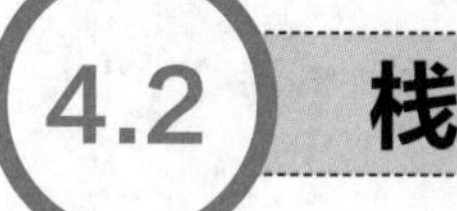

4.2 栈

4.2.1 栈简介

在计算机科学中，栈（stack）是一种抽象数据类型的线性数据结构，可以当作元素的集合。在栈中，只能进行顺序访问。栈是一个遵循插入和删除规则的容器，遵循后进先出（last in first out，LIFO）原则，其中插入和删除从称为顶部的一侧进行。在栈中，开发者可以插入数据类型相似的元素，即不同数据类型的元素不能插入同一个栈。入栈和出栈操作都是在后进先出中进行的。栈及其操作示例如图 4.1 所示。

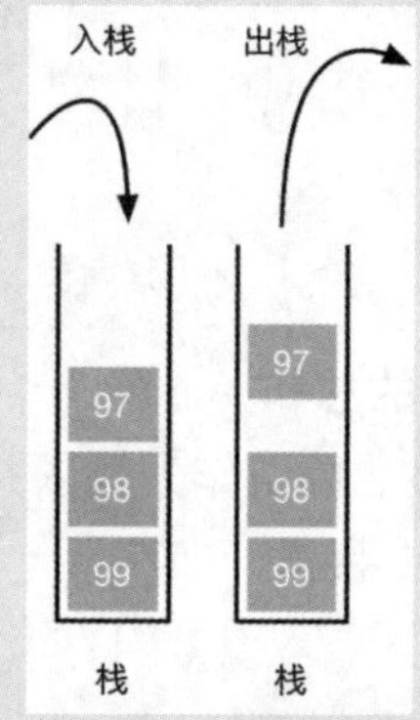

图4.1　栈及其操作示例

如果开发者尝试向已经满的栈添加元素，则会导致栈溢出。同样，如果开发者尝试从空栈中删除一个元素，则会导致栈下溢。

栈可以使用数组或链表实现。当使用数组实现时，它具有固定大小，而使用链表实现时可以动态地调整其大小。栈可用于许多算法和应用程序，如递归、表达式计算、回溯和文本编辑器中的撤销或重做功能。

4.2.2 Go 语言实现

在 Go 语言中，使用切片很容易实现栈：使用内置的 append() 函数将元素压入栈，通过切掉顶部元素从栈中弹出该元素。具体实现步骤如下。

（1）定义栈对象 Stack，代码如下：

```
type Stack []string
```

（2）定义栈对象 Stack 的常见操作方法，代码如下：

```
//检查栈是否为空
func (s *Stack) IsEmpty() bool {
    return len(*s) == 0
}
//入栈方法
func (s *Stack) Push(str string) {
    *s = append(*s, str) //只需将新值附加到栈的末尾
}
// 出栈方法。如果栈为空，则返回 false
func (s *Stack) Pop() (string, bool) {
    if s.IsEmpty() {
        return "", false
    } else {
        // 获取最顶层元素的索引
        index := len(*s) - 1
        // 对切片进行索引并获取元素
        element := (*s)[index]
        // 通过切片将其从栈中移除
        *s = (*s)[:index]
        return element, true
    }
}
```

（3）编写 main() 函数，代码如下：

```
func main() {
    // 创建一个 Stack 类型的栈变量
    var stack Stack
    stack.Push("First")
    stack.Push("Second")
    stack.Push("Third")
    for len(stack) > 0 {
        x, y := stack.Pop()
        if y == true {
            fmt.Println(x)
        }
```

```
    }
}
//$ go run stack.go
//Third
//Second
//First
```

4.2.3 面试题实战

【题目 4-2】**使用 Go 语言实现一个模拟栈数据结构操作的类 FrequencyStack**

FrequencyStack 有两个功能：push(int x) 方法将整数 x 压入栈，pop() 方法将栈中出现频次最高的元素删除并返回；如果出现频次最高的元素存在相同的数量，则最接近栈顶部的元素将被删除并返回。

【解答】

① 思路。

本题可以通过 map 来实现栈数据结构。FrequencyStack 里面保存相同频次的 map 和相同频次组的 map。入栈时动态地维护 x 的频次，并更新到对应频次的组中；出栈时对应减少 map 里面的频次，并更新到对应频次的组中。

② Go 语言实现。

```
package main
import "fmt"
type FrequencyStack struct {
    freq    map[int]int
    group   map[int][]int
    maxfreq int
}
func NewFrequencyStack() FrequencyStack {
    hash := make(map[int]int)
    maxHash := make(map[int][]int)
    return FrequencyStack{freq: hash, group: maxHash}
}
func (fs *FrequencyStack) Push(x int) {
    if _, ok := fs.freq[x]; ok {
        fs.freq[x]++
    } else {
        fs.freq[x] = 1
    }
```

```go
    f := fs.freq[x]
    if f > fs.maxfreq {
        fs.maxfreq = f
    }
    fs.group[f] = append(fs.group[f], x)
}
func (fs *FrequencyStack) Pop() int {
    tmp := fs.group[fs.maxfreq]
    x := tmp[len(tmp)-1]
    fs.group[fs.maxfreq] = fs.group[fs.maxfreq][:len(fs.group[fs.maxfreq])-1]
    fs.freq[x]--
    if len(fs.group[fs.maxfreq]) == 0 {
        fs.maxfreq--
    }
    return x
}
func main() {
    i := 8
    j := 16
    obj := NewFrequencyStack()
    obj.Push(i)
    obj.Push(j)
    ret1 := obj.Pop()
    ret2 := obj.Pop()
    fmt.Println(ret1)
    fmt.Println(ret2)
}
//$ go run interview4-2.go
//16
//8
```

【题目 4-3】**请用 Go 语言编写一个验证栈序列是否为空的算法**

给定两个具有不同值的 push 和 pop 数组序列，当且仅当这可能是对最初为空的栈的一系列 push 和 pop 操作的结果时才返回 true。

【解答】

① 思路。

这是考查栈操作的题目，按照 push 数组的顺序先把元素压入栈，然后再依次在 pop 里面找出栈顶元素，找到了就出栈 pop，直到遍历完 pop 数组，最终如果遍历完了 pop 数组，则代表清空了整个栈。

② Go 语言实现。

```
package main
import "fmt"
func validateStack(pushed []int, popped []int) bool {
    stack, j, N := []int{}, 0, len(pushed)
    for _, x := range pushed {
        stack = append(stack, x)
        for len(stack) != 0 && j < N && stack[len(stack)-1] == popped[j] {
            stack = stack[0 : len(stack)-1]
            j++
        }
    }
    return j == N
}
func main() {
    arr1 := []int{1, 6, 8}
    arr2 := []int{1, 6, 8}
    ret := validateStack(arr1, arr2)
    fmt.Println(ret)
}
//$ go run interview4-3.go
//true
```

4.3 队列

4.3.1 队列简介

队列（queue）是一种线性数据结构，遵循先进先出（first in first out，FIFO）原则。队列在插入和删除元素方面有一些限制。在队列中，插入和删除的操作也称为入队和出队。它的结构包含前指针和后指针两个指针，其中前指针是指向第 1 个添加到队列中的元素的指针，后指针是指向最后一个插入队列中的元素的指针。队列及其操作示例如图 4.2 所示。

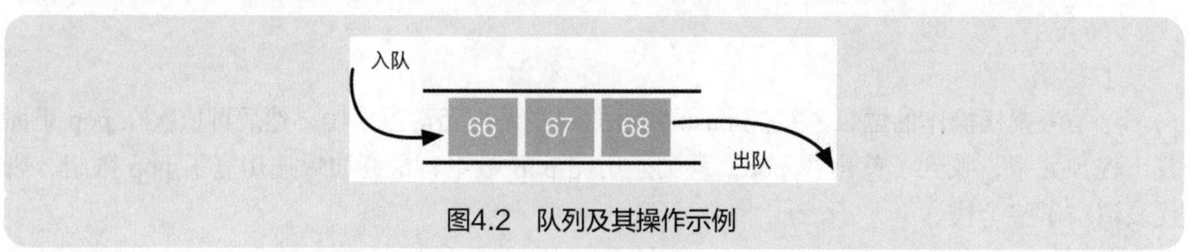

图4.2　队列及其操作示例

如果开发者尝试向已经满的队列添加元素，则会导致队列溢出。同样，如果开发者尝试从空队列中删除一个元素，则会导致队列下溢。

队列可以使用数组或链表来实现。当使用数组实现时，它具有固定大小，而使用链表实现时可以动态调整其大小。队列可用于许多算法和应用程序，如广度优先搜索、进程调度和处理网络流量。

4.3.2 Go 语言实现

（1）定义队列对象，代码如下：

```
type Queue []int
```

（2）定义队列对象的方法，代码如下：

```
func (qu Queue) Push(element int) Queue {
    // 追加元素到队列中
    qu = append(qu, element)
    fmt.Println("Push:", element)
    return qu
}
func (qu Queue) Pop() Queue {
    // 第 1 个元素是要出队的元素
    element := qu[0]
    fmt.Println("Pop:", element)
    // 一旦元素出队，就将其删掉
    return qu[1:]
}
```

（3）编写 main() 函数，代码如下：

```
func main() {
    // 创建一个整数队列
    var queue Queue
    queue = queue.Push(1)
    queue = queue.Push(6)
    queue = queue.Push(8)
    fmt.Println("Queue:", queue)
    queue = queue.Pop()
    fmt.Println("Queue:", queue)
    queue = queue.Push(9)
    fmt.Println("Queue:", queue)
```

```
}
//$ go run queue.go
//Push: 1
//Push: 6
//Push: 8
//Queue: [1 6 8]
//Pop: 1
//Queue: [6 8]
//Push: 9
//Queue: [6 8 9]
```

4.3.3 面试题实战

【题目 4-4】**使用栈实现队列**

使用栈实现以下队列操作。

- push(x)：将元素 x 推到队列的后面。
- pop()：从队列前面移除元素并返回该元素。
- peek()：获取最前面的元素。
- empty()：返回队列是否为空。

【解答】

① 思路。

按照题目要求实现队列及其操作方法即可。

② Go 语言实现。

```
package main
import "fmt"
type Queue struct {
    Stack *[]int
    Queue *[]int
}
//初始化队列
func NewQueue() Queue {
    tmp1, tmp2 := []int{}, []int{}
    return Queue{Stack: &tmp1, Queue: &tmp2}
}
//将元素x推到队列的后面
func (queue *Queue) Push(x int) {
    *queue.Stack = append(*queue.Stack, x)
```

```
}
//从队列前面移除元素并返回该元素
func (queue *Queue) Pop() int {
    if len(*queue.Queue) == 0 {
        queue.convertQueue(queue.Stack, queue.Queue)
    }
    popped := (*queue.Queue)[len(*queue.Queue)-1]
    *queue.Queue = (*queue.Queue)[:len(*queue.Queue)-1]
    return popped
}
//获取最前面的元素
func (queue *Queue) Peek() int {
    if len(*queue.Queue) == 0 {
        queue.convertQueue(queue.Stack, queue.Queue)
    }
    return (*queue.Queue)[len(*queue.Queue)-1]
}
//返回队列是否为空
func (queue *Queue) Empty() bool {
    return len(*queue.Stack)+len(*queue.Queue) == 0
}
func (queue *Queue) convertQueue(s, q *[]int) {
    for len(*s) > 0 {
        popped := (*s)[len(*s)-1]
        *s = (*s)[:len(*s)-1]
        *q = append(*q, popped)
    }
}
func main()  {
    queue := NewQueue()
    ret1 := queue.Empty()
    x := 8
    y := 99
    queue.Push(x)
    queue.Push(y)
    ret2 := queue.Peek()
    ret3 := queue.Empty()
    fmt.Println(ret1)
    fmt.Println(ret2)
```

```
    fmt.Println(ret3)
}
//$ go run interview4-4.go
//true
//8
//false
```

【题目 4-5】**编写一个算法重建一个队列**

假设有一个随机的人站在队列中，每个人由一对整数 (a, b) 描述，其中 a 是该人的身高，b 是此人面前身高大于或等于 a 的人数。编写一个算法来重建队列。

【解答】

① 思路。

挑选出最高的一组人并将他们排序在一个子数组 S 中。由于没有其他人群比他们高，因此每个人的指数将与他的 a 值相同。对于第 2 个最高的组，则根据 b 值的大小重新排序，以此类推。

② Go 语言实现。

```
package main
import (
    "fmt"
    "sort"
)
//重建队列
func reorderQueue(people [][]int) [][]int {
    sort.Slice(people, func(a, b int) bool {
        if people[a][0] == people[b][0] {
            return people[a][1] < people[b][1]
        }
        return people[a][0] < people[b][0]
    })
    ans := make([][]int, len(people))
    for i := range ans {
        ans[i] = []int{-1, -1}
    }
    for i := 0; i < len(people); i++ {
        index := people[i][1]
        for j := 0; j < len(people); j++ {
            if ans[j][0] == -1 && index == 0 {
                ans[j][0], ans[j][1] = people[i][0], people[i][1]
```

```
                break
            } else if ans[j][0] == -1 || ans[j][0] == people[i][0] {
                index--
            }
        }
    }
    return ans
}
func main() {
    people := [][]int{{1, 2, 3}, {4, 5, 6}, {7, 8, 9}}
    ret := reorderQueue(people)
    fmt.Println(ret)
}
//$ go run interview4-5.go
//[[-1 -1] [-1 -1] [1 2]]
```

4.4 链表

4.4.1 单链表

1. 什么是单链表

链表（linked list）是包含一系列连接节点的线性数据结构。单链表（singly linked list）是链表的一种，即从头到最后一个节点（尾）只能在一个方向上遍历。链表中的每个元素称为节点（node）。单个节点包含数据和指向下一个节点的指针，这有助于维护链表的结构。

单链表的示例如图 4.3 所示，单链表的第 1 个节点称为 Head，它指向链表的第 1 个节点并访问列表中的所有其他元素。最后一个节点有时也称为尾部，指向 Null，这有助于开发者确定链表何时结束。

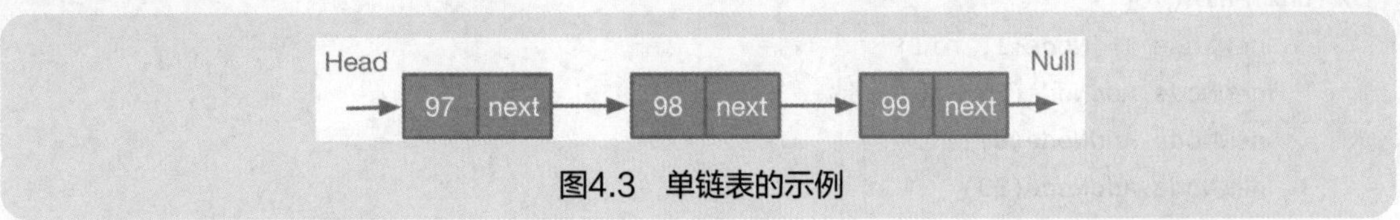

图4.3 单链表的示例

常见的单链表操作如下：

（1）在单链表中搜索节点。开发者可以从链表的前端、末尾或任何位置确定和检索特定节点。

（2）将节点添加到单链表。开发者可以在链表的前端、末尾或任何位置添加节点。

（3）从单链表中删除一个节点。开发者可以从链表的前端、末尾或任何位置删除节点。

2. Go 语言实现

（1）定义节点对象 Node。将数据项和下一个节点引用包装在一个结构体中，代码如下：

```
type Node struct {
    Data int
    Next *Node
}
```

以上是十分常见的节点定义。第 1 行声明 Node 是用户定义的数据类型。它包含两个字段：Data 和 Next。

（2）编写节点对象的方法 AddNode() 来添加节点，代码如下：

```
func (n *Node) AddNode(data int) {
    newNode := Node{data, nil}
    for n.Next != nil {
        n = n.Next
    }
    n.Next = &newNode
}
```

（3）编写 Print() 方法来打印节点数据，代码如下：

```
func (n *Node) Print() {
    for n != nil {
        fmt.Println(n.Data)
        n = n.Next
    }
}
```

（4）编写 main() 函数，代码如下：

```
func main() {
    newNode := Node{1, nil}
    newNode.AddNode(6)
    newNode.AddNode(8)
    newNode.AddNode(99)
    newNode.Print()
}
//$ go run linkList1.go
//1
```

```
//6
//8
//99
```

3. 面试题实战

【题目 4-6】**随机选择单链表的一个节点并返回**

给定一个单链表，请随机选择链表的一个节点，并返回相应的节点值。保证每个节点被选择的概率相同。

【解答】

① 思路。

通过 rand.Float64() 函数可以返回 [0,1) 范围内的随机数，利用这个函数完成随机化选择节点的过程。

② Go 语言实现。

```
package main
import (
    "fmt"
    "math/rand"
)
//定义单链表
type ListNode struct {
    Data  int
    Next *ListNode
}
type Head struct {
    head *ListNode
}
// 初始化链表
func NewListNode(head *ListNode) Head {
    return Head{head: head}
}
//返回随机节点的值
func (h *Head) GetRandom() int {
    scope, selectPoint, curr := 1, 0, h.head
    for curr != nil {
        if rand.Float64() < 1.0/float64(scope) {
            selectPoint = curr.Data
        }
        scope += 1
```

```
        curr = curr.Next
    }
    return selectPoint
}
func main() {
    nodeList := ListNode{6, nil}
    head := NewListNode(&nodeList)
    obj := NewListNode(head.head)
    ret := obj.GetRandom()
    fmt.Println(ret)
}
```

【题目 4–7】**实现链表的排序**

请用 Go 语言实现合并 K 个排序的链表并将其作为一个排序链表返回。

【解答】

① 思路。

借助分治算法的思想，递归对比两个链表中的每个元素的值的大小，然后将 K 个有序链表两两合并即可。

② Go 语言实现。

```
package main
import "fmt"
//定义单链表
type ListNode struct {
    Data  int
    Next *ListNode
}
//合并K个链表
func mergeKLists(lists []*ListNode) *ListNode {
    length := len(lists)
    if length < 1 {
        return nil
    }
    if length == 1 {
        return lists[0]
    }
    num := length / 2
    left := mergeKLists(lists[:num])
    right := mergeKLists(lists[num:])
    return mergeTwoLists(left, right)
```

```
}
//合并两个链表
func mergeTwoLists(l1 *ListNode, l2 *ListNode) *ListNode {
    if l1 == nil {
        return l2
    }
    if l2 == nil {
        return l1
    }
    if l1.Data < l2.Data {
        l1.Next = mergeTwoLists(l1.Next, l2)
        return l1
    }
    l2.Next = mergeTwoLists(l1, l2.Next)
    return l2
}
func main() {
    nodeList1 := ListNode{66, nil}
    nodeList2 := ListNode{99, nil}
    nodeList3 := ListNode{88, nil}
    nodeList4 := ListNode{55, nil}
    ListsK := []*ListNode{&nodeList1, &nodeList2, &nodeList3, &nodeList4}
    ret := mergeKLists(ListsK)
    //打印结果
    fmt.Println(ret.Data)
    if ret.Next != nil {
        fmt.Println(ret.Next.Data)
        if ret.Next.Next != nil {
            fmt.Println(ret.Next.Next.Data)
            if ret.Next.Next.Next != nil {
                fmt.Println(ret.Next.Next.Next.Data)
            }
        }
    }
}
//$ go run interview4-7.go
//55
//66
//88
//99
```

4.4.2 双向链表

1. 什么是双向链表

双向链表（doubly linked list）是一种复杂类型的链表，其中一个节点包含指向链表中前一个节点和下一个节点的指针。因此，在双向链表中，一个节点由三部分组成：节点数据、指向下一个节点的指针（next pointer）、指向前一个节点的指针（previous pointer）。双向链表结构示意图如图 4.4 所示。

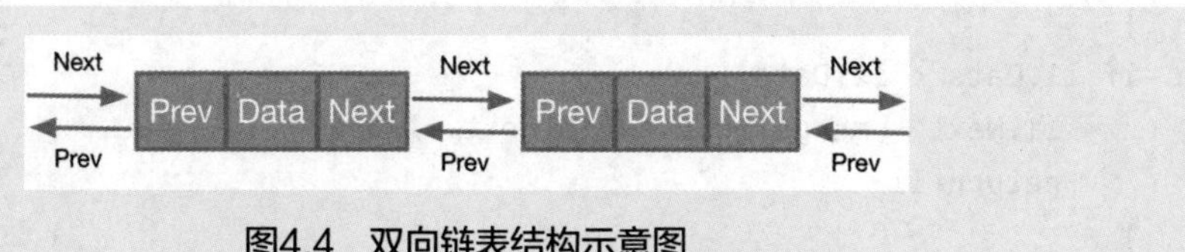

图4.4　双向链表结构示意图

双向链表的结构说明如下。

- Data：链表的每个节点都可以存储一个称为元素的数据。
- Next：链表的每个节点都包含一个指向名为 Next 的下一个节点的链接。
- Prev：链表的每个节点都包含一个指向前一个节点的链接。

双向链表被用在很多算法和应用中，如实现散列表、实现 LRU 缓存、表示栈和队列等数据结构。

> **提示：**
> LRU（least recently used，最近最少使用）是指计算机系统中用来有效管理缓存有限内存资源的一种缓存策略。

2. Go 语言实现

（1）定义双向链表对象，代码如下：

```
//定义双向链表
type Node struct {
    Prev *Node
    Data int
    Next *Node
}
```

（2）定义添加节点的方法。添加节点的逻辑如下：①创建新节点；②前一个指针将指向其前一个节点；③ Next 指针将指向 null。代码如下：

```
var tail *Node
//添加节点
```

```
func (n *Node) AddNode(data int) {
    if tail == nil {
        tail = n
    }
    n = tail
    newNode := Node{n, data, nil}
    n.Next = &newNode
    tail = &newNode
}
```

（3）定义删除节点的方法，代码如下：

```
//删除节点
func (n *Node) DeleteNode() {
    for (n.Next).Next != nil {
        n = n.Next
    }
    n.Next = nil
}
```

（4）编写删除最后一个节点的方法，代码如下：

```
//删除最后一个节点
func (n *Node) DeleteLast() {
    tail = tail.Prev
    (tail.Next).Prev = nil
    tail.Next = nil
}
```

将尾指针更新为指向前一个节点，然后将最后一个节点的 Prev 和 Next 指针更新为 nil。通过这种方式，不仅删除了最后一个节点，还保持了尾指针的更新，并且其时间复杂度为 $O(1)$。

3. 面试题实战

【题目 4-8】用 Go 语言设计一个遵循最近最少使用（LRU）缓存约束的数据结构

实现 LRUCache 类。

- LRUCache(int capacity)：初始化具有正大小容量的 LRU 缓存。
- int get(int key)：如果 key 存在，则返回 key 的值；否则返回 -1。
- void put(int key, int value)：如果键存在，则更新键的值；否则将键值对添加到缓存中。如果密钥数量超过此操作的容量，则移除 LRU 的密钥。
- get() 和 put() 方法必须分别以 $O(1)$ 的平均时间复杂度运行。

【解答】

① 思路。

根据要求，可以通过双向链表来设计 LRUCache 对象及其 get()、put() 方法。

② Go 语言实现。

```
package main
import "fmt"
type LRUCache struct {
    capacity   int
    head, tail *Node
    values map[int]*Node
}
type Node struct {
    key, value int
    prev, next *Node
}
func Constructor(capacity int) LRUCache {
    return LRUCache{
        values:   map[int]*Node{},
        capacity: capacity,
    }
}
func (lr *LRUCache) Get(key int) int {
    node, ok := lr.values[key]
    if !ok {
        return -1
    }
    lr.moveToLast(node)
    return node.value
}
func (lr *LRUCache) moveToLast(node *Node) {
    if node == lr.tail {
        return
    }
    if node == lr.head {
        lr.head = lr.head.next
        lr.head.prev = nil
    } else {
        node.prev.next = node.next
```

```
            node.next.prev = node.prev
        }
        lr.tail.next = node
        node.prev = lr.tail
        lr.tail = lr.tail.next
        lr.tail.next = nil
    }
    func (lr *LRUCache) Put(key int, value int) {
        if _, ok := lr.values[key]; ok {
            lr.values[key].value = value
            lr.moveToLast(lr.values[key])
            return
        }
        if len(lr.values) < lr.capacity {
            lr.append(key, value)
            return
        }
        node := lr.head
        lr.moveToLast(node)
        delete(lr.values, node.key)
        lr.values[key] = node
        node.key = key
        node.value = value
    }
    func (lr *LRUCache) append(key, value int) {
        node := &Node{
            key:   key,
            value: value,
        }
        if lr.tail == nil {
            lr.tail = node
            lr.head = node
        } else {
            lr.tail.next = node
            node.prev = lr.tail
            lr.tail = node
        }
        lr.values[key] = node
    }
```

```go
func main() {
    obj := Constructor(2)
    obj.Put(5, 88)
    res := obj.Get(5)
    fmt.Println(res)
}
//$ go run interview4-8.go
//88
```

4.4.3 循环链表

1. 什么是循环链表

循环链表(circular linked list)是一个链表,所有节点连接起来形成一个圆。在循环链表中,第 1 个节点和最后一个节点相互连接,形成一个圆。循环链表一般有以下两种类型。

(1) 循环单链表。

在循环单链表中,链表的最后一个节点包含指向链表第 1 个节点的指针。通过遍历循环单链表,直到到达开始的同一个节点。循环单链表没有开始也没有结束。任何节点的下一部分都不存在空值。

(2) 循环双向链表。

循环双向链表具有双向链表和循环链表的属性,其中两个连续的元素通过前一个和下一个指针链接,最后一个节点通过下一个指针指向第 1 个节点,并且第 1 个节点通过前一个指针指向最后一个节点。循环双向链表的结构示意图如图 4.5 所示。

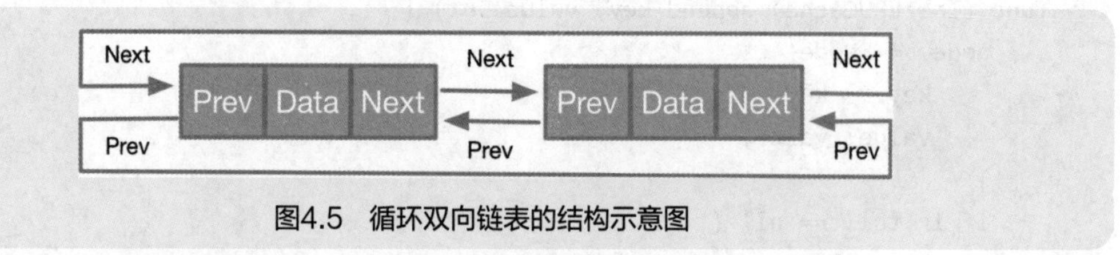

图4.5 循环双向链表的结构示意图

循环链表可用于需要循环行为的各种场景。循环链表的常见场景如下。

- 环形缓冲区:环形缓冲区是一种数据结构,其中将固定大小的缓冲区视为循环缓冲区。循环链表可用于通过以循环方式链接缓冲区元素来实现环形缓冲区。
- 循环队列:在队列中,当最后一个元素出队时,第 1 个元素成为队列的新头。循环链表可用于实现循环队列,实现高效的插入和删除操作。
- 网络路由算法:在网络路由算法中,可以使用循环链表表示数据包可以经过的节点列表。循环链表可用于有效地通过网络路由数据包。

2. Go 语言实现

（1）定义链表节点对象，代码如下：

```
type Node struct {
    data interface{}
    next *Node
}
type List struct {
    head *Node
}
```

（2）编写添加节点的方法 AddNode()，代码如下：

```
func (l *List) AddNode(d interface{}) {
    list := &Node{data: d, next: nil}
    if l.head == nil {
        l.head = list
    } else {
        p := l.head
        for p.next != nil {
            p = p.next
        }
        p.next = list
    }
}
```

（3）编写转换链表到循环链表函数 ConvertSinglyToCircular() 和打印链表函数 PrintCircular()，代码如下：

```
func ConvertSinglyToCircular(l *List) {
    p := l.head
    for p.next != nil {
        p = p.next
    }
    p.next = l.head
}
func PrintCircular(l *List) {
    p := l.head
    for {
        if p.next == l.head {
            fmt.Printf("-> %v ", p.data)
            break
        }
```

```
        fmt.Printf("-> %v ", p.data)
        p = p.next
    }
}
```

（4）编写 main() 函数，代码如下：

```
func main() {
    list := List{}
    for i := 0; i < 3; i++ {
        list.AddNode(rand.Intn(99))
    }
    ConvertSinglyToCircular(&list)
    PrintCircular(&list)
}
//$ go run linkList3.go
//-> 23 -> 78 -> 20
```

3. 面试题实战

【题目 4-9】**给定链表的头部 head，判断链表是否为循环链表**

如果链表中有某个节点可以通过不断跟随下一个指针再次到达，则链表中存在循环。如果链表中有循环，则返回真，否则返回假。

【解答】

① 思路。

通过 Go 语言循环链表的判断规则实现即可。

② Go 语言实现。

```
package main
import "fmt"
//定义双向链表
type ListNode struct {
    Prev *ListNode
    Data int
    Next *ListNode
}
func hasCycle(head *ListNode) bool {
    if head == nil || head.Next == nil {
        return false
    }
    p1, p2 := head, head.Next
    for p1 != p2 {
```

```
        if p2 == nil || p2.Next == nil {
            return false
        }
        p1 = p1.Next
        p2 = p2.Next.Next
    }
    return true
}
func main() {
    newNode := ListNode{nil, 1, nil}
    ret := hasCycle(&newNode)
    fmt.Println(ret)
}
//$ go run interview4-9.go
//false
```

4.5 散列表

4.5.1 散列表简介

散列表(hash table,也叫哈希表)是一种数据结构,通过关联的方式存储数据。在散列表中,数据是以数组格式存储的,其中每一个数据都有其唯一的索引值。如果知道了所需数据的指数,数据的访问速度会变得非常快。

散列表数据结构将元素存储在键值对中,其中:

- 键是用于记录索引值的唯一整数。
- 值是与键关联的数据。

在散列技术中,使用了散列表和散列函数,使用散列函数可以计算出可以存储值的地址。散列技术的主要思想是创建键值对。如果给出了密钥,则算法会计算存储值的索引。它可以写成 Index = hash(key)。散列函数的结构示例如图 4.6 所示。

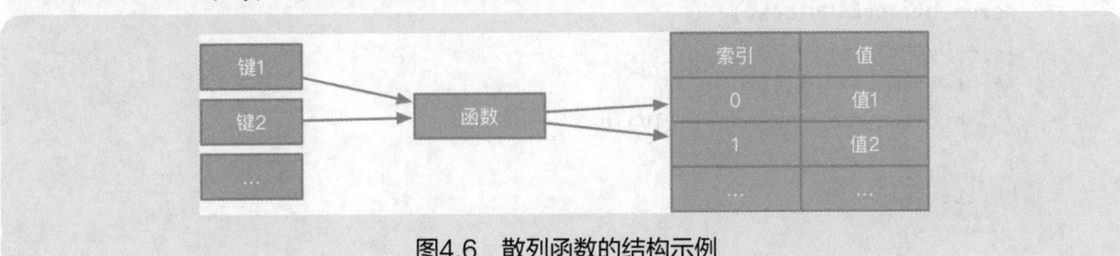

图4.6 散列函数的结构示例

散列表的时间复杂度是 $O(1)$。散列表中涉及两种搜索技术，即线性搜索和二分查找。线性搜索中最差的时间复杂度是 $O(n)$，二分查找中是 $O(\log n)$。在这两种搜索技术中，搜索都取决于元素的数量，但我们希望这种技术花费的时间是恒定的。因此，出现了提供恒定时间的散列技术。

散列表在计算机科学中的应用特别广泛，可以应用于很多不同的场景。散列表常见的应用场景如下。

- 数据库：散列表可用于实现数据库来存储和检索数据。散列表中的键可用于索引数据，使检索更快、更高效。
- 缓存：散列表通常用于缓存机制中以存储经常访问的数据。例如，Web 浏览器使用散列表来存储缓存的网页，从而缩短页面的加载时间。
- 密码存储：散列表可用于安全地存储密码。密码经过散列处理，然后存储在散列表中。当用户登录时，其密码被散列并与散列表中的散列进行比较以验证。

4.5.2 Go 语言实现

（1）创建散列表对象 HashTable 及键、值接口，代码如下：

```
// 散列表
type HashTable struct {
    items map[int]Value
    lock  sync.RWMutex
}
// 键
type Key interface{}
// 值
type Value interface{}
```

（2）编写散列表对象 HashTable 的方法，代码如下：

```
// 具有值 v 和键 k 的项目进入散列表
func (ht *HashTable) Put(k Key, v Value) {
    ht.lock.Lock()
    defer ht.lock.Unlock()
    i := hash(k)
    if ht.items == nil {
        ht.items = make(map[int]Value)
    }
    ht.items[i] = v
}
```

```
// 从散列表中删除键为 k 的项
func (ht *HashTable) Remove(k Key) {
    ht.lock.Lock()
    defer ht.lock.Unlock()
    i := hash(k)
    delete(ht.items, i)
}
// 从散列表中获取键为 k 的项
func (ht *HashTable) Get(k Key) Value {
    ht.lock.RLock()
    defer ht.lock.RUnlock()
    i := hash(k)
    return ht.items[i]
}
// 返回散列表元素的数量
func (ht *HashTable) Size() int {
    ht.lock.RLock()
    defer ht.lock.RUnlock()
    return len(ht.items)
}
// 生成时间复杂度为 O(n) 的字符串
func hash(k Key) int {
    key := fmt.Sprintf("%s", k)
    h := 0
    for i := 0; i < len(key); i++ {
        h = 31*h + int(key[i])
    }
    return h
}
```

（3）编写 main() 函数，代码如下：

```
func main() {
    hashTable := HashTable{}
    for i := 1; i < 5; i++ {
        hashTable.Put(fmt.Sprintf("key%d", i), fmt.Sprintf("value%d", i))
        value2 := hashTable.Get("key2")
        fmt.Println(value2)
    }
}
//$ go run hashTable.go
```

```
//<nil>
//value2
//value2
//value2
```

4.5.3 面试题实战

【题目 4-10】**在不使用任何内置散列表库的情况下设计一个 HashMap**

请实现一个 HashMap 类，该类的方法如下。

- HashMap()：使用空映射初始化对象。
- void Put(int key, int value)：将键值对插入到 HashMap 中。如果键已经存在于映射中，则更新相应的值。
- int Get(int key)：返回指定键映射到的值，如果此映射不包含键的映射，则返回 -1。
- void Remove(key)：如果映射包含键的映射，则删除键及其对应的值。

【解答】

① 思路。

根据题意，通过散列表思想编写 HashMap 对象即可。

② Go 语言实现。

```
package main
import "fmt"
const (
    mod = 1024
)
type HashMap struct {
    set [mod]*listNode
}
type listNode struct {
    key  int
    val  int
    next *listNode
}
//初始化数据结构
func Constructor() HashMap {
    arr := [mod]*listNode{}
    return HashMap{set: arr}
}
func (hm *HashMap) Put(key int, value int) {
```

```
    i := key % mod
    ptr := hm.set[i]
    for ptr != nil {
        if ptr.key == key {
            ptr.val = value
            return
        } else {
            ptr = ptr.next
        }
    }
    node := &listNode{key: key, val: value, next: hm.set[i]}
    hm.set[i] = node
}
//返回指定键映射到的值，如果不包含键的映射，则返回 -1
func (hm *HashMap) Get(key int) int {
    ptr := hm.set[key%mod]
    for ptr != nil {
        if ptr.key == key {
            return ptr.val
        } else {
            ptr = ptr.next
        }
    }
    return -1
}
// 如果 HashMap 映射包含键的映射，则删除键及其对应的值
func (hm *HashMap) Remove(key int) {
    i := key % mod
    ptr := hm.set[i]
    prev := &listNode{next: ptr}
    head := prev
    for ptr != nil {
        if ptr.key == key {
            prev.next = ptr.next
            break
        } else {
            prev = prev.next
            ptr = ptr.next
        }
```

```
    }
    hm.set[i] = head.next
}
func main() {
    obj := Constructor()
    obj.Put(1, 1)
    obj.Put(2, 2)
    res1 := obj.Get(1)
    fmt.Println(res1)
    res2 := obj.Get(2)
    fmt.Println(res2)
    obj.Remove(2)
}
//$ go run interview4-10.go
//1
//2
```

【题目 4-11】**在不使用任何内置散列表库的情况下设计一个 HashSet**

请实现一个 MyHashSet 类，该类的方法如下。

- void Add(key)：将键插入到 HashSet 中。
- bool Contains(key)：返回键是否存在于 HashSet 中。
- void Remove(key)：删除 HashSet 中的键。如果 key 在 HashSet 中不存在，则什么也不做。

【解答】

① 思路。

按照要求，根据散列表思想，借助 Go 语言的切片和结构体实现 HashSet。

② Go 语言实现。

```
package main
import "fmt"
type HashSet struct {
    h []bool
}
func Constructor() HashSet {
    return HashSet{make([]bool, 1000001)}
}
func (hs *HashSet) Add(key int) {
    hs.h[key] = true
}
```

```
func (hs *HashSet) Remove(key int) {
    hs.h[key] = false
}
func (hs *HashSet) Contains(key int) bool {
    return hs.h[key]
}
func main() {
    obj := Constructor()
    obj.Add(6)
    obj.Remove(8)
    res := obj.Contains(6)
    fmt.Println(res)
}
//$ go run interview4-11.go
//true
```

4.6 字符串

字符串是一种很常见的数据结构，它是由字母、数字、符号、空格和其他特殊字符组成的序列。处理字符串相关的算法有穷举搜索算法、BM 搜索算法、字符串模式匹配算法。

4.6.1 穷举搜索算法

1. 什么是穷举搜索算法

穷举搜索（exhaustive search），也称为暴力搜索，是一种系统地列举和检查问题的所有可能解决方案的算法。这涉及生成所有可能的候选解决方案，根据问题约束对其进行评估，并从中选择最佳解决方案。

穷举搜索算法的特点如下。

- 穷举搜索算法是解决问题的一种简单直接的方法。
- 穷举搜索算法有可能很慢，且计算量大，尤其对于具有较大搜索空间的问题。
- 穷举搜索算法并不能保证找到问题的最佳解决方案，因为它只检查算法明确列举的解决方案。

例如，如果想在整数列表中找到最小值，穷举搜索算法将遍历列表中的每个元素并跟踪目前看到的最小值。这将涉及检查列表中的每个元素并将其与当前最小值进行比较。

虽然穷举搜索算法可以保证找到最优解，但当搜索空间很大时，它的计算量可能很大。

因此，它通常用于小问题规模或作为与更复杂的算法进行比较的场景。

穷举搜索算法的常见使用场景如下。

- 密码学：密码学中使用穷举搜索算法来破解代码或密码。例如，攻击者可能会尝试字母、数字和符号的所有可能组合来猜测密码。
- 博弈论：穷举搜索算法可用于博弈论，以分析具有有限步数和结果的博弈。例如，在国际象棋中，计算机可以使用穷举搜索算法来评估所有可能的走法及其结果位置，以确定最佳走法。
- 机器学习：穷举搜索算法可用于机器学习，以找到给定模型的最佳超参数集。例如，数据科学家可能会使用穷举搜索算法来尝试神经网络超参数的所有可能组合，以找到最佳配置。

2. Go 语言实现

（1）编写穷举搜索函数 exhaustiveSearch()，代码如下：

```
// 对整数列表执行穷举搜索以找到目标值
func exhaustiveSearch(numbers []int, target int) int {
    // 遍历每个可能的数字组合
    for i := 0; i < (1 << uint(len(numbers))); i++ {
        sum := 0
        // 检查当前组合的每一位
        for j := 0; j < len(numbers); j++ {
            if (i & (1 << uint(j))) != 0 {
                sum += numbers[j]
            }
        }
        // 如果总和与目标匹配，则返回组合
        if sum == target {
            return i
        }
    }
    // 如果没有找到组合，则返回 -1
    return -1
}
```

（2）编写 main() 函数，代码如下：

```
func main() {
    numbers := []int{1, 3, 6, 8}
    target := 7
    result := exhaustiveSearch(numbers, target)
```

```
    if result != -1 {
        fmt.Printf(" 找到总计为 : %d 的组合 : %d\n", result, target)
    } else {
        fmt.Println(" 找不到组合 ")
    }
}
//$ go run exhaustiveSearch.go
// 找到总计为 : 5 的组合 : 7
```

在以上代码中，定义了一个函数 exhaustiveSearch()，该函数将整数列表和目标值作为输入，并返回一个整数，该整数表示与目标相加的数字组合。函数内的 for 循环使用位操作遍历每个可能的数字组合，并检查每个组合以查看其总和是否达到目标。如果找到匹配的组合，则将其作为整数返回，该整数表示列表中与目标相加的索引集。

3. 面试题实战

【题目 4–12】**找到给定集合的所有子集**

如何在 Go 语言中实现通过穷举搜索找到给定集合的所有子集？

【解答】

```
package main
import "fmt"
func subsets(set []int) [][]int {
    n := len(set)
    power := 1 << uint(n)
    subsets := make([][]int, 0)
    for i := 0; i < power; i++ {
        subset := make([]int, 0)
        for j := 0; j < n; j++ {
            if i&(1<<uint(j)) != 0 {
                subset = append(subset, set[j])
            }
        }
        subsets = append(subsets, subset)
    }
    return subsets
}
func main() {
    set := []int{1, 6, 8}
    result := subsets(set)
    fmt.Println(result)
```

```
}
//$ go run interview4-12.go
//[[] [1] [6] [1 6] [8] [1 8] [6 8] [1 6 8]]
```

在以上代码中，subsets() 函数将一组整数作为输入并返回所有可能子集的一部分。它使用一种位操作技术来生成所有可能的子集，其中数字的二进制表示中的每一位表示集合中的相应元素是否应包含在子集中。该函数迭代所有可能的数字，直到 2^n，其中 n 是集合的长度。对于每个数字，它检查哪些位设置为 1，并将相应的元素添加到子集中。

4.6.2 BM 搜索算法

1. 什么是 BM 搜索算法

BM 搜索（boyer-moore search）是一种字符串搜索算法，用于查找文本中模式的出现。广泛应用于文本编辑器、编译器和搜索引擎等各种应用程序中。

BM 搜索算法通过从右到左匹配模式与文本进行工作。它使用两种启发式方法，即坏字符规则和好后缀规则，以跳过文本中比其他字符串搜索算法更多的字符。

BM 搜索算法可以跳过文本中更多的字符，从而加快搜索时间。BM 搜索算法伪代码如下：

```
function boyerMooreSearch(text, pattern):
    # 预处理步骤：计算坏字符表和好后缀表
    bad_char_table = create_bad_char_table(pattern)
    good_suffix_table = create_good_suffix_table(pattern)
    # 搜索步骤
    n = length(text)
    m = length(pattern)
    i = 0
    while i <= n - m:
        j = m - 1
        while j >= 0 and pattern[j] == text[i+j]:
            j = j - 1
        if j == -1:
            return i  # 找到模式
        else:
            # 使用坏字符和好后缀规则来确定下一个 i
            k = bad_char_table[text[i+j]] - m + j + 1
            i = i + max(good_suffix_table[j], k)
    return -1  # 没有找到模式
```

在以上伪代码中，text 是要搜索的文本，pattern 是要搜索的模式。该算法首先对模式进行预处理以创建两个表：坏字符表和好后缀表。如果在模式中的特定位置发生不匹配现象，坏字符表用于确定将模式移动多远，好后缀表用于确定如果出现部分匹配则将模式移动多远。然后搜索步骤遍历文本，使用滑动窗口方法检查模式的匹配项。如果找到匹配项，boyerMooreSearch() 函数将返回该模式在文本中第 1 次出现的索引；如果未找到匹配项，boyerMooreSearch() 函数返回 –1。

BM 搜索算法的时间复杂度为 $O(nm)$，其中 n 是文本的长度，m 是要搜索的模式的长度；搜索算法的空间复杂度取决于被搜索模式的长度和文本中使用的字符集的大小。该算法的空间复杂度为 $O(m + n)$，其中 m 是模式的长度，n 是字符集的大小。

2. Go 语言实现

（1）编写 BM 搜索函数 boyerMooreSearch()，代码如下：

```
func boyerMooreSearch(text string, pattern string) int {
    n := len(text)
    m := len(pattern)
    if m == 0 {
        return 0
    }
    if n < m {
        return -1
    }
    last := make([]int, 256)
    for i := 0; i < 256; i++ {
        last[i] = -1
    }
    for i := 0; i < m; i++ {
        last[pattern[i]] = i
    }
    i := m - 1
    j := m - 1
    for i < n {
        if text[i] == pattern[j] {
            if j == 0 {
                return i
            }
            i--
            j--
        } else {
            k := last[text[i]]
            i += m - min(j, 1+k)
```

```
            j = m - 1
        }
    }
    return -1
}
func min(a, b int) int {
    if a < b {
        return a
    }
    return b
}
```

（2）编写 main() 函数，代码如下：

```
func main() {
    text := "I love Go algorithms, this is an example"
    pattern := "love"
    index := boyerMooreSearch(text, pattern)
    if index == -1 {
        fmt.Println(" 在文本中找不到模式 ")
    } else {
        fmt.Printf(" 在文本中的索引 %d 处找到模式 \n", index)
    }
}
//$ go run boyerMooreSearch.go
// 在文本中的索引 2 处找到模式
```

3. 面试题实战

【题目 4-13】**编写一个函数，使用 BM 搜索算法检测恶意软件模式**

BM 搜索算法是在大型数据集中搜索模式的有用工具。该算法的实际应用之一是恶意软件检测系统。在这种情况下，恶意软件签名数据库用于搜索系统文件中的恶意软件模式。

【解答】

① 思路。

根据题意，使用 BM 搜索算法遍历文件夹里的文件，逐个进行判断即可。

② Go 语言实现。

```
package main
import (
    "fmt"
    "io/ioutil"
```

```
    "os"
)
func boyerMooreSearch(text, pattern string) int {
    n := len(text)
    m := len(pattern)
    if m == 0 {
        return 0
    }
    if n < m {
        return -1
    }
    last := make([]int, 256)
    for i := 0; i < 256; i++ {
        last[i] = -1
    }
    for i := 0; i < m; i++ {
        last[pattern[i]] = i
    }
    i := m - 1
    j := m - 1
    for i < n {
        if text[i] == pattern[j] {
            if j == 0 {
                return i
            }
            i--
            j--
        } else {
            k := last[text[i]]
            i += m - min(j, 1+k)
            j = m - 1
        }
    }
    return -1
}
func min(a, b int) int {
    if a < b {
        return a
    }
    return b
```

```
}
func scanFile(filepath string, signatures []string) error {
    // 打开文件
    file, err := os.Open(filepath)
    if err != nil {
        return err
    }
    defer file.Close()
    // 读取文件内容
    contents, err := ioutil.ReadAll(file)
    if err != nil {
        return err
    }
    // 将文件内容转换为字符串
    text := string(contents)
    // 搜索文件中的每个签名
    for _, signature := range signatures {
        index := boyerMooreSearch(text, signature)
        if index != -1 {
            // 找到签名
            fmt.Printf(" 文件 %s 在索引处包含恶意软件签名 %s%d\n",filepath,
                       signature, ndex)
        }
    }
    return nil
}
func main() {
    // 恶意软件特征库
    signatures := []string{" 恶意软件签名 1", " 恶意软件签名 2", " 恶意软件签名 3"}
    // 扫描目录中的所有文件
    dir := "./"
    files, err := ioutil.ReadDir(dir)
    if err != nil {
        panic(err)
    }
    for _, file := range files {
        if !file.IsDir() {
            filepath := fmt.Sprintf("%s/%s", dir, file.Name())
            err := scanFile(filepath, signatures)
            if err != nil {
```

```
                fmt.Printf(" 扫描文件时出错 %s: %s\n", filepath, err)
            }
        }
    }
}
```

在以上代码中，boyerMooreSearch() 函数与前面的示例相同，但在 scanFile() 函数中使用它来搜索文件中的恶意软件签名。scanFile() 函数将文件路径和一段恶意软件签名作为输入，并使用 BM 搜索算法搜索文件中的每个签名。如果找到签名，则该函数将打印一条消息，指示文件名、签名和找到签名的索引。

main() 函数读取文件目录并调用 scanFile() 函数扫描文件。如果在扫描文件时发生错误，该函数将打印一条消息，指示文件名和错误。

4.6.3 字符串模式匹配算法

1. 什么是字符串模式匹配算法

字符串模式匹配，也称为字符串搜索或字符串匹配，是在较大的文本或字符串中查找所有出现的模式（字符串或字符序列）的过程。模式可以是固定字符串或正则表达式，文本可以是任意字符串、文档或文件。字符串模式匹配的目标是定位文本中出现的所有模式，并且可以选择替换、提取或操作它们。

字符串模式匹配是计算机科学中的一项常见任务，用于各种应用程序，如文本编辑器、搜索引擎和数据处理等。

字符串模式匹配有多种算法。

- 暴力算法：该算法将模式中的每个字符与文本中的每个字符进行比较， 直到找到匹配项。
- Knuth-Morris-Pratt（KMP）算法：该算法通过使用有关模式的信息在文本中向前跳转，避免不必要的比较。
- Boyer-Moore 算法：该算法使用启发式方法根据模式的最后一个字符在文本中向前跳转。
- Rabin-Karp 算法：该算法使用散列函数快速将模式与文本中每个可能的子字符串进行比较。

这些算法具有不同的时间复杂度和空间复杂度，适用于不同类型的模式匹配问题。根据文本和图案的大小以及应用程序的具体要求选择正确的算法非常重要。

选择算法的匹配取决于多种因素，如模式和文本的长度、模式的复杂度、要找到的出现次数、时间复杂度和空间复杂度要求等。高效的字符串模式匹配在计算机科学的文本处理、数据挖掘、生物信息学、自然语言处理、计算机视觉等各个领域都有大量应用。

我们主要讲解 Rabin-Karp 算法。Rabin-Karp 算法的实现步骤如下。

（1）计算模式的哈希值和与模式长度相同的文本的第 1 个子字符串。

（2）将模式的哈希值与子字符串的哈希值进行比较。如果它们匹配，则检查模式和子字符串是否相同。如果相同，则返回该模式在文本中第 1 次出现的索引。

（3）如果哈希值不匹配，则将窗口向右滑动一个字符并重新计算新子字符串的哈希值。

（4）重复步骤（2）和（3），直到文本末尾或找到匹配项。

2. Go 语言实现

下面以 Rabin-Karp 算法作为示例，Go 语言实现代码如下：

```
package main
import "fmt"
// rabinKarpSearch() 函数接收两个字符串输入：文本和模式
func rabinKarpSearch(text string, pattern string) int {
    // 计算文本和模式的长度
    n := len(text)
    m := len(pattern)
    // 如果模式比文本长，则找不到模式
    if n < m {
        return -1
    }
    // 设置一个质数和一个幂变量
    prime := 101
    power := 1
    // 计算模式的哈希值和文本的第 1 个窗口
    hpattern := 0
    htext := 0
    for i := 0; i < m; i++ {
        hpattern = (hpattern*prime + int(pattern[i])) % prime
        htext = (htext*prime + int(text[i])) % prime
    }
    // 计算素数 ^(m-1) 的幂
    for i := 0; i < m-1; i++ {
        power = (power * prime) % prime
    }
    // 将模式滑过文本并检查匹配
    for i := 0; i <= n-m; i++ {
        // 如果模式和文本的哈希值匹配，则检查是否完全匹配
        if hpattern == htext {
            match := true
            for j := 0; j < m; j++ {
                if pattern[j] != text[i+j] {
                    match = false
                    break
                }
            }
            if match {
```

```
                return i
            }
        }
        // 为下一次迭代更新文本窗口的哈希值
        if i < n-m {
            htext = (prime*(htext-int(text[i])*power) + int(text[i+m])) % prime
            if htext < 0 {
                htext += prime
            }
        }
    }
    // 在文本中找不到该模式
    return -1
}
func main() {
    // 定义要搜索的文本和模式
    text := "I love Go algorithms, this is an example"
    pattern := "love"
    // 调用 rabinKarpSearch() 函数在文本中查找模式
    index := rabinKarpSearch(text, pattern)
    // 打印结果
    if index == -1 {
        fmt.Println(" 在文本中找不到模式 ")
    } else {
        fmt.Printf(" 在文本中的索引 %d 处找到模式 \n", index)
    }
}
//$ go run rabinKarpSearch.go
//在文本中的索引 2 处找到模式
```

3. 面试题实战

【题目 4-14】使用 Go 语言实现 Rabin-Karp 算法

【解答】Rabin-Karp 算法在 Go 语言中的实现如下：

```
package main
import (
    "fmt"
)
const primeRK = 16777619
func searchRabinKarp(txt, pat string) int {
    n := len(txt)
    m := len(pat)
    if n < m {
        return -1
```

```
    }
    var pow, thash, phash uint32
    pow = 1
    for i := 0; i < m-1; i++ {
        pow = (pow << 1) % primeRK
    }
    for i := 0; i < m; i++ {
        phash = (phash<<1 + uint32(pat[i])) % primeRK
        thash = (thash<<1 + uint32(txt[i])) % primeRK
    }
    for i := 0; i <= n-m; i++ {
        if phash == thash {
            j := 0
            for ; j < m; j++ {
                if txt[i+j] != pat[j] {
                    break
                }
            }
            if j == m {
                return i
            }
        }
        if i < n-m {
            thash = ((thash-(pow*uint32(txt[i])))<<1 + uint32(txt[i+m])) % primeRK
            if thash < 0 {
                thash += primeRK
            }
        }
    }
    return -1
}
func main() {
    text := "I love Go algorithms, this is an example"
    pattern := "love"
    index := searchRabinKarp(text, pattern)
    if index == -1 {
        fmt.Println(" 在文本中找不到模式 ")
    } else {
        fmt.Printf(" 在文本中的索引 %d 处找到模式 \n", index)
    }
}
//$ go run interview4-14.go
// 在文本中的索引 2 处找到模式
```

4.7 本章小结

本章主要知识结构如图 4.7 所示。

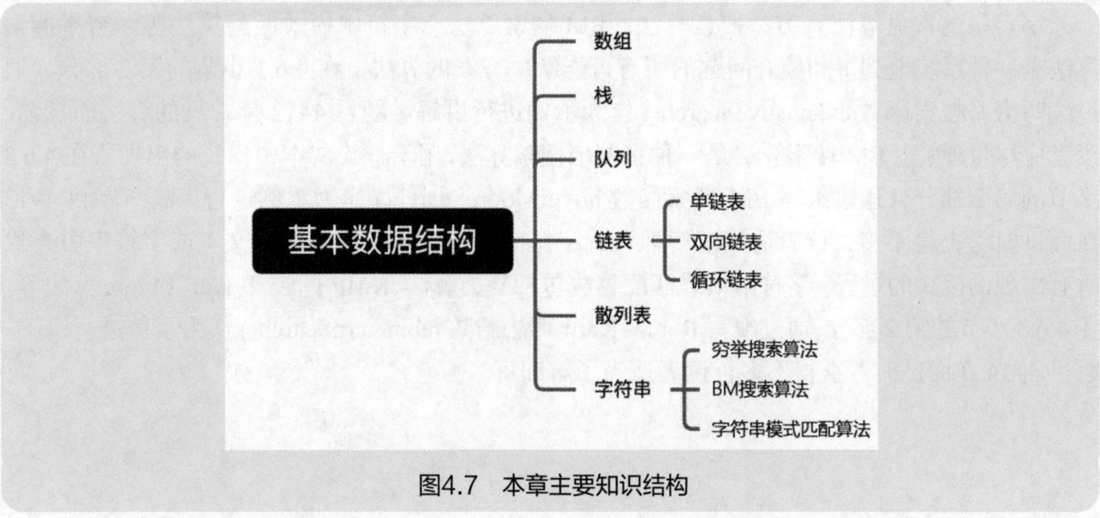

图4.7　本章主要知识结构

本章对基本数据结构（数组、栈、队列、链表、散列表、字符串）进行了详细的分析和讲解。

数组是相同类型元素的固定大小序列。在 4.1.2 小节，通过声明一个包含 5 个整数的数组作为示例进行讲解。题目 4–1 是常见的数组算法面试题，读者应尽量理解。

栈是一种抽象的数据类型，常用于递归、表达式计算、回溯等场景。在 4.2.2 小节，通过定义栈对象 Stack 及其常见操作方法作为示例进行讲解。题目 4–2 和题目 4–3 是常见的栈操作面试题，读者应尽量理解。

队列是一种线性数据结构，遵循先进先出原则，常用于广度优先搜索、进程调度等场景。在 4.3.2 小节，通过定义队列对象及其方法作为示例进行讲解。题目 4–4 和题目 4–5 是常见的队列算法面试题，读者应尽量理解。

链表是包含一系列连接节点的线性数据结构，分为单链表、双向链表和循环链表 3 种。

单链表是链表的一种，即从头到最后一个节点（尾）只能在一个方向上遍历。在 4.4.1 小节的第 2 部分，通过定义节点对象 Node 及其方法作为示例进行讲解。题目 4–6 和题目 4–7 是常见的链表算法面试题，读者应尽量理解。

双向链表是一种复杂类型的链表，常用于实现散列表、LRU 缓存等应用。在 4.4.2 小节的第 2 部分，通过双向链表对象 Node 及其方法作为示例进行讲解。题目 4–8 在面试时考查得不多，读者适当了解即可。

循环链表是一个链表，所有节点连接起来形成一个圆，包括循环单链表和循环双向链表，常用于环形缓冲区、循环队列等场景。在 4.4.3 小节的第 2 部分，通过链表节点对象 Node 及其方法作为示例进行讲解。题目 4–9 在面试时考查得不多，读者适当了解即可。

散列表是一种数据结构，将数据通过关联的方式进行存储，常用于数据库、缓存等场景。在 4.5.2 小节，通过创建散列表对象 HashTable 及其方法作为示例进行讲解。题目 4–10 在面试时考查得不多，读者适当了解即可；题目 4–11 是常见的算法面试题，读者应尽量理解。

字符串的常见算法有穷举搜索算法、BM 搜索算法、字符串模式匹配算法等。穷举搜索算法是一种系统地列举和检查问题的所有可能解决方案的算法。在 4.6.1 小节的第 2 部分，通过编写穷举搜索函数 exhaustiveSearch() 作为示例进行讲解。题目 4–12 是常见的算法面试题，读者应尽量理解。BM 搜索算法是一种字符串搜索算法，用于查找文本中模式的出现。在 4.6.2 小节的第 2 部分，通过编写 BM 搜索函数 boyerMooreSearch() 作为示例进行讲解。题目 4–13 在面试时考查得不多，读者适当了解即可。字符串模式匹配是在较大的文本或字符串中查找所有出现的模式的过程。字符串模式匹配算法包括暴力算法、KMP 算法、Boyer–Moore 算法等。在 4.6.3 小节的第 2 部分，通过编写 Rabin–Karp 算法函数 rabinKarpSearch() 作为示例进行讲解。题目 4–14 在面试时考查得不多，读者适当了解即可。

第 2 篇　进阶篇

Gopher:
嘿，我们来谈谈如何快速学习第2篇吧!

GoBot:
当然！首先要理解第5章 树，
树的结构就像是一张家族谱，有助于处理
家族成员之间的层次关系的数据。

Gopher:
明白！接着是第6章 图，有点像是在学习如何表示
和处理更复杂的关系网络，比如社交网络
或地图路线，对吗?

GoBot:
对的，树和图是算法和数据结构中
非常重要的概念，它们为解决各种
实际问题提供了强大的工具。

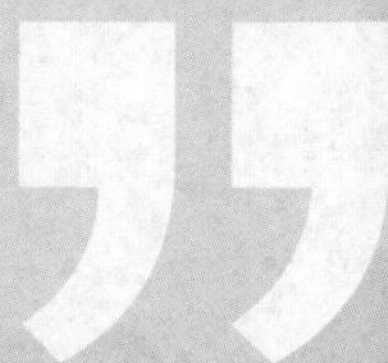

Gopher:
明白了！看起来这两章会让我的技能更加丰富和
灵活。我准备好了，让我们快速掌握这
些有趣的概念吧!

第5章　树

GoBot：
这一章首先是5.1 二叉树。想象一下，二叉树就像是编程世界的家族谱，每个节点都是一位家庭成员。左边是你的左手边亲戚，右边是右手边亲戚。简直是一场家族盛宴！

Gopher：
哈哈，听起来不错！我猜每个节点都有它独特的家族名字吧？

GoBot：
当然！每个节点都有一个值，就像是给家庭成员起的名字。你可以在这个家族谱中寻找你最亲密的亲戚。

Gopher：
那真是太有趣了！下一个是5.2 二叉搜索树，这又是什么有趣的东西？

GoBot：
哈哈，这就像是给家族成员排队，左边的都比当前节点小，右边的都比当前节点大。这样当我们在家族谱中找人时，可以快速缩小范围，就像是在一个有序的亲戚名单上查找一样。

Gopher：
真是聪明的设计！那5.3 AVL 树呢？

GoBot：
哦，这是个超级平衡的家族谱！AVL树确保每个节点的左右子树的高度差不会太大，就像是每个家庭成员都在争取平等，不愿意有人高人一等。

Gopher：
哇，平等的树，真是个理想的家族！下一节呢？

GoBot：
5.4 堆，是一种神奇的“东西”，它不是山，也不是任何可见的实物。它是某个软件或程序中用于表示一组数据或元素的集合。一起来探寻树的世界吧！

5.1 二叉树

5.1.1 二叉树简介

二叉树（binary tree）是一种树数据结构，二叉树由节点（node）组成，其中每个节点又包含一个左指针（left pointer）、一个右指针（right pointer）和一个数据元素。根指针（root pointer）指向树中最顶层的节点。左、右指针递归地指向两边较小的子树（child tree）。空指针（null pointer）表示没有元素的二叉树——空树。二叉树的每个节点由 3 个项目组成：①数据元素；②左指针；③右指针。二叉树的示例如图 5.1 所示。

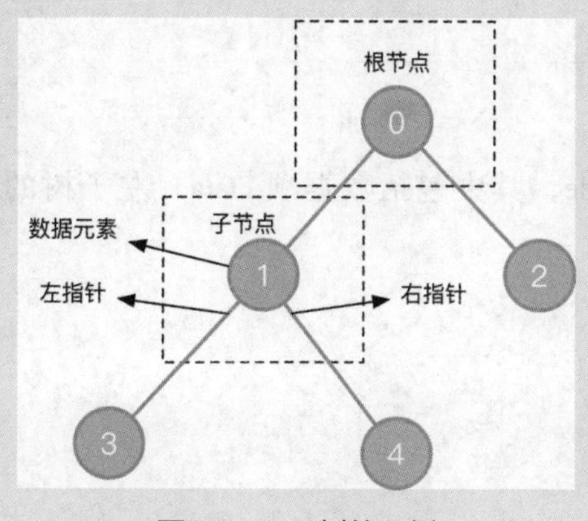

图5.1　二叉树的示例

二叉树的主要功能是以层次结构组织和存储数据。同时，二叉树可用于高效地存储和搜索数据，尤其在需要对数据进行排序或搜索时。例如，二叉搜索树（binary search tree，BST）是一种专门设计用于提供高效搜索操作的二叉树。二叉树还可以用于其他各种应用，如实现堆排序等算法、为人工智能构建决策树以及表示计算机文件系统的层次结构。

常用的二叉树类型有以下几种。

- 完全二叉树（full binary tree）：一种特殊类型的二叉树，其中每个父节点或内部节点都有两个或没有子节点。
- 完美二叉树（perfect binary tree）：一种二叉树，其中每个内部节点都恰好有两个子节点，并且所有叶子节点都在同一级别。
- 退化或病态树（degenerate or pathological tree）：具有左或右单个子节点的树。如倾斜二叉树，其中的树要么由左节点支配，要么由右节点支配。因此，有两种类型的偏二叉树：左偏二叉树和右偏二叉树。

- 平衡二叉树（balanced binary tree）：一种二叉树，其中每个节点的左子树和右子树的高度之差为0或1。

下面是二叉树的一些常见应用场景。

- 搜索和排序：二叉树通常用于搜索和排序数据。二叉搜索树是一种二叉树，其中节点的左子树仅包含键小于节点键的节点，右子树仅包含键大于节点键的节点。此属性使得在树中搜索元素或按升序或降序对元素进行排序变得容易。
- 分层数据：二叉树非常适合表示分层数据，如文件系统、组织结构图或家谱。在这种情况下，每个节点代表一个人或实体，节点的子节点代表其下属或后代。
- 霍夫曼编码：二叉树用于霍夫曼编码，这是一种压缩数据的技术。在霍夫曼编码中，数据中的每个字符都根据其频率分配一个二进制代码。然后使用这些代码构造一棵二叉树，其中每个叶子节点代表一个字符，从根到叶子节点的路径代表该字符的二进制代码。

5.1.2 Go 语言实现

（1）定义节点 TreeNode，其中包括数据项 Data、左子树的地址 Left、右子树的地址 Right，代码如下：

```
//定义节点
type TreeNode struct {
    //数据项
    Data   int
    //左子树的地址
    Left  *TreeNode
    //右子树的地址
    Right *TreeNode
}
```

（2）编写插入节点函数 Insert()，代码如下：

```
//插入节点
func Insert(root *TreeNode) []int {
    if root == nil {
        return nil
    }
    left := Insert(root.Left)
    right := Insert(root.Right)
    output := make([]int, 0)
    output = append(output, left...)
```

```
    output = append(output, root.Data)
    output = append(output, right...)
    return output
}
```

（3）编写 main() 函数，代码如下：

```
func main() {
    root := TreeNode{Data: 1}
    root.Left = &TreeNode{Data: 2}
    root.Left.Left = &TreeNode{Data: 4}
    root.Right = &TreeNode{Data: 3}
    root.Right.Left = &TreeNode{Data: 5}
    root.Right.Right = &TreeNode{Data: 6}
    output := Insert(&root)
    fmt.Println(output)
}
//$ go run binaryTree.go
//[4 2 1 5 3 6]
```

5.1.3 面试题实战

【题目 5-1】**按照给定条件构建二叉树**

给出一个含有不重复整数元素的数组，每个整数均大于 1。用这些整数来构建二叉树，每个整数可以使用任意次数。其中，每个非叶子节点的值应等于它的两个子节点的值的乘积。求满足条件的二叉树一共有多少个？返回的结果应模除以 $10^9 + 7$。

【解答】

① 思路。

首先想到的是暴力解法，先排序，然后遍历所有节点，枚举两两乘积为第 3 个节点值的组合，然后枚举这些组合并构成树。这里在计数时要注意，左右子树如果不是对称的，则将左右子树相互对调又是一组解。

② Go 语言实现。

```
package main
import (
    "fmt"
    "sort"
)
const mod = 1e9 + 7
```

```
func countBinaryTrees(arr []int) int {
    dp := make(map[int]int)
    sort.Ints(arr)
    for i, curNum := range arr {
        for j := 0; j < i; j++ {
            factor := arr[j]
            quotient, remainder := curNum/factor, curNum%factor
            if remainder == 0 {
                dp[curNum] += dp[factor] * dp[quotient]
            }
        }
        dp[curNum]++
    }
    totalCount := 0
    for _, count := range dp {
        totalCount += count
    }
    return totalCount % mod
}
func main() {
    arr := []int{1, 6, 8, 99, 88}
    res := countBinaryTrees(arr)
    fmt.Println(res)
}
```

【题目 5-2】**给定一个树的根，要求开发者找到最频繁的子树的和**

一个节点子树的和定义为以该节点为根的子树（包括节点本身）所形成的所有节点值之和。试求最频繁的子树的和的值是多少。如果出现平局，则以任意顺序返回所有频率最高的值。

【解答】

① 思路。

本题采用递归算法找出每个节点的累加和，用 map 记录频次，最后把频次最多的和输出即可。

② Go 语言实现。

```
package main
import (
    "fmt"
    "sort"
)
type TreeNode struct {
```

```
    Data  int
    Left  *TreeNode
    Right *TreeNode
}
// 解法 1：维护最大频次，不用排序
func findFrequentTreeSum1(root *TreeNode) []int {
    memo := make(map[int]int)
    collectSum(root, memo)
    res := []int{}
    most := 0
    for key, val := range memo {
        if most == val {
            res = append(res, key)
        } else if most < val {
            most = val
            res = []int{key}
        }
    }
    return res
}
func collectSum(root *TreeNode, memo map[int]int) int {
    if root == nil {
        return 0
    }
    sum := root.Data + collectSum(root.Left, memo) + collectSum(root.Right, memo)
    if v, ok := memo[sum]; ok {
        memo[sum] = v + 1
    } else {
        memo[sum] = 1
    }
    return sum
}
// 解法 2：求出所有和再排序
func findFrequentTreeSum2(root *TreeNode) []int {
    if root == nil {
        return []int{}
    }
    freMap, freList, reFreMap := map[int]int{}, []int{}, map[int][]int{}
    findTreeSum(root, freMap)
    for k, v := range freMap {
        tmp := reFreMap[v]
        tmp = append(tmp, k)
```

```
        reFreMap[v] = tmp
    }
    for k := range reFreMap {
        freList = append(freList, k)
    }
    sort.Ints(freList)
    return reFreMap[freList[len(freList)-1]]
}
func findTreeSum(root *TreeNode, fre map[int]int) int {
    if root == nil {
        return 0
    }
    if root != nil && root.Left == nil && root.Right == nil {
        fre[root.Data]++
        return root.Data
    }
    val := findTreeSum(root.Left, fre) + findTreeSum(root.Right, fre) + root.Data
    fre[val]++
    return val
}
func main() {
    treeNode := TreeNode{6, &TreeNode{5, nil, nil}, &TreeNode{3, nil, nil}}
    res1 := findFrequentTreeSum1(&treeNode)
    res2 := findFrequentTreeSum2(&treeNode)
    fmt.Println(res1)
    fmt.Println(res2)
}
//$ go run interview5-2.go
//[3 14 5]
//[5 3 14]
```

5.2 二叉搜索树

5.2.1 二叉搜索树简介

二叉搜索树是一种数据结构，它可以让开发者快速地维护一个排序的数字列表。二叉搜索树的特点如下。

- 它是二叉树，因为每个树节点最多有两个子树。

- 它是搜索树，因为它可以用于在时间复杂度为 $O(\log n)$ 的时间内搜索数字。

二叉搜索树相较普通二叉树的区别如下。

- 左子树的所有节点都小于根节点。
- 右子树的所有节点都大于根节点。
- 每个节点的两个子树也是二叉搜索树，即它们具有上述两个属性。

如果一棵树的右子树的值比根节点小，则表明它不是一个有效的二叉搜索树。

二叉搜索树的示例如图 5.2 所示，其中右边的二叉树不是二叉搜索树，因为节点 12 的右子树包含一个小于它的值 6。

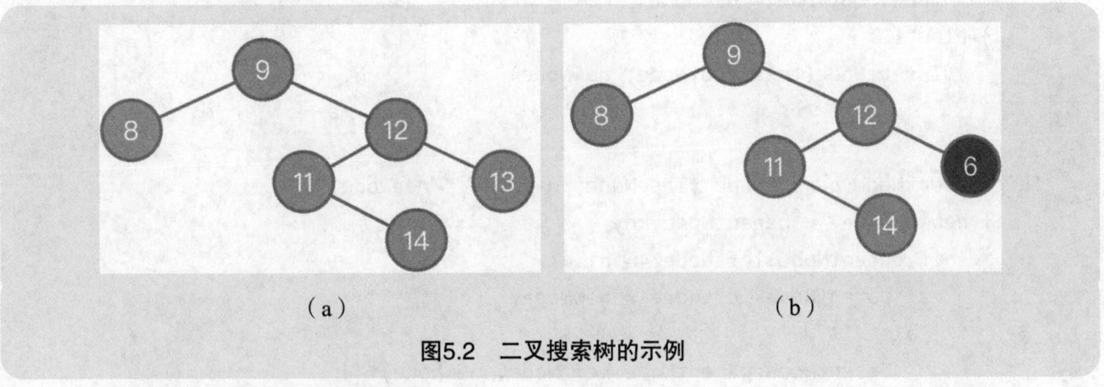

（a）（b）

图5.2 二叉搜索树的示例

二叉搜索树的常见应用场景如下。

- 数据库索引：二叉搜索树可用于为数据库创建索引，允许快速搜索和检索数据。
- 排序：二叉搜索树可以快速搜索和检索的方式对数据进行排序。
- 压缩算法：二叉搜索树可用于压缩算法，以更紧凑的形式表示数据，从而实现更高效的存储和传输。

5.2.2 Go 语言实现

（1）定义二叉搜索树对象 BinarySearchTree 和节点对象 TreeNode，代码如下：

```
type BinarySearchTree struct {
    rootNode *TreeNode
    lock     sync.RWMutex
}
type TreeNode struct {
    key       int
    value     int
    leftNode  *TreeNode
    rightNode *TreeNode
}
```

（2）编写二叉搜索树对象 BinarySearchTree 的 InsertElement() 方法，用于获取一个键和一个值，然后构造一个新的树节点，最后调用 InsertNode() 函数将该节点插入树中，代码如下：

```
//插入元素
func (tree *BinarySearchTree) InsertElement(key int, value int) {
    tree.lock.Lock()
    defer tree.lock.Unlock()
    var newNode = &TreeNode{key: key, value: value}
    if tree.rootNode == nil {
        tree.rootNode = newNode
    } else {
        InsertNode(tree.rootNode, newNode)
    }
}
func InsertNode(parentNode *TreeNode, newNode *TreeNode) {
   if newNode.key < parentNode.key {
        if parentNode.leftNode == nil {
            parentNode.leftNode = newNode
        } else {
            InsertNode(parentNode.leftNode, newNode)
        }
    }
    if newNode.key > parentNode.key {
        if parentNode.rightNode == nil {
            parentNode.rightNode = newNode
        } else {
            InsertNode(parentNode.rightNode, newNode)
        }
    }
}
```

（3）编写中序遍历方法 InOrderTraverseTree()，代码如下：

```
//中序遍历方法
func (tree *BinarySearchTree) InOrderTraverseTree() {
    tree.lock.RLock()
    defer tree.lock.RUnlock()
    inOrderTraverseTree(tree.rootNode)
}
//中序遍历函数
func inOrderTraverseTree(treeNode *TreeNode) {
```

```
    if treeNode != nil {
        inOrderTraverseTree(treeNode.leftNode)
        inOrderTraverseTree(treeNode.rightNode)
        fmt.Println(treeNode.value)
    }
}
```

（4）编写先序遍历方法 PreOrderTraverseTree()，代码如下：

```
//先序遍历方法
func (tree *BinarySearchTree) PreOrderTraverseTree() {
    tree.lock.RLock()
    defer tree.lock.RUnlock()
    preOrderTraverseTree(tree.rootNode)
}

//先序遍历函数
func preOrderTraverseTree(treeNode *TreeNode) {
    if treeNode != nil {
        preOrderTraverseTree(treeNode.leftNode)
        preOrderTraverseTree(treeNode.rightNode)
        fmt.Println(treeNode.value)
    }
}
```

（5）编写后序遍历方法 PostOrderTraverseTree()，代码如下：

```
//后序遍历方法
func (tree *BinarySearchTree) PostOrderTraverseTree() {
    tree.lock.Lock()
    defer tree.lock.Unlock()
    postOrderTraverseTree(tree.rootNode)
}
//后序遍历函数
func postOrderTraverseTree(treeNode *TreeNode) {
    if treeNode != nil {
        postOrderTraverseTree(treeNode.leftNode)
        postOrderTraverseTree(treeNode.rightNode)
        fmt.Println(treeNode.value)
    }
}
```

（6）编写获取最小值的方法 MinNode() 和获取最大值的方法 MaxNode()，代码如下：

```
//获取最小值
func (tree *BinarySearchTree) MinNode() *TreeNode {
    tree.lock.RLock()
    defer tree.lock.RUnlock()
    return minNode(tree.rootNode)
}
func minNode(treeNode *TreeNode) *TreeNode {
    if treeNode.leftNode != nil {
        return minNode(treeNode.leftNode)
    } else {
        return treeNode
    }
}

//获取最大值
func (tree *BinarySearchTree) MaxNode() *TreeNode {
    tree.lock.RLock()
    defer tree.lock.RUnlock()
    return maxNode(tree.rootNode)
}
func maxNode(treeNode *TreeNode) *TreeNode {
    if treeNode.rightNode != nil {
        return maxNode(treeNode.rightNode)
    } else {
        return treeNode
    }
}
```

（7）编写搜索节点的方法 SearchNode()，该方法用于在树中搜索节点。如果找到，则返回该节点；如果没有找到，则返回 nil。代码如下：

```
//搜索节点方法
func (tree *BinarySearchTree) SearchNode(key int) bool {
    tree.lock.RLock()
    defer tree.lock.RUnlock()
    return searchNode(tree.rootNode, key)
}
//搜索节点函数
func searchNode(treeNode *TreeNode, key int) bool {
```

```
    if treeNode == nil {
        return false
    }
    if treeNode.key == key {
        return true
    }
    if key < treeNode.key {
        return searchNode(treeNode.leftNode, key)
    }
    if key > treeNode.key {
        return searchNode(treeNode.rightNode, key)
    }
    return true
}
```

（8）编写删除节点的方法 RemoveNode()，该方法可以根据键从树中删除一个节点，代码如下：

```
// 删除节点方法
func (tree *BinarySearchTree) RemoveNode(key int) {
    tree.lock.Lock()
    defer tree.lock.Unlock()
    removeNode(tree.rootNode, key)
}
// 删除节点函数
func removeNode(treeNode *TreeNode, key int) *TreeNode {
    if treeNode == nil {
        return nil
    }
    if key < treeNode.key {
        treeNode.leftNode = removeNode(treeNode.leftNode, key)
        return treeNode
    }
    if key > treeNode.key {
        treeNode.rightNode = removeNode(treeNode.rightNode, key)
        return treeNode
    }
    if treeNode.leftNode == nil && treeNode.rightNode == nil {
        treeNode = nil
        return nil
    }
    if treeNode.leftNode == nil {
```

```
        treeNode = treeNode.rightNode
        return treeNode
    }
    if treeNode.rightNode == nil {
        treeNode = treeNode.leftNode
        return treeNode
    }
    var leftmostrightNode *TreeNode
    leftmostrightNode = treeNode.rightNode
    for {
        if leftmostrightNode != nil && leftmostrightNode.leftNode != nil {
            leftmostrightNode = leftmostrightNode.leftNode
        } else {
            break
        }
    }
    treeNode.key, treeNode.value = leftmostrightNode.key, leftmostrightNode.value
    treeNode.rightNode = removeNode(treeNode.rightNode, treeNode.key)
    return treeNode
}
```

（9）编写 main() 函数，代码如下：

```
func main() {
    root := &TreeNode{0, 9, nil, nil}
    node1 := &TreeNode{1, 8, nil, nil}
    node2 := &TreeNode{2, 12, nil, nil}
    node3 := &TreeNode{3, 11, nil, nil}
    node4 := &TreeNode{4, 6, nil, nil}
    node6 := &TreeNode{5, 14, nil, nil}
    root.leftNode = node1
    root.rightNode = node2
    node2.leftNode = node3
    node2.rightNode = node4
    node3.rightNode = node6
    var lock sync.RWMutex
    bst := BinarySearchTree{root, lock}
    bst.PreOrderTraverseTree()
    res := bst.MaxNode()
    fmt.Println(res)
}
```

```
//$ go run binarySearchTree.go
//8
//14
//11
//13
//12
//9
//&{4 13 <nil> <nil>}
```

5.2.3 面试题实战

【题目 5-3】**返回修剪后的二叉搜索树的根**

给定二叉搜索树的根以及最低和最高边界，请修剪树，使其所有元素位于 [low, high] 中。修剪树不应该改变原有二叉树中元素的相对结构（即任何一个节点的元素后代都应该被保持）。要求返回修剪后的二叉搜索树的根。请注意，根可能会根据给定的界限而改变。

【解答】

① 思路。

本题考查二叉搜索树中的递归遍历。递归遍历二叉搜索树中的每个节点，根据有序性，如果当前节点比 high 大，则将当前节点的右子树全部修剪掉，再递归修剪左子树；如果当前节点比 low 小，则将当前节点的左子树全部修剪掉，再递归修剪右子树。处理完越界的情况，剩下的情况都在区间内，分别递归修剪左子树和右子树即可。

② Go 语言实现。

```
package main
import "fmt"
type TreeNode struct {
    Data  int
    Left  *TreeNode
    Right *TreeNode
}
func trimBST(root *TreeNode, low int, high int) *TreeNode {
    if root == nil {
        return nil
    }
    if root.Data > high {
        return trimBST(root.Left, low, high)
    }
    if root.Data < low {
```

```
        return trimBST(root.Right, low, high)
    }
    root.Left = trimBST(root.Left, low, high)
    root.Right = trimBST(root.Right, low, high)
    return root
}
func main() {
    treeNode := TreeNode{6, nil, nil}
    res := trimBST(&treeNode, 0, 1)
    fmt.Println(res)
}
```

【题目 5-4】在二叉搜索树中找到值等于 data 的节点，并返回以该节点为根的子树

给定一个二叉搜索树的根和一个整数 data。在二叉搜索树中找到节点值等于 data 的节点，并返回以该节点为根的子树。如果这样的节点不存在，则返回 null。

【解答】

①思路。

本题可以根据二叉搜索树的性质（根节点的值大于左子树所有节点的值，小于右子树所有节点的值）进行递归求解。

② Go 语言实现。

```
package main
import "fmt"
type TreeNode struct {
    Data  int
    Left  *TreeNode
    Right *TreeNode
}
func searchBST(root *TreeNode, data int) *TreeNode {
    if root == nil {
        return nil
    }
    if root.Data == data {
        return root
    } else if root.Data < data {
        return searchBST(root.Right, data)
    } else {
        return searchBST(root.Left, data)
    }
}
```

```
func main() {
    treeNode := TreeNode{6, &TreeNode{5, nil, nil}, &TreeNode{3, nil, nil}}
    res := searchBST(&treeNode, 0)
    fmt.Println(res)
}
```

【题目 5-5】**恢复二叉搜索树**

二叉搜索树中的两个节点被错误地交换。请在不改变其结构的情况下，恢复这棵二叉搜索树。交换二叉搜索树中两个节点的示例如图 5.3 所示。

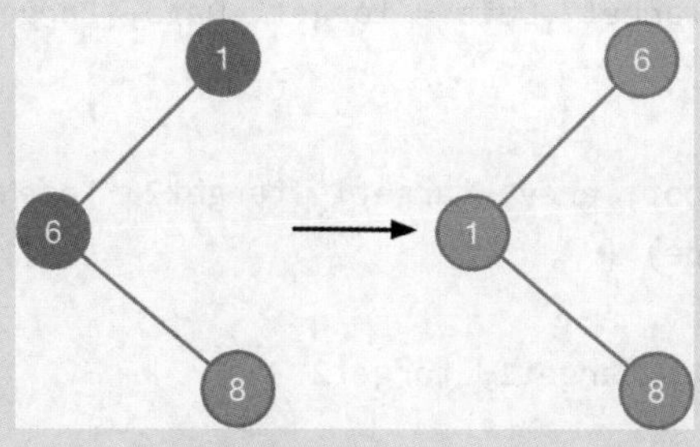

图5.3 交换二叉搜索树中两个节点的示例

示例如下。

输入：

```
root = [1,6,null,null,8]
```

输出：

```
[6,1,null,null,8]
```

【解答】

① 思路。

本题按照先序遍历方法一次就可以找到这两个出问题的节点，即先访问根节点，然后遍历左子树，最后遍历右子树。先序遍历二叉搜索树时，根节点比左子树都要大，比右子树都要小。所以左子树若比根节点大，就是出现了乱序；根节点若比右子树大，也是出现了乱序。遍历过程中在左子树中如果出现了前一次遍历的节点的值大于此次根节点的值，则当前节点就是出错节点，将该节点记录下来，继续遍历直到找到第 2 个这样的节点。最后交换这两个节点，只交换它们的值即可，无须交换这两个节点相应的指针指向。

② Go 语言实现。

```
package main
import "fmt"
```

```
type TreeNode struct {
    Data  int
    Left  *TreeNode
    Right *TreeNode
}
func recoverTree(root *TreeNode) {
    var prev, target1, target2 *TreeNode
        _, target1, target2 = inOrderTraverse(root, prev, target1, target2)
    if target1 != nil && target2 != nil {
        target1.Data, target2.Data = target2.Data, target1.Data
    }
}
func inOrderTraverse(root, prev, target1, target2 *TreeNode) (*TreeNode,
    *TreeNode, *TreeNode) {
        if root == nil {
            return prev, target1, target2
        }
        prev, target1, target2 = inOrderTraverse(root.Left, prev, target1, target2)
        if prev != nil && prev.Data > root.Data {
            if target1 == nil {
                target1 = prev
            }
            target2 = root
        }
        prev = root
        prev, target1, target2 = inOrderTraverse(root.Right, prev, target1, target2)
        return prev, target1, target2
}
func main() {
    tn := &TreeNode{1, &TreeNode{6, nil, &TreeNode{8, nil, nil}}, nil}
    recoverTree(tn)
    fmt.Println(tn.Data)
    fmt.Println(tn.Left.Data)
    fmt.Println(tn.Left.Right.Data)
}
//$ go run interview5-5.go
//8
//6
//1
```

5.3 AVL 树

5.3.1 AVL 树简介

AVL 树（Adelson - Velsky Landis tree，AVL Tree）是一种自平衡二叉搜索树，其中每个节点都维护称为平衡因子的额外信息，其值为 -1、0 或 1。

AVL 树中节点的平衡因子是该节点的左子树的高度与右子树的高度之差。形式如下：

```
平衡因子 = 左子树的高度 - 右子树的高度
```

AVL 树的自平衡属性由平衡因子维护。平衡因子的值应始终为 -1、0 或 1。AVL 树的示例如图 5.4 所示。

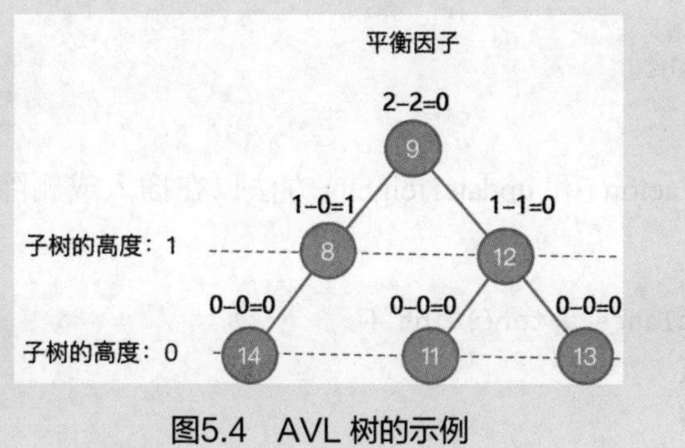

图5.4 AVL 树的示例

AVL 树通常用于计算机科学和编程，以实现快速高效的数据检索、存储和搜索。AVL 树的主要应用场景是开发者需要维护大量经常更新的有序数据时。AVL 树非常适合需要对同一数据集执行大量搜索、插入和删除的情况，因为它们可以自动重新平衡自身以保持其效率和性能。

AVL 树在数据库管理系统中特别有用，它们可用于索引大量数据，从而便于快速检索特定信息。AVL 树在编译器和解析器中也很有用，可用于高效地表示和操作语法树。

5.3.2 Go 语言实现

（1）定义一个节点对象并初始化。要查看树是否平衡，需要定义每个节点的高度。可以通过递归计算左右节点的最大高度来计算高度。如果节点没有子节点，则表示其高度为 1，否则比较子节点的最大高度。通过添加 height 属性更新节点结构体。代码如下：

```
type node struct {
    height, value int
    left, right   *node
}
func newNode(val int) *node {
    return &node{
        height: 1,
        value:  val,
        left:   nil,
        right:  nil,
    }
}
func (n *node) Height() int {
    if n == nil {
        return 0
    }
    return n.height
}
```

（2）编写 balanceFactor() 和 updateHeight() 方法以在插入或删除后跟踪树的高度和平衡。代码如下：

```
func (n *node) balanceFactor() int {
    if n == nil {
        return 0
    }
    return n.left.Height() - n.right.Height()
}
func (n *node) updateHeight() {
    max := func(a, b int) int {
        if a > b {
            return a
        }
        return b
    }
    n.height = max(n.left.Height(), n.right.Height()) + 1
}
```

（3）编写旋转函数 rightRotate() 和 leftRotate()。代码如下：

```
func rightRotate(x *node) *node {
```

```
    y := x.left
    t := y.right
    y.right = x
    x.left = t
    x.updateHeight()
    y.updateHeight()
    return y
}
func leftRotate(x *node) *node {
    y := x.right
    t := y.left
    y.left = x
    x.right = t
    x.updateHeight()
    y.updateHeight()
    return y
}
```

（4）编写 insertNode() 函数插入节点。代码如下：

```
func insertNode(node *node, val int) (*node, error) {
    // 如果没有节点，则创建一个
    if node == nil {
        return newNode(val), nil
    }
    // 如果有重复的节点，则返回错误信息
    if node.value == val {
        return nil, ErrorDuplicatedNode
    }
    // 如果值大于当前节点的值，则向右插入
    if val > node.value {
        right, err := insertNode(node.right, val)
        if err != nil {
            return nil, err
        }
        node.right = right
    }
    // 如果值小于当前节点的值，则向左插入
    if val < node.value {
        left, err := insertNode(node.left, val)
        if err != nil {
```

```
            return nil, err
        }
        node.left = left
    }
    return rotateInsert(node, val), nil
}

func rotateInsert(node *node, val int) *node {
    // 每次插入时更新高度
    node.updateHeight()
    //显示重量在哪一边
    bFactor := node.balanceFactor()
    //向右旋转节点
    if bFactor > 1 && val < node.left.value {
        return rightRotate(node)
    }
    //向左旋转节点
    if bFactor < -1 && val > node.right.value {
        return leftRotate(node)
    }
    //向右旋转左边节点
    if bFactor > 1 && val > node.left.value {
        node.left = leftRotate(node.left)
        return rightRotate(node)
    }
    // 向左旋转右边节点
    if bFactor < -1 && val < node.right.value {
        node.right = rightRotate(node.right)
        return leftRotate(node)
    }
    return node
}
```

（5）编写 removeNode() 函数删除节点。代码如下：

```
func removeNode(node *node, val int) (*node, error) {
    if node == nil {
        return nil, ErrorNodeNotFound
    }
    if val > node.value {
        right, err := removeNode(node.right, val)
        if err != nil {
```

```
            return nil, err
        }
        node.right = right
    } else if val < node.value {
        left, err := removeNode(node.left, val)
        if err != nil {
            return nil, err
        }
        node.left = left
    } else {
        if node.left != nil && node.right != nil {
            //寻找后继者
            successor := greatest(node.left)
            value := successor.value
            // 删除后继者
            left, err := removeNode(node.left, value)
            if err != nil {
                return nil, err
            }
            node.left = left
            // 复制后继值到当前节点
            node.value = value
        } else if node.left != nil || node.right != nil {
            //将子位置移动到当前节点
            if node.left != nil {
                node = node.left
            } else {
                node = node.right
            }
        } else if node.left == nil && node.right == nil {
            // 删除节点
            node = nil
        }
    }
    if node == nil {
        return nil, nil
    }
    return rotateDelete(node), nil
}
func rotateDelete(node *node) *node {
    node.updateHeight()
```

```
    bFactor := node.balanceFactor()
    // 向右旋转节点
    if bFactor > 1 && node.left.balanceFactor() >= 0 {
        return rightRotate(node)
    }
    if bFactor > 1 && node.left.balanceFactor() < 0 {
        node.left = leftRotate(node.left)
        return rightRotate(node)
    }
    if bFactor < -1 && node.right.balanceFactor() <= 0 {
        return leftRotate(node)
    }

    if bFactor < -1 && node.right.balanceFactor() > 0 {
        node.right = rightRotate(node.right)
        return leftRotate(node)
    }
    return node
}
```

（6）编写遍历函数和 main() 函数。代码如下：

```
func traverse(node *node) {
    if node == nil {
        return
    }
    fmt.Println(node.value)
    traverse(node.left)
    traverse(node.right)
}
func main() {
    node1 := newNode(2)
    node2 := newNode(1)
    node1.left = node2
    insertNode(node2,2)
    traverse(node1)
}
$ go run avlTree.go
2
1
2
```

5.3.3 面试题实战

【题目 5-6】**用 Go 语言实现一棵 AVL 树**

用 Go 语言实现一棵 AVL 树，注意不能使用 Go 语言内置函数。

【解答】

① 思路。

题目明确要实现 AVL 树，用 Go 语言实现 AVL 树即可。

② Go 语言实现。

```
package main
import (
    "encoding/json"
    "fmt"
)
type Key interface {
    Less(Key) bool
    Eq(Key) bool
}
type Node struct {
    Data    Key
    Balance int
    Link    [2]*Node
}
func opp(dir int) int {
    return 1 - dir
}
//单次旋转
func single(root *Node, dir int) *Node {
    save := root.Link[opp(dir)]
    root.Link[opp(dir)] = save.Link[dir]
    save.Link[dir] = root
    return save
}
//双旋转
func double(root *Node, dir int) *Node {
    save := root.Link[opp(dir)].Link[dir]
    root.Link[opp(dir)].Link[dir] = save.Link[opp(dir)]
    save.Link[opp(dir)] = root.Link[opp(dir)]
    root.Link[opp(dir)] = save
```

```
    save = root.Link[opp(dir)]
    root.Link[opp(dir)] = save.Link[dir]
    save.Link[dir] = root
    return save
}
// 调整平衡因子
func adjustBalance(root *Node, dir, bal int) {
    n := root.Link[dir]
    nn := n.Link[opp(dir)]
    switch nn.Balance {
    case 0:
        root.Balance = 0
        n.Balance = 0
    case bal:
        root.Balance = -bal
        n.Balance = 0
    default:
        root.Balance = 0
        n.Balance = bal
    }
    nn.Balance = 0
}
func insertBalance(root *Node, dir int) *Node {
    n := root.Link[dir]
    bal := 2*dir - 1
    if n.Balance == bal {
        root.Balance = 0
        n.Balance = 0
        return single(root, opp(dir))
    }
    adjustBalance(root, dir, bal)
    return double(root, opp(dir))
}
func insertR(root *Node, data Key) (*Node, bool) {
    if root == nil {
        return &Node{Data: data}, false
    }
    dir := 0
    if root.Data.Less(data) {
        dir = 1
    }
```

```
    var done bool
    root.Link[dir], done = insertR(root.Link[dir], data)
    if done {
        return root, true
    }
    root.Balance += 2*dir - 1
    switch root.Balance {
    case 0:
        return root, true
    case 1, -1:
        return root, false
    }
    return insertBalance(root, dir), true
}
//向AVL树中插入一个节点
func Insert(tree **Node, data Key) {
    *tree, _ = insertR(*tree, data)
}
//从AVL树中删除单个节点
func Remove(tree **Node, data Key) {
    *tree, _ = removeR(*tree, data)
}
func removeBalance(root *Node, dir int) (*Node, bool) {
    n := root.Link[opp(dir)]
    bal := 2*dir - 1
    switch n.Balance {
    case -bal:
        root.Balance = 0
        n.Balance = 0
        return single(root, dir), false
    case bal:
        adjustBalance(root, opp(dir), -bal)
        return double(root, dir), false
    }
    root.Balance = -bal
    n.Balance = bal
    return single(root, dir), true
}
func removeR(root *Node, data Key) (*Node, bool) {
    if root == nil {
        return nil, false
```

```
    }
    if root.Data.Eq(data) {
        switch {
        case root.Link[0] == nil:
            return root.Link[1], false
        case root.Link[1] == nil:
            return root.Link[0], false
        }
        heir := root.Link[0]
        for heir.Link[1] != nil {
            heir = heir.Link[1]
        }
        root.Data = heir.Data
        data = heir.Data
    }
    dir := 0
    if root.Data.Less(data) {
        dir = 1
    }
    var done bool
    root.Link[dir], done = removeR(root.Link[dir], data)
    if done {
        return root, true
    }
    root.Balance += 1 - 2*dir
    switch root.Balance {
    case 1, -1:
        return root, true
    case 0:
        return root, false
    }
    return removeBalance(root, dir)
}
type intKey int
func (k intKey) Less(k2 Key) bool { return k < k2.(intKey) }
func (k intKey) Eq(k2 Key) bool   { return k == k2.(intKey) }
func main() {
    var tree *Node
    fmt.Println(" 空树 ")
    avl, _ := json.MarshalIndent(tree, "", "   ")
    fmt.Println(string(avl))
```

```
    fmt.Println("\n 插入了如下树 ")
    Insert(&tree, intKey(1))
    Insert(&tree, intKey(2))
    Insert(&tree, intKey(3))
    Insert(&tree, intKey(4))
    Insert(&tree, intKey(5))
    Insert(&tree, intKey(6))
    avl, _ = json.MarshalIndent(tree, "", "   ")
    fmt.Println(string(avl))
    fmt.Println("\n 删除了如下树 ")
    Remove(&tree, intKey(4))
    Remove(&tree, intKey(6))
    avl, _ = json.MarshalIndent(tree, "", "   ")
    fmt.Println(string(avl))
}
```

5.4 堆

5.4.1 堆简介

堆（heap）是一种满足堆属性的完全二叉树的数据结构。如果一个二叉树的父节点总是大于其子节点，并且根节点的键是所有其他节点中最大的，则此属性称为最大堆属性；如果一个二叉树的父节点总是小于其子节点，并且根节点的键是所有其他节点中最小的，则此属性称为最小堆属性。

堆数据结构的常见操作如下。

- 堆化：从数组创建堆的过程。
- 插入：在现有堆中插入一个元素的过程，时间复杂度为 $O(\log n)$。
- 删除：删除堆顶元素或优先级最高的元素，然后组织堆并返回时间复杂度为 $O(\log n)$ 的元素。
- 检查：检查或查找堆中最优先的元素（最大和最小堆中的最大或最小元素）。

堆数据结构的特点如下。

- 基于树的数据结构，即完全二叉树。
- 在最大堆的情况下，树的根节点必须代表树中的最大值。
- 在最小堆的情况下，树的根节点必须代表树中的最小值。

- 在值数组上构建堆，时间复杂度方面的成本为 $O(n \log n)$，其中 n 是原始数组的长度。
- 从现有堆中添加 / 删除值的时间复杂度为 $O(n \log n)$，其中 n 是堆的长度。

最小堆和最大堆的示例如图 5.5 所示。

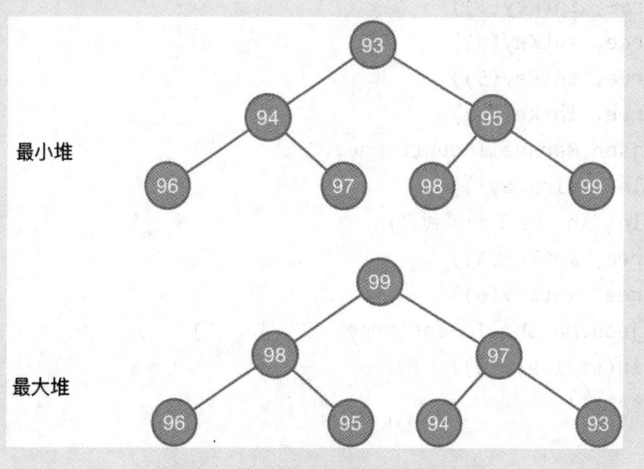

图5.5　最小堆和最大堆的示例

堆数据结构的常见应用场景如下。

- 排序：堆排序算法基于堆数据结构。堆排序用于以有效的方式对大量数据进行排序。
- 内存管理：堆数据结构用于内存管理以分配和释放内存块。
- 图算法：堆数据结构用于图算法，如 Dijkstra 算法、Prim 算法等。

5.4.2　Go 语言实现

1. 最大堆实现

最大堆 MaxHeap 上的操作如下。

- 插入一个元素：如果插入的值大于其父值，则需要向上遍历。这种遍历一直持续到插入的值小于其父值或插入的值成为根本身为止。当插入的值最大时，会发生第 2 种情况。
- 删除最大元素：保存根值，然后用数组中的最后一个值进行替换。
- 获取最大元素：返回二叉树中的最大元素。

（1）定义最大堆对象 MaxHeap，代码如下：

```
type MaxHeap struct {
    heapArray []int
    size      int
    maxsize   int
}
func newMaxHeap(maxsize int) *MaxHeap {
```

```
    MaxHeap := &MaxHeap{
        heapArray: []int{},
        size:      0,
        maxsize:   maxsize,
    }
    return MaxHeap
}
```

（2）创建最大堆对象 MaxHeap 的方法，代码如下：

```
func (m *MaxHeap) leaf(index int) bool {
    if index >= (m.size/2) && index <= m.size {
        return true
    }
    return false
}
func (m *MaxHeap) parent(index int) int {
    return (index - 1) / 2
}
func (m *MaxHeap) leftChild(index int) int {
    return 2*index + 1
}
func (m *MaxHeap) rightChild(index int) int {
    return 2*index + 2
}
func (m *MaxHeap) insert(item int) error {
    if m.size >= m.maxsize {
        return fmt.Errorf("Heap is full")
    }
    m.heapArray = append(m.heapArray, item)
    m.size++
    m.upHeapify(m.size - 1)
    return nil
}
func (m *MaxHeap) swap(first, second int) {
    temp := m.heapArray[first]
    m.heapArray[first] = m.heapArray[second]
    m.heapArray[second] = temp
}
func (m *MaxHeap) upHeapify(index int) {
```

```
    for m.heapArray[index] > m.heapArray[m.parent(index)] {
        m.swap(index, m.parent(index))
        index = m.parent(index)
    }
}
func (m *MaxHeap) downHeapify(current int) {
    if m.leaf(current) {
        return
    }
    largest := current
    leftChildIndex := m.leftChild(current)
    rightRightIndex := m.rightChild(current)
    //如果当前是最大值，则返回
    if leftChildIndex < m.size && m.heapArray[leftChildIndex] >
        m.heapArray[largest] {
            largest = leftChildIndex
    }
    if rightRightIndex < m.size && m.heapArray[rightRightIndex] >
        m.heapArray[largest] {
            largest = rightRightIndex
    }
    if largest != current {
        m.swap(current, largest)
        m.downHeapify(largest)
    }
    return
}
func (m *MaxHeap) buildMaxHeap() {
    for index := ((m.size / 2) - 1); index >= 0; index-- {
        m.downHeapify(index)
    }
}
func (m *MaxHeap) remove() int {
    top := m.heapArray[0]
    m.heapArray[0] = m.heapArray[m.size-1]
    m.heapArray = m.heapArray[:(m.size)-1]
    m.size--
    m.downHeapify(0)
    return top
}
```

（3）编写 main() 函数，代码如下：

```
func main() {
    inputArray := []int{1, 6, 8, 9, 66, 88}
    maxHeap := newMaxHeap(len(inputArray))
    for i := 0; i < len(inputArray); i++ {
        maxHeap.insert(inputArray[i])
    }
    maxHeap.buildMaxHeap()
    fmt.Println("The Max Heap is ")
    for i := 0; i < len(inputArray); i++ {
        fmt.Println(maxHeap.remove())
    }
}
//$ go run maxHeap.go
//The Max Heap is
//88
//66
//9
//8
//6
//1
```

2. 最小堆实现

最小堆 MinHeap 是一棵完全二叉树，其中父节点的值小于或等于其左右子节点的值。完全二叉树是除最后一层外所有层都满的二叉树。

最小堆 MinHeap 上的操作如下。

- 插入一个元素：如果插入的值小于其父值，则需要向上遍历修复。这种遍历一直持续到插入的值大于其父值或插入的值成为根本身为止。当插入的值最小时，会发生第 2 种情况。
- 删除最小元素：保存根值，然后用数组中的最后一个值进行替换。
- 获取最小元素：返回二叉树中的最小元素。

（1）创建最小堆对象 MinHeap 及其初始化函数，代码如下：

```
type MinHeap struct {
    heapArray []int
    size      int
    maxsize   int
}
```

```
func newMinHeap(maxsize int) *MinHeap {
    MinHeap := &MinHeap{
        heapArray: []int{},
        size:     0,
        maxsize:   maxsize,
    }
    return MinHeap
}
```

（2）编写最小堆对象 MinHeap 的方法，代码如下：

```
func (m *MinHeap) leaf(index int) bool {
    if index >= (m.size/2) && index <= m.size {
        return true
    }
    return false
}
func (m *MinHeap) parent(index int) int {
    return (index - 1) / 2
}
func (m *MinHeap) leftchild(index int) int {
    return 2*index + 1
}
func (m *MinHeap) rightchild(index int) int {
    return 2*index + 2
}
func (m *MinHeap) insert(item int) error {
    if m.size >= m.maxsize {
        return fmt.Errorf("Heap is full")
    }
    m.heapArray = append(m.heapArray, item)
    m.size++
    m.upHeapify(m.size - 1)
    return nil
}
func (m *MinHeap) swap(first, second int) {
    temp := m.heapArray[first]
    m.heapArray[first] = m.heapArray[second]
    m.heapArray[second] = temp
}
```

```
func (m *MinHeap) upHeapify(index int) {
    for m.heapArray[index] < m.heapArray[m.parent(index)] {
        m.swap(index, m.parent(index))
        index = m.parent(index)
    }
}
func (m *MinHeap) downHeapify(current int) {
    if m.leaf(current) {
        return
    }
    smallest := current
    leftChildIndex := m.leftchild(current)
    rightRightIndex := m.rightchild(current)
    //如果当前是最小值，则返回
    if leftChildIndex < m.size && m.heapArray[leftChildIndex] <
        m.heapArray[smallest] {
            smallest = leftChildIndex
    }
    if rightRightIndex < m.size && m.heapArray[rightRightIndex] <
        m.heapArray[smallest] {
            smallest = rightRightIndex
        }
    if smallest != current {
        m.swap(current, smallest)
        m.downHeapify(smallest)
    }
    return
}
func (m *MinHeap) buildMinHeap() {
    for index := ((m.size / 2) - 1); index >= 0; index-- {
        m.downHeapify(index)
    }
}
func (m *MinHeap) remove() int {
    top := m.heapArray[0]
    m.heapArray[0] = m.heapArray[m.size-1]
    m.heapArray = m.heapArray[:(m.size)-1]
    m.size--
    m.downHeapify(0)
```

```
    return top
}
```

（3）编写 main() 函数，代码如下：

```
func main() {
    inputArray := []int{1, 6, 8, 9, 66, 88}
    minHeap := newMinHeap(len(inputArray))
    for i := 0; i < len(inputArray); i++ {
        minHeap.insert(inputArray[i])
    }
    minHeap.buildMinHeap()
    for i := 0; i < len(inputArray); i++ {
        fmt.Println(minHeap.remove())
    }
}
//$ go run minHeap.go
//1
//6
//8
//9
//66
//88
```

5.4.3 面试题实战

【题目 5–7】**返回一个整数数组中 n 个出现频率最高的元素**

给定一个整数数组 array 和一个整数 n，返回 n 个出现频率最高的元素。可以按任何顺序返回答案。示例如下。

输入：

```
array = [1,1,1,2,2,3], n = 2
```

输出：

```
[1,2]
```

【解答】

① 思路。

本题可以通过堆来实现，这里使用最小堆实现。

② Go 语言实现。

```
package main
import "fmt"
func topKFreq(array []int, n int) []int {
    var res []int
    frequencyMap := make(map[int]int)
    for i := 0; i < len(array); i++ {
        frequencyMap[array[i]]++
    }
    var minHeap [][2]int
    for key, val := range frequencyMap {
        add(&minHeap, [2]int{key, val})
        if len(minHeap) > n {
            pop(&minHeap)
        }
    }
    for i := 0; i < len(minHeap); i++ {
        res = append(res, minHeap[i][0])
    }
    return res
}
func add(heap *[][2]int, item [2]int) {
    if heap == nil {
        panic("nil pointer")
    }
    if len(*heap) == 0 {
        *heap = append(*heap, item)
        return
    }
    *heap = append(*heap, item)
    heapUp(*heap, len(*heap)-1)
}
func pop(heap *[][2]int) [2]int {
    if heap == nil {
        panic("nil pointer")
    }
    if len(*heap) == 0 {
        panic("empty heap")
    }
```

```
    poppedItem := (*heap)[0]
    lastIdx := len(*heap) - 1
    (*heap)[0], (*heap)[lastIdx] = (*heap)[lastIdx], (*heap)[0]
    *heap = (*heap)[:lastIdx]
    heapDown(*heap, 0, 0, lastIdx-1)
    return poppedItem
}
func heapUp(array [][2]int, pos int) {
    parent := (pos - 1) / 2
    if parent >= 0 && array[pos][1] < array[parent][1] {
        array[pos], array[parent] = array[parent], array[pos]
        heapUp(array, parent)
    }
}
func heapDown(array [][2]int, pos int, low int, high int) {
    l := pos*2 + 1
    r := pos*2 + 2
    smaller := pos
    if low <= l && l <= high && array[l][1] < array[smaller][1] {
        smaller = l
    }
    if low <= r && r <= high && array[r][1] < array[smaller][1] {
        smaller = r
    }
    if smaller != pos {
        array[smaller], array[pos] = array[pos], array[smaller]
        heapDown(array, smaller, 0, high)
    }
}
func main() {
    array := []int{1, 1, 1, 2, 2, 3}
    n := 2
    res := topKFreq(array, n)
    fmt.Println(res)
}
//$ go run interview5-7.go
//[2 1]
```

5.5 本章小结

本章详细讲解了数据结构——树及其基于 Go 语言的实现方法，以及面试题算法实战。本章主要知识结构如图 5.6 所示。

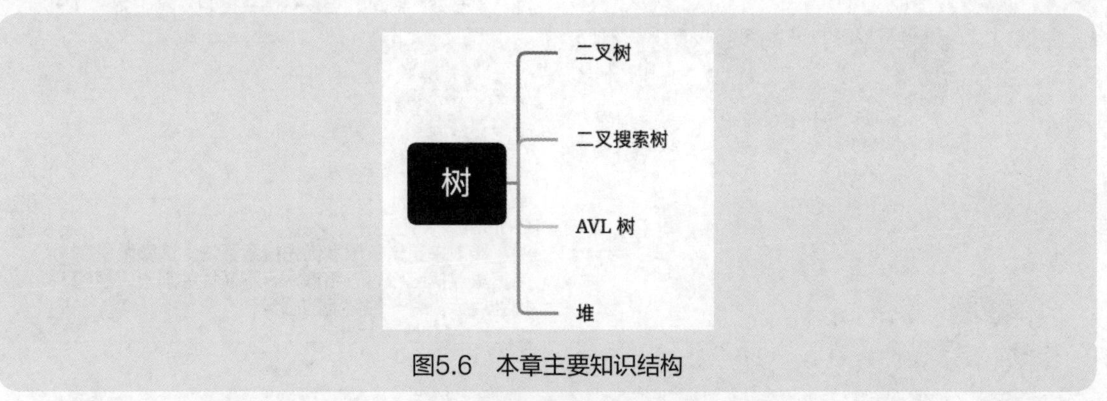

图5.6 本章主要知识结构

本章对常见的树的结构（二叉树、二叉搜索树、AVL 树和堆）进行了详细的分析和讲解。

二叉树的主要作用是以层次结构组织和存储数据，使得在树中搜索元素或按升序或降序对元素进行排序变得容易。在 5.1.2 小节，使用 Go 语言通过定义 TreeNode 节点、Insert() 函数、main() 函数实现二叉树。题目 5–1 和题目 5–2 是常见的算法面试题，读者须重点掌握二叉树的实现方式，这是树数据结构的算法基础。

二叉搜索树的主要作用是可以让开发者快速维护一个排序的数字列表，常应用于数据库索引、排序等场景。在 5.2.2 小节，通过定义 BinarySearchTree 二叉搜索树和 TreeNode 节点，编写 PreOrderTraverseTree()、InOrderTraverseTree() 等方法实现二叉搜索树。题目 5–3 到题目 5–5 是常见的算法面试题，读者应尽量理解。

AVL 树用于需要在动态变化的数据集中高效搜索、插入和删除元素的场景。AVL 树也用于数据库系统、编译器和其他涉及管理大量数据的场景。题目 5–6 是常见的算法面试题，读者应尽量理解。

堆经常用作实现优先级队列的数据结构，优先级队列通常用于任务调度、网络路由和图形算法等各种应用程序。堆还可用于内存管理系统以动态分配和释放内存。题目 5–7 是常见的算法面试题，读者应尽量理解。

通过对树的知识和 Go 语言面试题的讲解，帮助读者深入理解树的 Go 语言实战技巧。

第6章 图

GoBot:
嗨，欢迎进入图的奇妙世界！首先是6.1 无向图。想象一下，这就像是一张世界地图，各个地点之间有着微妙的联系，但没有箭头指明方向。

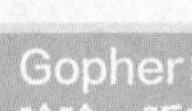

Gopher:
哈哈，听起来挺自由的！目录上然后是6.2 有向图。这就像是一张城市交通图，每条道路都有一个方向，有着指明的路线，对吗？

GoBot:
对。接下来是6.3 深度优先搜索算法。这就像是在迷宫里寻找宝藏，一路深入，不断地往前走，直到找到目标，有一种冒险的感觉！

Gopher:
真是刺激！然后呢？

GoBot:
接下来是6.4 邻接表。这就像是制作一份好友关系表，每个人都列出了和其他人的关系，方便随时找到具有共同兴趣爱好的朋友。

Gopher:
哈哈，有点像是搞社交网络！最后一个是？

GoBot:
最后是6.5 广度优先搜索算法。这就像是在水中扔石头，水波纹一圈一圈地扩散开来，一点点发现周围的事物。就像是一场不断扩张的冒险旅程。

Gopher:
这章真是充满了冒险与探索的精神！我准备好了，让我们一起进入这个神奇的图之旅吧！

6.1 无向图

6.1.1 无向图简介

图（graph）是一种数据结构，相当于一组对象，其中某些对象对在某种意义上是“相关的”。这些对象对应于称为顶点（也称为节点或点）的数学抽象,每个相关的顶点对称为边（也称为连接或线）。

图在计算机中的主要功能是表示和建模对象或实体之间的关系。图可用于表示多种类型的关系，包括社交网络、网络链接、交通路线、计算机网络等。它们可用于分析和优化算法的性能，为复杂的系统和过程建模，以及解决广泛的现实问题。

无向图（undirected graph）是图的一种形式,即一组连接在一起的对象（称为顶点或节点）,其中所有边都是双向的。无向图也称为无向网络。相反地,边缘指向一个方向的图称为有向图。通常，图以图表的形式描述作为顶点的一组点或圆，由边缘的线或曲线连接。无向图的示例如图 6.1 所示。

图6.1 无向图的示例

无向图的常见应用场景如下。

- 社交网络: 在微信或微博等社交网络中，每个用户都可以表示为一个顶点，它们之间的连接可以表示为边。无向图是对这些连接进行建模的有用方法，因为这种关系是相互的，并且两个用户相互连接。
- 交通系统: 在道路、高速公路或铁路等交通系统中，十字路口和交叉路口可以表示为顶点，它们之间的连接可以表示为边。由于车辆的运动是双向的，因此可以使用无向图对这些连接进行建模。
- 图像处理: 在图像处理中，图像可以表示为图形，其中每个像素是一个顶点，边连接相邻像素。可以使用无向图，因为像素之间的关系是相互的，没有方向性。

6.1.2 Go 语言实现

（1）定义无向图，代码如下：

```
// 无向图
type undirectedGraph struct {
```

```
    nodes []*Node
    edges map[Node][]*Node
    lock  sync.RWMutex
}
```

（2）定义节点及其方法，代码如下：

```
// 节点
type Node struct {
    Value interface{}
}
func (n *Node) String() string {
    return fmt.Sprintf("%v", n.Value)
}
```

（3）定义无向图的方法，代码如下：

```
// 向图中添加一个节点
func (g *undirectedGraph) AddNode(n *Node) {
    g.lock.Lock()
    g.nodes = append(g.nodes, n)
    g.lock.Unlock()
}
// 向图中添加一条边
func (g *undirectedGraph) AddEdge(n1, n2 *Node) {
    g.lock.Lock()
    if g.edges == nil {
        g.edges = make(map[Node][]*Node)
    }
    g.edges[*n1] = append(g.edges[*n1], n2)
    g.edges[*n2] = append(g.edges[*n2], n1)
    g.lock.Unlock()
}
// 打印字符串
func (g *undirectedGraph) String() {
    g.lock.RLock()
    str := ""
    for i := 0; i < len(g.nodes); i++ {
        str += g.nodes[i].String() + " -> "
        near := g.edges[*g.nodes[i]]
        for j := 0; j < len(near); j++ {
            str += near[j].String() + " "
```

```
        }
        str += "\n"
    }
    fmt.Println(str)
    g.lock.RUnlock()
}
```

（4）编写 main() 函数，代码如下：

```
func main() {
    nodeA := Node{"X"}
    nodeB := Node{"Y"}
    nodeC := Node{"Z"}
    gra := undirectedGraph{}
    gra.AddNode(&nodeA)
    gra.AddNode(&nodeB)
    gra.AddNode(&nodeC)
    gra.AddEdge(&nodeA, &nodeB)
    gra.AddEdge(&nodeA, &nodeC)
    gra.AddEdge(&nodeB, &nodeC)
    gra.String()
}
//$ go run undirectedGraph.go
//X -> Y Z
//Y -> X Z
//Z -> X Y
```

6.1.3 面试题实战

【题目 6-1】**设计一个算法找到彼此不可达的节点对的数量**

给出一个整数 *n*，有 *n* 个节点，编号为 0 ~ *n*-1。还给出了一个二维整数数组 edges，其中 edges[i] = [xi, yi] 表示从 xi 到 yi 存在一个无向节点。请设计一个算法找到彼此不可达的节点对的数量。示例如下。

输入：

```
n=3
edges=[{0,1}]
```

输出：

```
2
```

【解答】

① 思路。

根据题意，本题可借助无向图实现。

② Go 语言实现。

```
package main
import "fmt"
func nodePairsCount(n int, edges [][]int) int64 {
    nodeMap := make(map[int][]int)
    for i := 0; i < len(edges); i++ {
        nodeMap[edges[i][0]] = append(nodeMap[edges[i][0]], edges[i][1])
        nodeMap[edges[i][1]] = append(nodeMap[edges[i][1]], edges[i][0])
    }
    visited := make(map[int]bool)
    var output int64
    var totalNodesVisited int64
    for i := 0; i < n; i++ {
        if !visited[i] {
            nodeVisited := visit(i, nodeMap, &visited)
            if totalNodesVisited != 0 {
                output += totalNodesVisited * nodeVisited
            }
            totalNodesVisited += nodeVisited
        }
    }
    return output
}
func visit(sourceNode int, nodeMap map[int][]int, visited *map[int]bool) int64 {
    (*visited)[sourceNode] = true
    var totalNodeVisited int64
    totalNodeVisited = 1
    neighbours, ok := nodeMap[sourceNode]
    if ok {
        for _, neighbour := range neighbours {
            if !(*visited)[neighbour] {
                nodeVisited := visit(neighbour, nodeMap, visited)
                totalNodeVisited += nodeVisited
            }
        }
```

```
    }
    return totalNodeVisited
}
func main() {
    n := 3
    edges := [][]int{{0, 1}}
    output := nodePairsCount(n, edges)
    fmt.Println(output)
}
//$ go run interview6-1.go
//2
```

6.2 有向图

6.2.1 有向图简介

有向图（directed graph）是边有方向的图。有向图是由边连接的一组顶点（节点），每个节点都有一个与之关联的方向。边通常由指向图可以遍历的方向的箭头表示。

在形式上，有向图是一个有序对 G = (*V*, *A*)，其中：

- *V* 是一个集合，其元素称为顶点或节点。
- *A* 是一组有序的顶点对。

有向图的示例如图 6.2 所示。

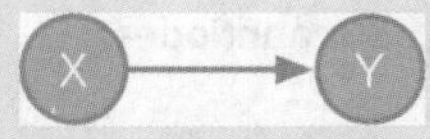

图6.2 有向图的示例

如图 6.2 所示，有向图可以从顶点 X 遍历到 Y，但不能从顶点 Y 遍历到 X。

有向图的常见应用场景如下。

- 社交网络：在微博或微信公众号等社交网络中，关注或订阅另一个用户是一种定向关系。有向图可用于对这些关系进行建模，其中每个用户都是一个顶点，有向边表示关注或订阅关系。
- 交通网络：在交通网络中，如高速公路或道路系统的运动方向很重要。有向图可以用于表示这些网络，其中交叉点是顶点，有向边表示单向街道或高速公路。
- 依赖关系：在软件工程或项目管理中，有向图常用于表示任务之间的依赖关系。每个任务都是一个顶点，有向边表示任务之间的依赖关系，表示必须先完成某个任务才能开始另一个任务。

6.2.2 Go 语言实现

（1）定义有向图并初始化，代码如下：

```
// 有向图
type directedGraph struct {
    nodes []*GraphNode
}
//有向图节点
type GraphNode struct {
    id    int
    edges map[int]int
}
//初始化图对象
func New() *directedGraph {
    return &directedGraph{
        nodes: []*GraphNode{},
    }
}
```

（2）定义有向图的方法，代码如下：

```
//向图 Graph 中添加一个新节点
func (dg *directedGraph) AddNode() (id int) {
    id = len(dg.nodes)
    dg.nodes = append(dg.nodes, &GraphNode{
        id:    id,
        edges: make(map[int]int),
    })
    return
}
//添加边
func (dg *directedGraph) AddEdge(node1, node2 int, w int) {
    dg.nodes[node1].edges[node2] = w
}
//返回节点 ID 列表
func (dg *directedGraph) Nodes() []int {
```

```
    nodes := make([]int, len(dg.nodes))
    for i := range dg.nodes {
        nodes[i] = i
    }
    return nodes
}
//返回带有权重的边列表
func (dg *directedGraph) Edges() [][3]int {
    edges := make([][3]int, 0, len(dg.nodes))
    for i := 0; i < len(dg.nodes); i++ {
        for k, v := range dg.nodes[i].edges {
            edges = append(edges, [3]int{i, k, int(v)})
        }
    }
    return edges
}
```

（3）编写 main() 函数，代码如下：

```
func main() {
    directedGraph := New()
    directedGraph.AddNode()
    directedGraph.AddNode()
    res := directedGraph.Nodes()
    fmt.Println(res)
}
//$ go run directedGraph.go
//[0 1]
```

6.2.3 面试题实战

【题目 6-2】请设计一个算法来进行课程安排

假设共有 numCourses 门必修课程，标记为 0 ～ numCourses – 1。用数组进行表示，其中数组 array[i] = [ai, bi] 表示如果学生想学习课程 ai，必须先学习课程 bi。例如，[0, 1] 表示要想学习课程 0，必须先学习课程 1。如果学生可以完成所有课程，则返回 true；否则，返回 false。示例如下。

输入：

```
numCourses = 2, array= [[1,2],[0,2]]
```

输出：

```
true
```

【解答】

① 思路。

根据题意，可以使用有向图实现。可以将先决条件表示为有向图，其中节点是课程，边表示先决条件。然后编写一个函数来判断是否存在可以选择课程的有效顺序。

② Go 语言实现。

```go
package main
import "fmt"
func canFinishCourses(numCourses int, array [][]int) bool {
    graph := map[int][]int{}
    for _, pre := range array {
        graph[pre[0]] = append(graph[pre[0]], pre[1])
    }
    traced := map[int]bool{}
    visited := map[int]bool{}
    for i := 0; i < numCourses; i++ {
        if hasCycle(i, graph, traced, visited) {
            return false
        }
    }
    return true
}
func hasCycle(course int, graph map[int][]int, traced, visited map[int]bool) bool {
    if traced[course] {
        return true
    }
    if visited[course] {
        return false
    }
    traced[course] = true
    for _, pre := range graph[course] {
        if hasCycle(pre, graph, traced, visited) {
            return true
        }
    }
    traced[course] = false
```

```
    visited[course] = true
    return false
}
func main() {
    array := [][]int{{1, 2}, {0, 2}}
    res := canFinishCourses(2, array)
    fmt.Println(res)
}
//$ go run interview6-2.go
//true
```

6.3 深度优先搜索算法

6.3.1 深度优先搜索算法简介

深度优先搜索（depth first search，DFS）是一种遍历或搜索树或图数据结构的算法。该算法从根节点开始并在回溯之前尽可能沿着每个分支进行搜索。如果可能，该算法会对所有节点进行详尽搜索，否则通过回溯进行。通常需要额外的内存（常用栈）来跟踪到目前为止沿着指定分支发现的节点，这有助于图形的回溯。深度优先搜索算法可用于解决与图相关的许多问题，如寻找连通分量、检测环、拓扑排序和寻找路径等。

深度优先搜索算法采用以下规则。

- 访问相邻的未访问顶点，将其标记为已访问，并将其推入栈中。
- 如果没有找到相邻顶点，则从栈中弹出一个顶点（它将弹出栈中没有相邻顶点的所有顶点）。
- 重复上面两条规则，直到栈为空。

DFS 算法的伪代码如下所示。在初始化函数 init() 中，图 Graph 可能有两个不同的断开部分，为了确保覆盖每个顶点 Vertex，还可以在每个节点上运行 DFS 算法。

```
Begin DFS(Graph, Vertex)
    Vertex.visited = true
    for each v ∈ Graph.Adj[Vertex]
        if v.visited == false
            DFS(Graph,v)
        end if
    end for
```

```
End DFS
Begin init()
    for each Vertex ∈ Graph
        Vertex.visited = false
        for each Vertex ∈ Graph
            DFS(Graph, Vertex)
        end for
    end for
End init
```

深度优先搜索算法示例如图 6.3 所示。假设有一个无向图，图有 {A,B,C,D,E} 五个顶点，随机选择一个顶点作为起始顶点。

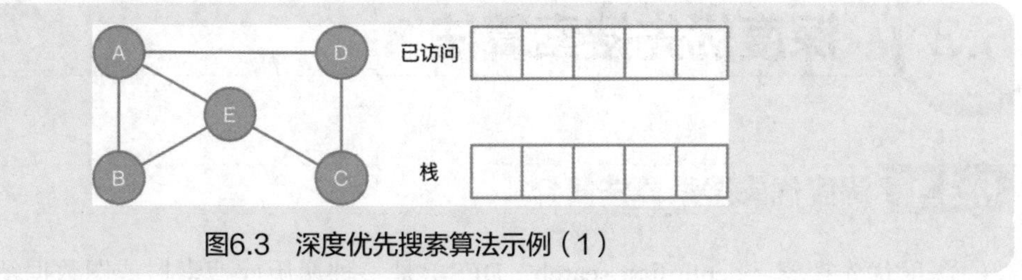

图6.3　深度优先搜索算法示例（1）

从顶点 A 开始，将顶点 A 推入访问列表并将其所有相邻节点（B、E、D）推入栈中，则当前的已访问顶点和栈中的顶点示意图如图 6.4 所示。

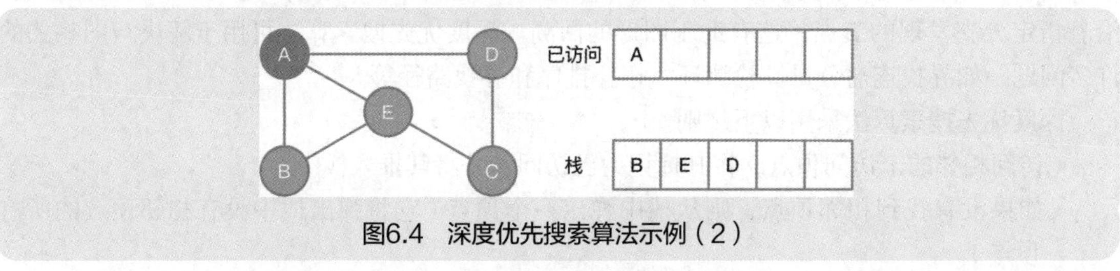

图6.4　深度优先搜索算法示例（2）

继续访问顶点 A 的相邻顶点 B，现在从栈中弹出 B 并访问它，则当前的已访问顶点和栈中的顶点示意图如图 6.5 所示。

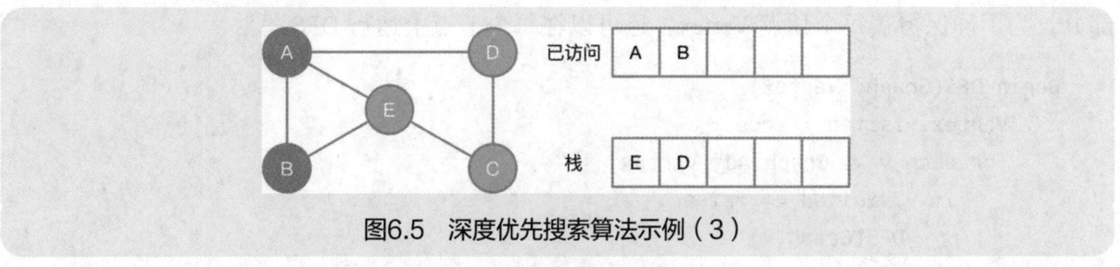

图6.5　深度优先搜索算法示例（3）

继续访问 B 的未访问的相邻节点 E，现在从栈中弹出 E 并访问它，则当前的已访问顶点和栈中的顶点示意图如图 6.6 所示。

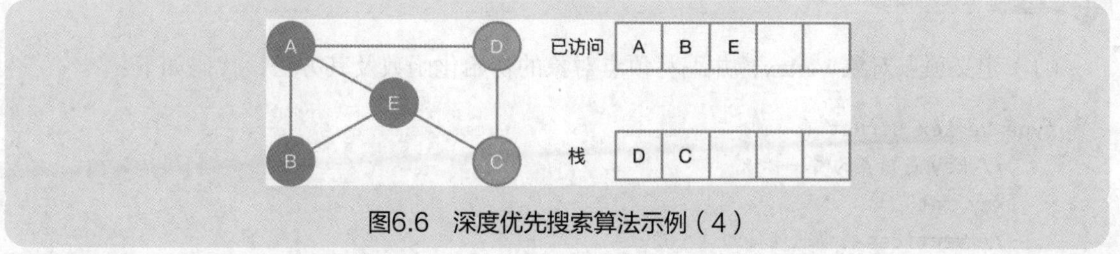

图6.6　深度优先搜索算法示例（4）

继续访问 A 的未访问的相邻节点 D，现在从栈中弹出 D 并访问它，则当前的已访问顶点和栈中的顶点示意图如图 6.7 所示。

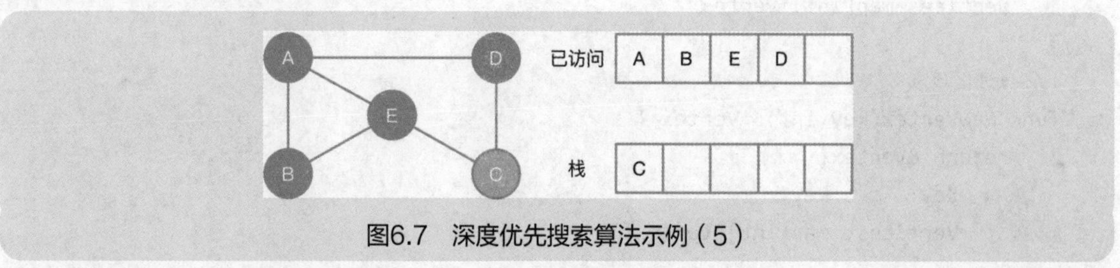

图6.7　深度优先搜索算法示例（5）

继续访问 D 的未访问的相邻节点 C，现在从栈中弹出 C 并访问它，则当前的已访问顶点和栈中的顶点示意图如图 6.8 所示。

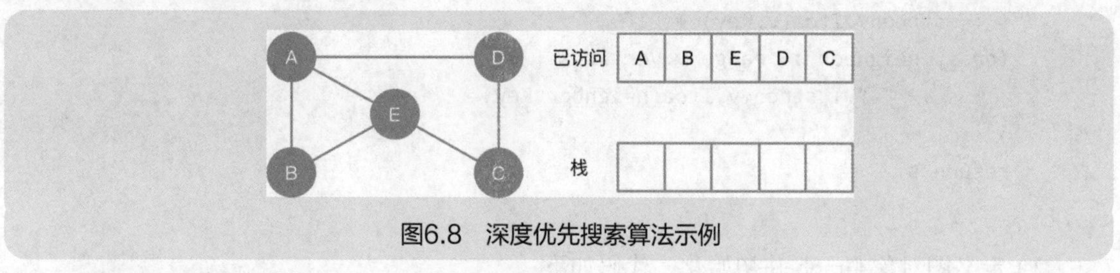

图6.8　深度优先搜索算法示例

深度优先搜索算法的一些常见应用场景如下。

- 寻路：深度优先搜索算法可用于在树或图中寻找从起始节点到结束节点的路径。这通常用于路由算法，其中图形表示道路网络，该算法用于查找两个位置之间的最短路径。
- 拓扑排序：在有向无环图中，可以使用深度优先搜索算法对节点进行拓扑排序，用于表示任务或事件之间的依赖关系。
- 迷宫求解：深度优先搜索算法可用于通过探索所有可能的路径直到找到解决方案来求解迷宫。
- 树遍历：深度优先搜索算法可以用于遍历一棵树的数据结构，对每个节点进行操作，如统计节点的个数、计算树的高度，或者寻找树中的最大值或最小值。

6.3.2 Go 语言实现

（1）定义顶点对象 Vertex，并编写顶点对象的初始化函数及其方法，代码如下：

```
type Vertex struct {
    // key 是顶点的唯一标识
    Key int
    // Vertices 将描述连接到这个顶点
    // 键是连接顶点的键值
    // 值是指向它的指针
    Vertices map[int]*Vertex
}
// 初始化顶点
func NewVertex(key int) *Vertex {
    return &Vertex{
        Key:      key,
        Vertices: map[int]*Vertex{},
    }
}
func (v *Vertex) String() string {
    s := strconv.Itoa(v.Key) + ":"
    for _, neighbor := range v.Vertices {
        s += " " + strconv.Itoa(neighbor.Key)
    }
    return s
}
```

（2）定义图对象 Graph 并初始化，代码如下：

```
type Graph struct {
    // Vertices 描述图中包含的所有顶点
    // 键是连接顶点的键值
    // 值是指向它的指针
    Vertices map[int]*Vertex
    // 这将决定它是有向图还是无向图
    directed bool
}
//初始化有向图
func NewDirectedGraph() *Graph {
    return &Graph{
```

```
        Vertices: map[int]*Vertex{},
        directed: true,
    }
}
//初始化无向图
func NewUndirectedGraph() *Graph {
    return &Graph{
        Vertices: map[int]*Vertex{},
    }
}
```

（3）定义图对象 Graph 的添加顶点的方法 AddVertex()，代码如下：

```
// 添加顶点
func (g *Graph) AddVertex(key int) {
    v := NewVertex(key)
    g.Vertices[key] = v
}
```

（4）定义图对象 Graph 的添加边的方法 AddEdge()，代码如下：

```
//添加边
func (g *Graph) AddEdge(k1, k2 int) {
    v1 := g.Vertices[k1]
    v2 := g.Vertices[k2]
    // 如果其中一个顶点不存在，则返回错误
    if v1 == nil || v2 == nil {
        return
    }
    // 如果顶点已经连接，则什么也不做
    if _, ok := v1.Vertices[v2.Key]; ok {
        return
    }
    v1.Vertices[v2.Key] = v2
    if !g.directed && v1.Key != v2.Key {
        v2.Vertices[v1.Key] = v1
    }

    // 将顶点添加到图的顶点图中
    g.Vertices[v1.Key] = v1
    g.Vertices[v2.Key] = v2
}
```

（5）定义图对象 Graph 的 String() 方法，返回顶点的值，代码如下：

```
func (g *Graph) String() string {
    s := ""
    i := 0
    for _, v := range g.Vertices {
        if i != 0 {
            s += "\n"
        }
        fmt.Println(v.Key)
        s += v.String()
        i++
    }
    return s
}
```

（6）编写深度优先搜索函数 DFS()，代码如下：

```
func DFS(g *Graph, startVertex *Vertex) {
    // 维护一个已访问节点的映射以防止访问相同的顶点
    visited := map[int]bool{}
    if startVertex == nil {
        return
    }
    visited[startVertex.Key] = true
    // 对于每个相邻的顶点，递归调用该函数
    for _, v := range startVertex.Vertices {
        if visited[v.Key] {
            continue
        }
        DFS(g, v)
    }
}
```

（7）创建 main() 函数，代码如下：

```
func main() {
    graph := NewDirectedGraph()
    graph.AddEdge(0, 1)
    graph.AddEdge(0, 2)
    graph.AddEdge(1, 2)
```

```
    graph.AddEdge(2, 3)
    vertex := NewVertex(2)
    graph.Vertices = map[int]*Vertex{2: vertex}
    DFS(graph, vertex)
    graph.String()
}
//$ go run dfs.go
//2
```

6.3.3 面试题实战

【题目 6-3】**返回一棵二叉树最深子树的值之和**

使用 Go 语言编写一个算法，要求：给定一棵二叉树，返回其最深子树的值之和。

【解答】

① 思路。

看到题目中的最深子树的值之和，就应想到深度优先搜索算法思想。

② Go 语言实现。

```
package main
import "fmt"
type TreeNode struct {
    Data  int
    Left  *TreeNode
    Right *TreeNode
}
func deepestChildTreeSum(root *TreeNode) int {
    maxLevel, sum := 0, 0
    dfsDeepestChildTreeSum(root, 0, &maxLevel, &sum)
    return sum
}
func dfsDeepestChildTreeSum(root *TreeNode, level int, maxLevel, sum *int) {
    if root == nil {
        return
    }
    if level > *maxLevel {
        *maxLevel, *sum = level, root.Data
    } else if level == *maxLevel {
        *sum += root.Data
```

```
    }
    dfsDeepestChildTreeSum(root.Left, level+1, maxLevel, sum)
    dfsDeepestChildTreeSum(root.Right, level+1, maxLevel, sum)
}
func main() {
    tn := &TreeNode{1, nil, &TreeNode{2, &TreeNode{4, nil, nil}, &TreeNode{3,
                nil, nil}}}
    res := deepestChildTreeSum(tn)
    fmt.Println(res)
}
//$ go run interview6-3.go
//7
```

【题目 6-4】**访问所有房间**

有 n 个房间，标记为 $0 \sim n-1$，除 0 号房间外，所有房间都上锁，目标是访问所有房间。但是，不能在没有钥匙的情况下进入上锁的房间。当访问一个房间时，可能会在其中找到一组不同的钥匙。每把钥匙上都有一个数字，表示它可以打开的是哪个房间，可以随身携带所有钥匙来打开其他房间。

给定一个数组 array，其中 array[i] 是访问房间 i 时可以获得的一组键，如果可以访问所有房间，则返回 true，否则返回 false。示例如下。

输入：

```
array = [[1,3],[3,0,1],[2],[0]]
```

输出：

```
false
```

【解答】

① 思路。

根据题意，使用深度优先搜索算法思想访问所有房间，并标记所有已访问过的房间。如果访问的数组包含所有真值，则意味着访问了所有房间。

② Go 语言实现。

```
package main
import "fmt"
func visitAllRooms(array [][]int) bool {
    visited := make([]bool, len(array))
    dfs(0, array, visited)
    ret := true
```

```
    for _, v := range visited {
        ret = ret && v
    }
    return ret
}
func dfs(index int, array [][]int, visited []bool) {
    if visited[index] {
        return
    }
    visited[index] = true
    for _, v := range array[index] {
        dfs(v, array, visited)
    }
}
func main() {
    array := [][]int{{1, 3}, {3, 0, 1}, {2}, {0}}
    res := visitAllRooms(array)
    fmt.Println(res)
}
//$ go run interview6-4.go
//false
```

6.4 邻接表

6.4.1 邻接表简介

邻接表（adjacency list）是用于表示有限的图的无序列表的集合。邻接表中的每个无序列表都描述了图中特定顶点的邻居集。图的邻接表表示将图中的每个顶点与其相邻顶点或边的集合相关联。

邻接表的特点如下。

- 在邻接表中，使用数组来表示图。
- 列表大小等于顶点数（n）。
- 假设大小为 n 的列表为 Adjlist [n]。
- Adjlist[0] 表示将包含所有连接到顶点 0 的节点。
- Adjlist[1] 表示将包含所有连接到顶点 1 的节点，以此类推。

邻接表的结构示例如图 6.9 所示。

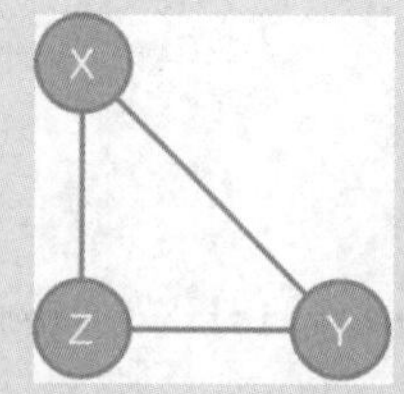

图6.9　邻接表的结构示例

如图 6.9 所示，无向循环图可以用邻接表 {{X, Y }, {Y, Z}, {Z, X }} 来描述。

邻接表的一些常见应用场景如下。

- 社交网络：在社交网络中，每个用户都可以表示为一个顶点，它们之间的连接可以表示为边。邻接表可用于存储有关用户的朋友或关注者的信息，并快速检索给定用户的朋友列表。
- 寻路算法：在寻路算法中，如 Dijkstra 算法或 A* 算法（一种图遍历和路径搜索算法），邻接表可用于有效地存储有关图的边和权重的信息，并快速检索给定节点的相邻节点列表。
- 空间网络：在道路网络或交通系统等空间网络中，邻接表可用于存储有关位置之间连接的信息，并快速检索给定位置的相邻位置列表。

6.4.2 Go 语言实现

（1）定义图对象并初始化，代码如下：

```
// 图
type Graph struct {
    vertices int
    adjacencyList [][]int
}
func newGraph(matrix [][]int) *Graph {
    var graph = &Graph{}
    graph.vertices = len(matrix)
    graph.adjacencyList = make([][]int, graph.vertices)
    for i := 0; i < graph.vertices; i++ {
        graph.adjacencyList = append(graph.adjacencyList, make([]int, 0))
    }
    graph.makeAdjacencyList(matrix)
    return graph
}
```

（2）定义图对象的创建邻接表方法 makeAdjacencyList()，代码如下：

```
// 转换为邻接表
func (graph *Graph) makeAdjacencyList(matrix [][] int) {
    for i := 0; i < graph.vertices; i++ {
        for j := 0; j < graph.vertices; j++ {
            if matrix[i][j] == 1 {
                graph.addEdge(i, j)
            }
        }
    }
}
```

（3）定义图对象的 addEdge() 方法，用于在起始点和结束点之间建立一条边，代码如下：

```
func (graph *Graph) addEdge(u, v int) {
    if u < 0 || u >= graph.vertices ||
        v < 0 || v >= graph.vertices {
        return
    }
    // 添加节点边
    graph.adjacencyList[u] = append(graph.adjacencyList[u], v)
}
```

（4）定义图对象的打印方法 printGraph()，用于打印图结构的值，代码如下：

```
// 显示图的节点和边
func (graph Graph) printGraph() {
    fmt.Print("\n Graph Adjacency List ")
    for i := 0; i < graph.vertices; i++ {
        fmt.Print(" \n [", i, "] :")
        // 迭代 i 节点的边
        for j := 0; j < len(graph.adjacencyList[i]); j++ {
            if j != 0 {
                fmt.Print(" → ")
            }
            fmt.Print(" ", graph.adjacencyList[i][j])
        }
    }
}
```

（5）编写 main() 函数，代码如下：

```
func main() {
    var matrix = [][] int{
        {0, 1, 1, 0, 1},
        {1, 0, 1, 0, 1},
        {1, 1, 0, 1, 0},
        {0, 1, 0, 0, 1},
        {1, 1, 0, 1, 0},
    }
    graph := newGraph(matrix)
    graph.printGraph()
}
//$ go run adjacencyList.go
//
// Graph Adjacency List
// [0] : 1 →  2 →  4
// [1] : 0 →  2 →  4
// [2] : 0 →  1 →  3
// [3] : 1 →  4
// [4] : 0 →  1 →  3
```

6.4.3 面试题实战

【题目 6–5】重新设计一些道路并排序

假设有从 0 ~ n 编号的城市，每个城市之间只有一种旅行方式。由于路太窄，政府决定将道路定向为一个方向。道路 connections[i] = [Ai, Bi] 表示从城市 A 到城市 B 的道路。请重新设计一些道路并排序，以便每个城市都可以访问城市 0，并返回更改的最小边数，保证每个城市重新排序后都能到达城市 0。城市编号的示例如图 6.10 所示。

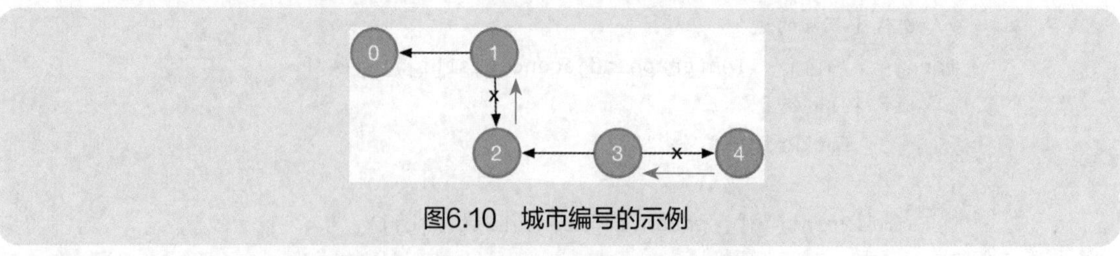

图6.10　城市编号的示例

输入：

```
n = 5, connections = [[1,0],[1,2],[3,2],[3,4]]
```

输出：

```
2
```

解释：改变以蓝色显示的边的方向，使每个节点都能到达节点 0。

【解答】

①思路。

根据题意，本题可以使用邻接表来表示图。为了解决这个问题，我们需要找到最少需要改变的边数，使得每个城市都可以访问城市 0。解决此问题的一种算法是深度优先搜索算法。我们可以用给定的道路连接创建一个有向图，其中每个城市都是一个节点，每条道路都是有向边。然后，从节点 0 开始运行深度优先搜索算法，以找到从节点 0 到所有其他节点的最短路径。

② Go 语言实现。

```
package main
import "fmt"
func minEdges(n int, connections [][]int) int {
    adList := make(map[int][]int)
    for _, con := range connections {
        adList[con[0]] = append(adList[con[0]], con[1])
        adList[con[1]] = append(adList[con[1]], -con[0])
    }
    count := 0
    visited := make([]bool, n)
    var dfs func(start int)
    dfs = func(start int) {
        visited[start] = true
        for _, nb := range adList[start] {
            if nb < 0 {
                nb = abs(nb)
                if !visited[nb] {
                    dfs(nb)
                }
            } else {
                if !visited[nb] {
                    count++
                    dfs(nb)
                }
            }
```

```
        }
    }
    dfs(0)
    return count
}
func abs(a int) int {
    if a < 0 {
        return -a
    }
    return a
}
func main() {
    n := 5
    connections := [][]int{{1, 0}, {1, 2}, {3, 2}, {3, 4}}
    res := minEdges(n, connections)
    fmt.Println(res)
}
//$ go run interview6-5.go
//2
```

6.5 广度优先搜索算法

6.5.1 广度优先搜索算法简介

1. 什么是广度优先搜索算法

广度优先搜索（breadth first search，BFS）是广为人知的遍历图的算法之一。从一个节点开始，它首先遍历其所有直接连接的节点，然后处理连接到这些节点的节点，以此类推。并不考虑结果的可能地址，彻底地搜索整张图，直到找到结果为止。从算法的观点，所有因为展开节点而得到的子节点都会被加进一个先进先出的队列中。

广度优先搜索算法常用于许多与图相关的应用，如寻找两个节点之间的最短路径、确定图是否连通以及解决诸如 8 拼图游戏之类的难题。广度优先搜索算法保证它会找到未加权图中两个节点之间的最短路径。

使用广度优先搜索算法的重要规则如下。

- 广度优先搜索算法使用队列数据结构。

- 开发者将图中的任何节点标记为根节点并开始遍历其中的数据。
- 广度优先搜索算法遍历图中的所有节点，并在完成后继续删除它们。
- 广度优先搜索算法访问相邻的未访问节点，将其标记为已完成，并将其插入队列。
- 如果没有找到相邻的节点，则从队列中删除前一个节点。
- 广度优先搜索算法迭代直到图中的所有节点都被成功遍历并标记为完成。
- 在从任意节点遍历数据的过程中，不存在由广度优先搜索算法引起的循环。

广度优先搜索算法的伪代码如下：

```
BFS(G, start_v)
      let Q be a queue
      label start_v as discovered
      Q.enqueue(start_v)
      while Q is not empty do
          v := Q.dequeue()
          if v is the goal then
              return v
          for all edges from v to w in G.adjacentEdges(v) do
              if w is not labeled as discovered then
                  label w as discovered
                  w.parent := v
                  Q.enqueue(w)
```

广度优先搜索算法的一些常见应用场景如下。

- 最短寻路：广度优先搜索算法可用于在未加权图中找到两个节点之间的最短路径，其中边权重都相同。通常用于导航系统的寻路算法，其中图形表示道路或交通系统网络。
- Web 抓取：广度优先搜索算法可用于通过从给定网页开始探索所有可访问的网页来抓取 Web。这对于需要索引互联网上所有网页的搜索引擎很有用。
- 社交网络分析：广度优先搜索算法可用于分析社交网络，其中图形表示朋友或关注者网络。广度优先搜索算法可用于查找两个用户之间的最短路径或确定用户社交网络的大小。

2. 广度优先搜索算法与深度优先搜索算法的区别

广度优先搜索算法可以使用队列数据结构实现，它遵循先进先出（FIFO）的规则，即先插入的节点将首先被访问，以此类推。深度优先搜索算法可以使用堆栈数据结构实现，它遵循后进先出（LIFO）的规则，即最后插入的节点将首先被访问。

广度优先搜索算法和深度优先搜索算法的顺序示例如图 6.11 所示。

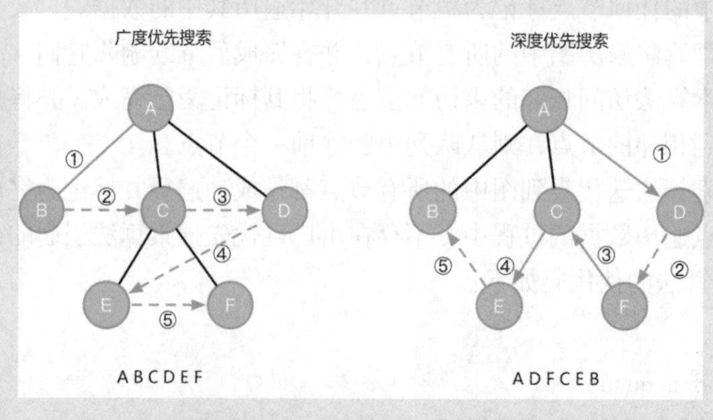

图6.11　广度优先搜索算法和深度优先搜索算法的顺序示例

6.5.2 Go 语言实现

（1）定义节点 Node，代码如下：

```
type Node struct {
    Data  int
    Left  *Node
    Right *Node
}
```

（2）编写广度优先搜索函数 BFS()，代码如下：

```
func BFS(root *Node) *Node {
    if root == nil {
        return root
    }
    hashMap := make(map[int][]*Node)
    hashMap[0] = []*Node{root}
    visited := []*Node{}
    i := 0
    for { // 逐行遍历
        nodeArr, ok := hashMap[i]
        if !ok {
            break
        }
        for _, node := range nodeArr { //遍历第 i 行的每个节点
            visited = append(visited, node)
```

```
            if node.Left != nil {
                _, ok := hashMap[i+1] // 检查 hashMap 的键是否存在
                if !ok {              // 如果 hashMap 的键不存在，则添加空数组作为值
                    hashMap[i+1] = []*Node{}
                }
                hashMap[i+1] = append(hashMap[i+1], node.Left)
                hashMap[i+1] = append(hashMap[i+1], node.Right)
            }
        }
        i += 1
    }
    return root
}
```

（3）编写 main() 函数，代码如下：

```
func main() {
    root := &Node{9, nil, nil}
    node2 := &Node{2, nil, nil}
    node3 := &Node{3, nil, nil}
    node4 := &Node{4, nil, nil}
    node5 := &Node{5, nil, nil}
    node6 := &Node{6, nil, nil}
    root.Left = node2
    root.Right = node3
    node2.Left = node4
    node2.Right = node5
    node3.Right = node6
    BFS(root)
}
```

从上面的实现中可以看出，广度优先搜索算法的空间复杂度也是 $O(n)$，其中 hashMap 的总大小和访问的数组与树中的节点数共享线性关系。一旦完成访问行中的节点，开发者还可以通过删除键值对进一步优化空间量。

6.5.3 面试题实战

【题目 6-6】**返回二进制矩阵中最短路径的长度**

请用 Go 语言编写一个算法：给定一个 $n \times n$ 的二进制矩阵网格，返回矩阵中最短路径的长度；如果没有明确的路径，则返回 -1。二进制矩阵中的清晰路径是从左上角单元格（即 {0,

0}）到右下角单元格（即 $\{n-1, n-1\}$）的路径，使得：

- 路径的所有已访问单元格均为 0。
- 路径的所有相邻单元格都是 8 向连接的（相邻单元格不同并且共享一条边或一个角）。

畅通路径的长度是该路径访问过的单元格的数量。二进制矩阵网格的示例如图 6.12 所示。

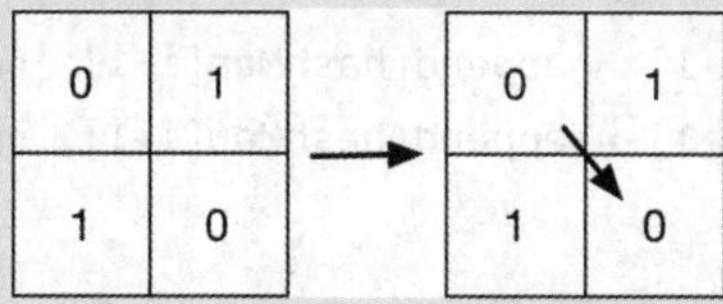

图6.12　二进制矩阵网格的示例

输入：

```
grid = [[0,1],[1,0]]
```

输出：

```
2
```

【解答】

① 思路。

题目是求从起点 {0,0} 到终点 {n–1, n–1} 的最短路径，路径的长度就是广度优先搜索的个数。广度优先搜索从 {0,0} 开始，如果连接点有效且尚未访问，则处理所有 8 个方向。

② Go 语言实现。

```
package main
import "fmt"
type Node struct {
    x   int
    y   int
    dis int
}
func shortestPath(grid [][]int) int {
    n := len(grid)
    // 处理特殊情况
    if grid[0][0] == 1 || grid[n-1][n-1] == 1 {
        return -1
    }
    if n == 1 && grid[0][0] == 0 {
        return 1
```

```
    }
    //定义8个连接方向
    directions := [8][2]int{{1, 0}, {1, 1}, {0, 1}, {-1, 1}, {-1, 0}, {-1, -1},
        {0, -1}, {1, -1}}
    //BFS队列定义
    queue := make([]Node, 0)
    //追加起始节点
    node := Node{0, 0, 1}
    queue = append(queue, node)
    grid[0][0] = 1
    //BFS过程
    for len(queue) > 0 {
        l := len(queue)
        for i := 0; i < l; i++ {
            cur := queue[0]
            queue = queue[1:]
            //迭代8个方向
            for j := 0; j < len(directions); j++ {
                node := Node{}
                node.x = cur.x + directions[j][0]
                node.y = cur.y + directions[j][1]
                node.dis = cur.dis + 1
                //返回到达目的地后的距离
                if node.x == n-1 && node.y == n-1 {
                    return node.dis
                }
                //将有效的连接节点追加到队列中
                if node.x >= 0 && node.x < n && node.y >= 0 && node.y < n &&
                    grid[node.x][node.y] == 0 {
                        queue = append(queue, node)
                        grid[node.x][node.y] = 1 //使用网格值表示访问过的节点
                }
            }
        }
    }
    return -1
}
func main() {
    grid := [][]int{{0, 1}, {1, 0}}
```

```
    res := shortestPath(grid)
    fmt.Println(res)
}
//$ go run interview6-6.go
//2
```

【题目 6-7】使用广度优先搜索算法计算二叉树的最深子树的总和

示例二叉树如图 6.13 所示。

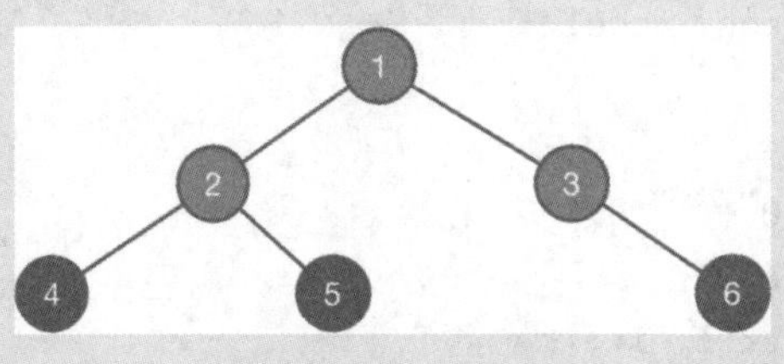

图6.13 示例二叉树

示例如下。

输入：

```
root = [1,2,3,4,5,null,6]
```

输出：

```
15
```

【解答】

① 思路。

按照广度优先搜索算法的思想，要查询，只需使用 append() 函数。对于双端队列，可以使用数组切片，如 array[1:]；要查看队列的前端，可以只获取第 1 个元素的值，如 array[0]。

② Go 语言实现。

```
package main
import "fmt"
type TreeNode struct {
    Data  int
    Left  *TreeNode
    Right *TreeNode
}
func deepestLeavesSum(root *TreeNode) int {
    if root == nil {
        return 0
```

```
    }
    var queue = make([]*TreeNode, 0)
    queue = append(queue, root)
    var curSum int
    for len(queue) > 0 {
        var sz = len(queue)
        curSum = 0
        for i := 0; i < sz; i++ {
            curSum += queue[i].Data
            if queue[i].Left != nil {
                queue = append(queue, queue[i].Left)
            }
            if queue[i].Right != nil {
                queue = append(queue, queue[i].Right)
            }
        }
        queue = queue[sz:]
    }
    return curSum
}
func main() {
    root := &TreeNode{1, nil, nil}
    node2 := &TreeNode{2, nil, nil}
    node3 := &TreeNode{3, nil, nil}
    node4 := &TreeNode{4, nil, nil}
    node5 := &TreeNode{5, nil, nil}
    node6 := &TreeNode{6, nil, nil}
    root.Left = node2
    root.Right = node3
    node2.Left = node4
    node2.Right = node5
    node3.Right = node6
    res := deepestLeavesSum(root)
    fmt.Println(res)
}
//$ go run interview6-7.go
//15
```

6.6 本章小结

本章主要对图的常见算法进行介绍，主要知识结构如图 6.14 所示。

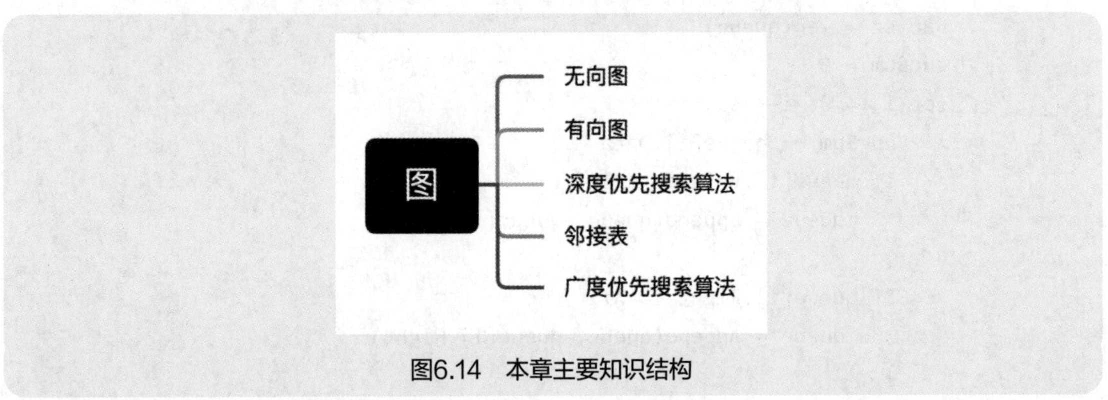

图6.14　本章主要知识结构

本章讲解使用 Go 语言实现图的常见算法，最后结合面试题，帮助读者更好地理解图的知识和技巧。

本章对常见的图结构及其算法（无向图、有向图、深度优先搜索算法、邻接表、广度优先搜索算法）进行了详细的分析和讲解。图在计算机中的主要功能是表示和建模对象或实体之间的关系。

在 6.1.2 和 6.2.2 小节，使用 Go 语言通过定义 undirectedGraph 结构体、Node 节点、AddNode() 函数、main() 函数等来实现无向图和有向图。题目 6–1 和题目 6–2 是常见的算法面试题，读者需要重点掌握无向图和有向图的实现方式，这是图数据结构的算法基础。

深度优先搜索算法可用于解决与图相关的许多问题，如寻找连通分量、检测环、拓扑排序和寻找路径等。在 6.3.2 小节，介绍定义顶点对象 Vertex、图对象 Graph 及其方法，使用 Go 语言编写深度优先搜索函数 DFS()。题目 6–3 和题目 6–4 是常见的深度优先搜索算法面试题，读者应尽量理解。

邻接表的一些常见应用场景包括社交网络、网络图、寻路算法等。在 6.4.2 小节中，读者应重点掌握图对象的创建邻接表方法 makeAdjacencyList()，力争熟练。题目 6–5 是常见的面试题，读者应熟练掌握。

广度优先搜索算法常用于许多与图相关的场景，如寻找两个节点之间的最短路径、确定图是否连通以及解决诸如 8 拼图游戏之类的难题。在 6.5.2 小节，首先定义节点 Node，然后编写广度优先搜索函数 BFS()，并把根节点作为 BFS() 函数的参数。题目 6–6 和题目 6–7 是常见的广度优先搜索算法面试题，读者应尽量理解。

第 3 篇　高级篇

GoBot：
嘿，我们进入第3篇了。首先要理解第7章 排序算法，就像是学会如何有条理地整理一个书架，以便更容易查找和处理。

Gopher：
明白了！接着是第8章 搜索算法，有点像是学习如何在一本书中快速找到关键字，以及如何在海量数据中迅速定位目标，对吗？

GoBot：
对的，搜索算法能帮助我们有效地找到需要的信息。然后是第9章 贪心算法，就像是在制订计划时每次都选择最优的一步，希望最终会得到全局最优解。

Gopher：
明白了！贪心算法好像是在做一场策略游戏。接下来是第10章 分治算法，有点像是把一个大问题分解成小问题，逐个解决，最后合并成整体解决方案，是吗？

GoBot：
是的，分治算法确实是在解决大问题时的一种高效手段。然后是第11章 回溯算法，就像是在解决一个迷宫问题，不断尝试不同的路径，直到找到解决方案。

Gopher：
嗯，回溯算法，听起来有点像在探险。接下来是第12章 动态规划算法，就像是在解决一个棋盘游戏，通过记忆先前的步骤，找到最优解，是吗？

GoBot：
是的，动态规划是一种通过记忆和推导来解决问题的方法。最后是第13章 其他常见算法，包含了递归算法、网页排名算法、数学类算法和机器学习算法，拓展了解决问题的多种思路。

第 7 章　排序算法

GoBot：
喂，开始学习第7章了。首先是7.1 选择排序算法，就像挑选最小的书本放在最前面，一本一本地进行整理。

Gopher：
目录上然后是7.2 插入排序算法，像是把新书本插入已经有序的书架上，是吗？

GoBot：
是的。接下来是7.3 希尔排序算法，把书架分成小区块，每个区块内部整理有序。

Gopher：
有点像分治法，对吧？接下来7.4 冒泡排序算法，大的书本像泡泡一样浮到最上面；7.5 归并排序算法，将书本分成两半，分别整理好，再合并在一起，对吗？

GoBot：
对的。下一个是7.6 快速排序算法，就像选一本书作为基准进行整理，比基准小的放左边，比基准大的放右边。

Gopher：
好的。接下来是7.7 计数排序算法，就像统计每本书的数量，然后按数量放回书架，是吗？

GoBot：
是的，有点像清点库存。下一个是7.8 桶排序算法，就像把书分到不同的桶里，每个桶再独立整理。

Gopher：
好的。然后是7.9 基数排序算法，就像按照每本书的位数从低到高整理，是吗？

GoBot：
是，好比喻！最后是7.10 堆排序算法，像是在整理一副扑克牌，确保每张牌的顺序都符合规则。

7.1 选择排序算法

7.1.1 选择排序算法简介

选择排序（selection sort）是一种排序算法，它在每次迭代中从未排序列表中选择最小的元素，并将该元素放在未排序列表的开头。

选择排序算法的执行步骤如下。

（1）找到数组中的最小元素，然后将其与如数组索引 0 处的数据进行交换。

（2）在数组中搜索索引 1 处和最后一个元素的索引之间存在的最小元素，找到该元素后，将其与索引 1 处的数据进行交换。

（3）增加最小元素以指向下一个元素，重复以上操作，直到整个数组完成排序。

如图 7.1 所示，假设数组 []int{4,3,2,1} 需要按升序排列。数组中的最小元素 1 与索引 0 处的元素 4 交换；随后搜索剩余未排序数组中的最小元素（即 2）并将其放在第 2 个位置，以此类推。

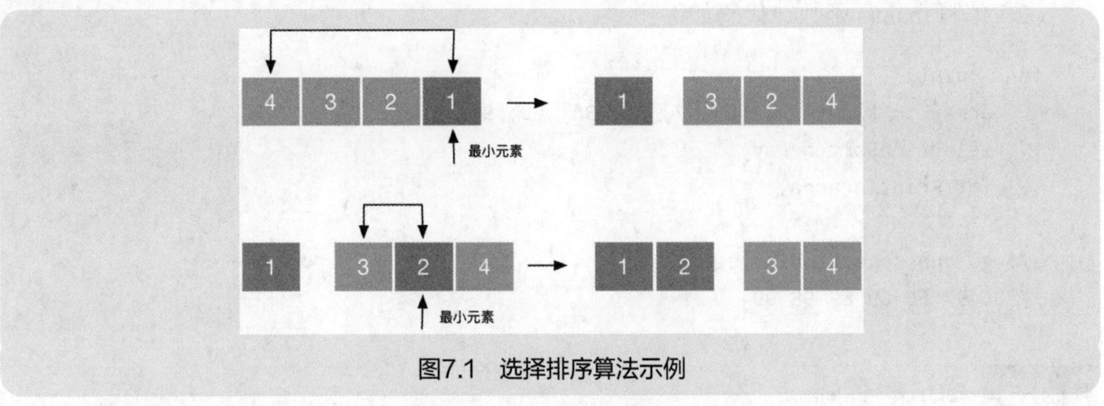

图7.1 选择排序算法示例

选择排序算法的时间复杂度为 $O(n^2)$，空间复杂度为 $O(1)$。

选择排序算法的一些常见应用场景如下。

- 小型数据集：选择排序算法对于小型数据集很有效，因为其他算法的开销对性能的影响相对显著。在数据集相对较小的情况下，选择排序算法可能是一个不错的选择，因为它需要的内存分配较少。
- 嵌入式系统：选择排序算法可用于内存有限且处理能力不是很高的嵌入式系统。选择排序算法通常是小型数据集的首选，因为它需要的内存分配较少且处理能力较低。
- 测试其他排序算法：选择排序算法可以作为基准来比较其他排序算法的性能。它是一种易于实现的算法，可以提供对其他排序算法性能的粗略估计。

7.1.2 Go 语言实现

（1）编写选择排序函数 selectionSort()，代码如下：

```
//选择排序
func selectionSort(array []int) {
    var length = len(array)
    for i := 0; i < length; i++ {
        var minIdx = i
        for j := i; j < length; j++ {
            if array[j] < array[minIdx] {
                minIdx = j
            }
        }
        array[i], array[minIdx] = array[minIdx], array[i]
    }
}
```

（2）编写 main() 函数，代码如下：

```
func main() {
    array := []int{99, 66, 57, 89, 36, 69, 98}
    selectionSort(array)
    fmt.Println(array)
}
//$ go run selectionSort.go
//[36 57 66 69 89 98 99]
```

7.1.3 面试题实战

【题目 7-1】**确定一个整数数组中最大的元素是否至少是该数组中所有其他元素的两倍**

给定一个整数数组 array，其中最大的整数是唯一的。试确定数组中最大的元素是否至少是该数组中所有其他元素的两倍，如果是，则返回最大元素的索引；否则返回 -1。示例如下。

输入：

```
array = [2, 10, 5, 1]
```

输出：

```
1
```

【解答】

① 思路。

根据题意，本题可使用选择排序算法实现。

② Go 语言实现。

```
package main
import "fmt"
func dominantIndex(array []int) int {
    highest, secHighest := 0, 0
    key := 0
    for k, v := range array {
        if v > highest {
            secHighest = highest
            highest = v
            key = k
        } else if v > secHighest {
            secHighest = v
        }
    }
    if 2*secHighest <= highest {
        return key
    } else {
        return -1
    }
}
func main() {
    points := []int{2, 10, 5, 1}
    res := dominantIndex(points)
    fmt.Println(res)
}
//$ go run interview7-1.go
//1
```

【题目 7-2】**使用选择排序算法对数组进行排序**

请使用选择排序算法按降序对整数数组进行排序。

【解答】

① 思路。

题目明确要求使用选择排序算法，注意是降序。

② Go 语言实现。

```
package main
import "fmt"
//选择排序
func selectionSortDesc(array []int) {
    var length = len(array)
    var min = 0
    for i := 0; i < length; i++ {
        min = i
        for j := i + 1; j < length; j++ {
            if array[j] > array[min] {
                min = j
            }
        }
        array[i], array[min] = array[min], array[i]
    }
}
func main() {
    array := []int{99, 66, 57, 89, 36, 69, 98}
    selectionSortDesc(array)
    fmt.Println(array)
}
//$ go run interview7-2.go
//[99 98 89 69 66 57 36]
```

7.2 插入排序算法

7.2.1 插入排序算法简介

插入排序（insertion sort）是一种排序算法，它在每次迭代中将未排序的元素放置在合适的位置。插入排序算法的工作原理类似于纸牌游戏中对手中的纸牌进行排序。

插入排序算法通过在每次迭代时增加排序数组来迭代输入元素。它将当前元素与排序数组中的最大值进行比较，如果当前元素更大，则将该元素留在原处并移动到下一个元素；否则会在排序数组中找到正确的位置并将该元素移动到该位置。这是通过将排序数组中大于当前元素的所有元素移动到前一个位置来完成的。插入排序算法的示例如图 7.2 所示。

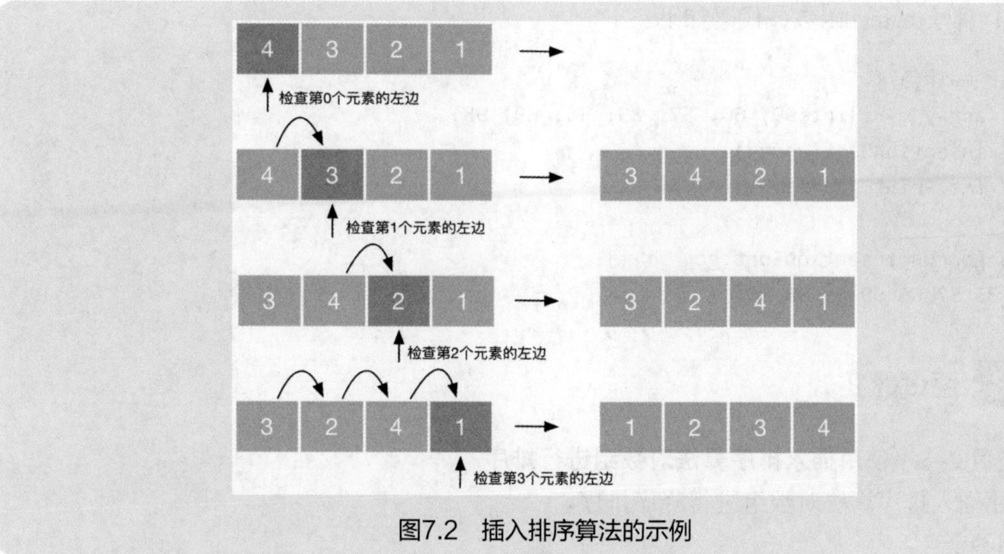

图7.2　插入排序算法的示例

插入排序算法的时间复杂度为 $O(n^2)$，空间复杂度为 $O(1)$。

插入排序算法的常见应用场景如下。

- 小型数据集：插入排序算法对于小型数据集最有效，因为其他算法的开销对性能的影响相对显著。在数据集相对较小的情况下，插入排序算法可能是一个不错的选择，因为它需要的内存分配最少。
- 接近排序的数据：插入排序算法非常适合接近排序的数据集，其中大多数元素已经处于正确的位置。在这种情况下，插入排序算法可以胜过其他排序算法。
- 自适应排序：插入排序算法是一种自适应排序算法，这意味着它在部分排序的数据集上表现得更好。它可以检测数据的排序部分并相应地优化其性能。

7.2.2 Go 语言实现

（1）编写插入排序函数 insertionSort()，代码如下：

```
func insertionSort(array []int) {
    length := len(array)
    for i := 1; i < length; i++ {
        for j := 0; j < i; j++ {
            if array[j] > array[i] {
                array[j], array[i] = array[i], array[j]
            }
        }
    }
}
```

（2）编写 main() 函数，代码如下：

```
func main() {
    array := []int{99, 66, 57, 89, 36, 69, 98}
    insertionSort(array)
    fmt.Println(array)
}
//$ go run insertionSort.go
//[36 57 66 69 89 98 99]
```

7.2.3 面试题实战

【题目 7–3】**使用插入排序算法对数组进行排序**

使用插入排序算法对数组进行降序排序。

【解答】

① 思路。

使用插入排序算法对数组进行降序排序，然后在控制台屏幕上打印排序后的数组。

② Go 语言实现。

```
package main
import "fmt"
func insertionSortDesc(array []int) {
    length := len(array)
    for i := 1; i < length; i++ {
        for j := 0; j < i; j++ {
            if array[j] < array[i] {
                array[j], array[i] = array[i], array[j]
            }
        }
    }
}
func main() {
    array := []int{99, 66, 57, 89, 36, 69, 98}
    insertionSortDesc(array)
    fmt.Println(array)
}
//$ go run interview7-3.go
//[99 98 89 69 66 57 36]
```

7.3 希尔排序算法

7.3.1 希尔排序算法简介

希尔排序（Shell sort）算法是插入排序算法的一种变体。它首先对彼此相距较远的元素进行排序，然后依次减小待排序元素之间的间隔。

在插入排序算法中，一次只能将元素向前移动一个位置。要将元素移动到较远的位置，需要进行多次移动，这将会增加算法的执行时间。但是希尔排序算法克服了插入排序算法的这个缺点，它允许对元素进行远距离的移动和交换。

希尔排序算法的伪代码如下：

```
ShellSort(array, n) // array 是给定的数组，n 是数组的大小
    for (interval = n/2; interval > 0; interval /= 2)
        for ( i = interval; i < n; i += 1)
            temp = array[i];
                for (j = i; j >= interval && array[j - interval] > temp;
                     j -= interval)
                        array[j] = array[j - interval];
                        array[j] = temp;
            end for
        end for
    end for
End ShellSort
```

希尔排序算法的时间复杂度为 $O(n^2)$，空间复杂度为 $O(1)$。

希尔排序算法的常见应用场景如下。

- 中型数据集：希尔排序算法对于中型数据集最有效，因为其他算法的开销对性能的影响相对显著。在数据集太小而其他算法无法发挥其优势的情况下，希尔排序算法是一个不错的选择，因为它需要的内存分配比其他算法少。
- 自适应排序：希尔排序算法是一种自适应排序算法，这意味着它在部分排序的数据集上表现得更好。它可以检测数据的排序部分并相应地优化其性能。

7.3.2 Go 语言实现

（1）定义希尔排序函数 shellSort()，代码如下：

```
func shellSort(array []int) {
    for gap := len(array) / 2; gap > 0; gap /= 2 {
        // for 循环
        for i := gap; i < len(array); i++ {
            for j := i; j >= gap && array[j-gap] > array[j]; j -= gap {
                array[j], array[j-gap] = array[j-gap], array[j]
            }
        }
    }
}
```

（2）编写 main() 函数，代码如下：

```
func main() {
    array := []int{33, 23, 56, 7, 8, 18, 99, 28}
    shellSort(array)
    fmt.Println(array)
}
//$ go run shellSort.go
//[7 8 18 23 28 33 56 99]
```

7.3.3 面试题实战

【题目 7-4】**删除数组重复项，使每个元素只出现一次并返回新的长度**

给定一个排序数组 array，就地删除重复项，使每个元素只出现一次并返回新的长度。不要为另一个数组分配额外的空间，开发者必须通过使用空间复杂度为 $O(1)$ 的额外内存就地修改输入数组来做到这一点。示例如下。

输入：

```
array = [5,5,6]
```

输出：

```
2
```

【解答】

① 思路。

本题可以通过希尔排序算法实现。注意本题中数组的删除并不是真的删除，只是将删除的元素移动到数组后面的空间，然后返回数组实际剩余元素的个数，最终进行判断时会读取数组剩余元素的个数进行输出。

② Go 语言实现。

```
package main
import "fmt"
// 删除重复元素
func removeDuplicates(array []int) int {
    if len(array) == 0 {
        return 0
    }
    last, finder := 0, 0
    for last < len(array)-1 {
        for array[finder] == array[last] {
            finder++
            if finder == len(array) {
                return last + 1
            }
        }
        array[last+1] = array[finder]
        last++
    }
    return last + 1
}
func main() {
    array := []int{5, 5, 6}
    res := removeDuplicates(array)
    fmt.Println(res)
}
//$ go run interview7-4.go
//2
```

【题目 7-5】**使相同颜色的对象相邻**

给定一个包含 *n* 个红色、白色或蓝色对象的数组 array，将它们就地进行排序，使相同颜色的对象相邻，颜色顺序为红色、白色和蓝色。使用整数 1、2 和 3 分别表示红色、白色和蓝色。请在不使用库的排序功能的情况下解决此问题。示例如下。

输入：

```
array = [3,1,3,2,2,1]
```

输出：

```
[1,1,2,2,3,3]
```

【解答】

① 思路。

本题可通过希尔排序算法的思路实现。

② Go 语言实现。

```
package main
import (
    "fmt"
)
func sortColors(array []int) []int {
    for gap := len(array) / 2; gap > 0; gap = gap / 2 {
        for j := gap; j < len(array); j++ {
            for i := j - gap; i >= 0; i = i - gap {
                if array[i+gap] > array[i] {
                    break
                } else {
                    array[i+gap], array[i] = array[i], array[i+gap]
                }
            }
        }
    }
    return array
}
func main() {
    array := []int{3, 1, 3, 2, 2, 1}
    res := sortColors(array)
    fmt.Println(res)
}
//$ go run interview7-5.go
//[1 1 2 2 3 3]
```

7.4 冒泡排序算法

7.4.1 冒泡排序算法简介

冒泡排序（bubble sort）是一种排序算法，它通过比较两个相邻的元素并将它们交换，直到处于预期的顺序。就像水中上升到水面的气泡的运动一样，其中的每个元素在每次迭代中都会移动到最后。因此，它被称为冒泡排序。

例如，假设 array 是一个包含 n 个元素的数组。算法中假定的交换函数将交换给定数组算法元素的值。冒泡排序算法的伪代码如下：

```
Begin BubbleSort(array)
    for all array elements
       if array[i] > arr[i+1]
          swap(array[i], array[i+1])
       end if
    end for
    return array
End BubbleSort
```

冒泡排序算法的时间复杂度为 $O(n^2)$，空间复杂度为 $O(1)$。

冒泡排序算法的常见应用场景如下。

- 小数据集：冒泡排序算法对于小数据集特别有效，在这些小数据集上，其他算法的开销对性能的影响相对显著。在数据集相对较小的情况下，冒泡排序是一个不错的选择，因为它需要的内存分配最少。
- 近乎排序的数据：冒泡排序算法非常适合近乎排序的数据集，其中大多数元素已经处于正确的位置。在这种情况下，冒泡排序算法可以胜过其他排序算法。
- 教育目的：由于冒泡排序算法简单易懂，因此经常用于计算机科学课程，向学生传授排序算法，帮助学生理解排序算法的基本原理。

7.4.2 Go 语言实现

（1）编写冒泡排序函数 bubbleSort()，代码如下：

```go
func bubbleSort(array []int) {
    length := len(array)
    for i := 0; i < length-1; i++ {
        for j := 0; j < length-i-1; j++ {
            if array[j] > array[j+1] {
                array[j], array[j+1] = array[j+1], array[j]
            }
        }
    }
}
```

（2）编写 main() 函数，代码如下：

```
func main() {
    array := []int{33, 23, 56, 7, 8, 18, 99, 28}
    bubbleSort(array)
    fmt.Println(array)
}
//$ go run bubbleSort.go
//[7 8 18 23 28 33 56 99]
```

7.4.3 面试题实战

【题目 7-6】**检查给定的数组是否已排序**

请使用冒泡排序算法编写一个 Go 语言程序来检查给定的数组是否已排序。

【解答】

① 思路。

根据题意，使用冒泡排序算法实现即可。

② Go 语言实现。

```
package main
import "fmt"
func checkSortedArray(array []int) (sortedArray bool) {
    sortedArray = true
    for i := 0; i <= len(array)-1; i++ {
        for j := 0; j < len(array)-1-i; j++ {
            if array[j] > array[j+1] {
                sortedArray = false
                break
            }
        }
    }
    return
}
func main() {
    array := []int{99, 66, 57, 89, 36, 69, 98}
    res := checkSortedArray(array)
    fmt.Println(res)
}
//$ go run interview7-6.go
//false
```

7.5 归并排序算法

7.5.1 归并排序算法简介

归并排序（merge sort）是基于分治算法的最流行的排序算法之一。一个问题被分成多个子问题，每个子问题都是单独解决的。最后，将子问题组合起来形成最终解决方案。归并排序算法的伪代码如下：

```
Begin MergeSort(array, begin, end)
    if begin< end
        set mid = (begin+ end)/2
        MergeSort(array, begin, mid)
        MergeSort(array, mid + 1, end)
        Merge (array, begin, mid, end)
    end if
End MergeSort
```

归并排序算法的时间复杂度为 $O(n \log n)$，空间复杂度为 $O(n)$。

归并排序算法的常见应用场景如下。

- 大型数据集：归并排序对于大型数据集很有效，因为其他排序算法的开销对性能的影响相对显著。在数据集规模相对较大的情况下，归并排序算法是一个不错的选择，它需要的内存分配最少并且在 $O(n \log n)$ 的时间复杂度下表现良好。
- 外部排序：归并排序算法对于外部排序也很有用，其中数据集无法放入主内存，必须通过读取和写入外部存储设备（如磁盘）进行排序。
- 并行处理：归并排序算法易于并行化，是并行处理场景下大型数据集排序的最佳选择。

7.5.2 Go 语言实现

（1）编写归并排序函数 mergeSort()，代码如下：

```
// 归并排序函数
func mergeSort(slice []int) []int {
    if len(slice) < 2 {
        return slice
    }
    mid := (len(slice)) / 2
```

```
    return Merge(mergeSort(slice[:mid]), mergeSort(slice[mid:]))
}
```

以上代码递归调用 mergeSort(slice[:mid]) 和 mergeSort(slice[mid:])，它们表示数组的左右部分，或者在 Go 语言的情况下为切片。要合并，还必须排序，为此开发者创建了一个新切片（同时避免破坏原始的未排序切片）。然后跟踪要合并的左右切片，并从左切片或右切片中选择下一个最小值以添加到新切片中。

（2）编写 Merge() 函数，用于将左右切片合并到新创建的切片中，代码如下：

```
// 将左右切片合并到新创建的切片中
func Merge(left, right []int) []int {
    size, i, j := len(left)+len(right), 0, 0
    slice := make([]int, size, size)
    for k := 0; k < size; k++ {
        if i > len(left)-1 && j <= len(right)-1 {
            slice[k] = right[j]
            j++
        } else if j > len(right)-1 && i <= len(left)-1 {
            slice[k] = left[i]
            i++
        } else if left[i] < right[j] {
            slice[k] = left[i]
            i++
        } else {
            slice[k] = right[j]
            j++
        }
    }
    return slice
}
```

（3）编写 main() 函数，代码如下：

```
func main() {
    array := []int{33, 23, 56, 7, 8, 18, 99, 28}
    res := mergeSort(array)
    fmt.Println(res)
}
//$ go run mergeSort.go
//[7 8 18 23 28 33 56 99]
```

7.5.3 面试题实战

【题目 7-7】**升序排序数组**

给定一个整数数组 array，按升序对数组进行排序并返回它。请在尽可能小的空间复杂度的条件下，不使用任何内置函数解决问题。示例如下。

输入：

```
array= [9, 88, 6, 36, 78, 2]
```

输出：

```
[2, 6, 9, 36, 78, 88]
```

【解答】

① 思路。

根据题意，可以使用归并排序算法来实现。

② Go 语言实现。

```
package main
import "fmt"
func MergeSort(array []int) []int {
    if len(array) <= 1 {
        return array
    }
    middle := len(array) / 2
    left := MergeSort(array[:middle])
    right := MergeSort(array[middle:])
    return merge(left, right)
}
func merge(left, right []int) []int {
    ret := make([]int, 0, len(left)+len(right))
    for len(left) > 0 || len(right) > 0 {
        if len(left) == 0 {
            return append(ret, right...)
        }
        if len(right) == 0 {
            return append(ret, left...)
        }
        if left[0] < right[0] {
            ret = append(ret, left[0])
```

```
            left = left[1:]
        } else {
            ret = append(ret, right[0])
            right = right[1:]
        }
    }
    return ret
}
func main() {
    array := []int{9, 88, 6, 36, 78, 2}
    res := MergeSort(array)
    fmt.Println(res)
}
//$ go run interview7-7.go
//[2 6 9 36 78 88]
```

【题目 7-8】**对链表进行排序**

使用常数空间复杂度在 $O(n \log n)$ 时间内对链表进行排序。示例如下。

输入：

```
9->19->7->3
```

输出：

```
3->7->9->19
```

【解答】

① 思路。

该题可以利用归并排序算法的思想，结合链表进行排序。

② Go 语言实现。

```
package main
import (
    "fmt"
)
type ListNode struct {
    Data int
    Next *ListNode
}
func sortList(head *ListNode) *ListNode {
    length := 0
```

```
    cur := head
    for cur != nil {
        length++
        cur = cur.Next
    }
    if length <= 1 {
        return head
    }
    middleNode := middleNode(head)
    cur = middleNode.Next
    middleNode.Next = nil
    middleNode = cur
    left := sortList(head)
    right := sortList(middleNode)
    return mergeTwoLists(left, right)
}
func middleNode(head *ListNode) *ListNode {
    if head == nil || head.Next == nil {
        return head
    }
    list1 := head
    list2 := head
    for list2.Next != nil && list2.Next.Next != nil {
        list1 = list1.Next
        list2 = list2.Next.Next
    }
    return list1
}
func mergeTwoLists(list1 *ListNode, list2 *ListNode) *ListNode {
    if list1 == nil {
        return list2
    }
    if list2 == nil {
        return list1
    }
    if list1.Data < list2.Data {
        list1.Next = mergeTwoLists(list1.Next, list2)
        return list1
    }
```

```
    list2.Next = mergeTwoLists(list1, list2.Next)
    return list2
}
func main() {
    listNode := &ListNode{8, &ListNode{18, &ListNode{6, &ListNode{3, nil}}}}
    res := sortList(listNode)
    fmt.Println(res.Data)
    fmt.Println(res.Next.Data)
    fmt.Println(res.Next.Next.Data)
    fmt.Println(res.Next.Next.Next.Data)
}
//$ go run interview7-8.go
//3
//7
//9
//19
```

7.6 快速排序算法

7.6.1 快速排序算法简介

快速排序（quick sort）是一种基于分治算法的排序算法，快速排序通过选择一个元素作为枢轴，并围绕所选枢轴对给定数组进行分区。快速排序算法的执行步骤如下。

（1）通过选择枢轴元素（从数组中选择的元素）将数组划分为子数组。

（2）在划分数组时，枢轴元素的位置应使小于枢轴的元素保留在左侧，大于枢轴的元素位于枢轴的右侧。

（3）左右子数组也使用相同的方法进行划分，这个过程一直持续到每个子数组包含一个元素。

（4）通过以上步骤，元素已经排序。最后，将元素组合成一个排序数组。

快速排序算法的伪代码如下：

```
QuickSort (array, start, end)
    if start < end
        part = partition(array, start, end)
        QuickSort(array, start, part- 1)
```

```
        QuickSort(array, part+ 1, end)
    end if
End QuickSort
```

快速排序算法的时间复杂度为 $O(n^2)$，空间复杂度为 $O(\log n)$。

快速排序算法的常见应用场景如下。

- 大型数据集：快速排序算法对于大型数据集很有效，因为其他算法的开销对性能的影响相对显著。在数据集规模较大的情况下，快速排序算法是一个不错的选择，因为它的平均时间复杂度为 $O(n \log n)$。
- 中等程度无序的数据集：快速排序算法非常适合具有中等程度无序的数据集。在这种情况下，该算法可以快速划分列表并对子列表进行递归排序。
- 随机排序：快速排序算法可以是随机的，这意味着它从列表中随机选择一个枢轴元素。

7.6.2 Go 语言实现

（1）编写快速排序函数 quickSort()，代码如下：

```
func quickSort(array []int) []int {
    low, high := 0, len(array)-1
    if low >= high {
        return nil
    }
    part := Partition(array, low, high)
    quickSort(array[:part])
    quickSort(array[part+1:])
    return array
}
func Partition(array []int, low, high int) int {
    pivot := array[high]
    i := low - 1
    for j := low; j < high; j++ {
        if array[j] < pivot {
            i++
            array[j], array[i] = array[i], array[j]
        }
    }
    array[i+1], array[high] = array[high], array[i+1]
    return i + 1
}
```

（2）编写 main() 函数，代码如下：

```
func main() {
    array := []int{33, 23, 56, 7, 8, 18, 99, 28}
    quickSort(array)
    fmt.Println(array)
}
//$ go run quickSort.go
//[7 8 18 23 28 33 56 99]
```

7.6.3 面试题实战

【题目 7-9】**降序排序数组**

给定一个整数数组 array，按降序对数组进行排序并返回。开发者必须在不使用时间复杂度为 $O(n \log n)$ 和尽可能小的空间复杂度的任何内置函数的情况下解决问题。

【解答】

① 思路。

根据题意，本题可以使用快速排序算法实现。

② Go 语言实现。

```
package main
import (
    "fmt"
    "math/rand"
)
func ArraySort(array []int) []int {
    quickSortDesc(array, 0, len(array)-1)
    return array
}
func quickSortDesc(array []int, low, high int) {
    if low >= high {
        return
    }
    k := rand.Intn(high-low+1) + low
    tmp := array[high]
    array[high] = array[k]
    array[k] = tmp
    pivot := array[high]
    j := low - 1
```

```
    for i := low; i < high; i++ {
        if array[i] >= pivot {
            j++
            tmp := array[j]
            array[j] = array[i]
            array[i] = tmp
        }
    }
    tmp = array[j+1]
    array[j+1] = array[high]
    array[high] = tmp
    quickSortDesc(array, low, j)
    quickSortDesc(array, j+1, high)
}
func main() {
    array := []int{33, 23, 56, 7, 8, 18, 99, 28}
    res := ArraySort(array)
    fmt.Println(res)
}
//$ go run interview7-9.go
//[99 56 33 28 23 18 8 7]
```

【题目 7-10】**计算研究人员的 h-index**

给定一个研究人员的引用数组（每个引用都是一个非负整数），请编写一个函数来计算研究人员的 h-index。h-index 的定义：如果一位科学家的 n 篇论文中的 h 篇论文每篇至少有 h 次引用，并且其他 $n-h$ 篇论文每篇的引用不超过 h，则该科学家的索引为 h。

【解答】

① 思路。

根据题意，本题可以使用快速排序算法实现。先将数组中的元素从小到大进行排序。因为要找最大的 h-index，所以从数组末尾开始往前找，直到找到第 1 个元素，其值小于总长度减去下标，这个值就是 h-index。

② Go 语言实现。

```
package main
import (
    "fmt"
)
func HIndex(array []int) int {
    quickSort(array, 0, len(array)-1)
```

```
    hIndex := 0
    for i := len(array) - 1; i >= 0; i-- {
        if array[i] >= len(array)-i {
            hIndex++
        } else {
            break
        }
    }
    return hIndex
}
func quickSort(array []int, low, high int) {
    if low >= high {
        return
    }
    p := partition(array, low, high)
    quickSort(array, low, p-1)
    quickSort(array, p+1, high)
}
func partition(array []int, low, high int) int {
    pivot := array[high]
    i := low - 1
    for j := low; j < high; j++ {
        if array[j] < pivot {
            i++
            array[j], array[i] = array[i], array[j]
        }
    }
    array[i+1], array[high] = array[high], array[i+1]
    return i + 1
}
func main() {
    array := []int{33, 23, 56, 7, 8, 18, 99, 28}
    res := HIndex(array)
    fmt.Println(res)
    fmt.Println(array)
}
//$ go run interview7-10.go
//7
//[7 8 18 23 28 33 56 99]
```

【题目 7–11】对数组 array1 的元素进行排序

给定两个数组 array1 和 array2，并且 array2 中的所有元素也都在 array1 中。对 array1 中的元素进行排序，使 array1 中元素的相对顺序与 array2 中的相同。没有出现在 array2 中的元素应该按升序放在 array1 的末尾。示例如下。

输入：

```
array1 = [2,3,1,3,2,4,6,7,9,2,19], array2 = [2,1,4,3,9,6]
```

输出：

```
[2,2,2,1,4,3,3,9,6,7,19]
```

【解答】

① 思路。

根据题意，可以使用快速排序算法实现。

② Go 语言实现。

```
package main
import (
    "fmt"
)
func quickSortFunc(array1 []int, array2 []int) []int {
    var res []int
    var tmp []int
    var m = make(map[int]int)
    for _, v := range array2 {
        m[v] = 0
    }
    for _, v := range array1 {
        _, ok := m[v]
        if ok {
            m[v]++
        } else {
            tmp = append(tmp, v)
        }
    }
    for _, v := range (array2) {
        for m[v] > 0 {
            res = append(res, v)
```

```
            m[v]--
        }
    }
    quickSort(tmp, 0, len(tmp)-1)
    res = append(res, tmp...)
    return res
}
func quickSort(array []int, left int, right int) {
    if left >= right {
        return
    }
    index := partition(array, left, right)
    quickSort(array, left, index-1)
    quickSort(array, index+1, right)
}
func partition(array []int, left int, right int) int {
    base := array[left]
    for left < right {
        for (array[right] >= base && left < right) {
            right--
        }
        array[left] = array[right]
        for (array[left] <= base && left < right) {
            left++
        }
        array[right] = array[left]
    }
    array[right] = base
    return right
}
func main() {
    array1 := []int{2, 3, 1, 3, 2, 4, 6, 7, 9, 2, 19}
    array2 := []int{2, 1, 4, 3, 9, 6}
    res := quickSortFunc(array1, array2)
    fmt.Println(res)
}
//$ go run interview7-11.go
//[2 2 2 1 4 3 3 9 6 7 19]
```

7.7 计数排序算法

7.7.1 计数排序算法简介

计数排序（counting sort）是一种排序算法，它通过计算数组中每个唯一元素的出现次数对数组元素进行排序。计数存储在辅助数组中，排序是通过将计数映射为辅助数组的索引来完成的。

计数排序算法的特征如下。

- 计数排序算法对数据作出假设。例如，它假设值将在一定的范围内（如 0 ~ 100），计数排序算法作出的其他一些假设是输入数据将全部为实数。
- 与其他算法一样，此排序算法不是基于比较的算法，它对临时计数数组中的值进行哈希处理并使用它们进行排序。

计数排序算法的伪代码如下：

```
Begin CountingSort(array, min, max)
    count= array[max – min + 1]
    for each number in array do
        count[number – min] = count[number – min] + 1
    end for
    j = 0
    for i from min to max do
        if count[i – min] > 0
            array[j] = i
            j = j+1
            count[i – min] = count[i – min] – 1
        end if
    end for
End CountingSort
```

计数排序算法的时间复杂度为 $O(n)$，空间复杂度为 $O(1)$。

计数排序算法的常见应用场景如下。

- 对大型整数集进行排序：计数排序算法可以线性时间复杂度对大型整数集进行排序。
- 对有限范围内的数字进行排序：当整数范围已知且有限时，计数排序算法效果最佳。
- 稳定排序：计数排序算法是一种稳定的排序算法。这意味着它保持输入数组中相等元素的相对顺序。

7.7.2 Go 语言实现

（1）编写计数排序函数 countingSort()，代码如下：

```
func countingSort(array []int) []int {
    // 生成从最小值到最大值的数组
    count := makeRange(0, findMax(array))
    // 计数
    for _, e := range array {
        count[e] += 1
    }
    for i := 1; i < len(count); i++ {
        count[i] += count[i-1]
    }
    // 复制到正确的位置
    res := make([]int, len(array))
    for i := 0; i < len(array); i++ {
        e := array[i]
        t := count[e] - 1
        res[t] = e
        count[e] = count[e] - 1
    }
    return res
}
func findMax(array []int) int {
    var temp int
    temp = array[0]
    for _, e := range array {
        if temp < e {
            temp = e
        }
    }
    return temp
}
func makeRange(min, max int) []int {
    a := make([]int, max-min+1)
    for i := range a {
        a[i] = 0
    }
```

```
    return a
}
```

（2）编写 main() 函数，代码如下：

```
func main() {
    array := []int{33, 23, 56, 7, 8, 18, 99, 28}
    res := countingSort(array)
    fmt.Println(res)
}
//$ go run countingSort.go
//[7 8 18 23 28 33 56 99]
```

7.7.3 面试题实战

【题目 7-12】返回第 i 个学生的预期身高不等于其真实身高的索引数量

一所学校正在上体育课，体育老师要求学生按身高递增的顺序站成一排。用整数数组 expected 来表示学生的预期身高，其中 expected[i] 是第 i 个学生的预期身高。给定一个整数数组 real，代表学生的真实身高。每个 real[i] 是其中第 i 个学生的真实身高（从 0 开始）。请返回第 i 个学生的预期身高不等于其真实身高的索引数量。示例如下。

输入：

```
real = [1, 6, 8, 1, 6, 6]
```

输出：

```
4
```

【解答】

① 思路。

根据题意，本题可以使用计数排序算法来实现。

② Go 语言实现。

```
package main
import (
    "fmt"
)
func CheckHeight(real []int) int {
    //计数排序
    bucket := make([]int, 100, 100)
    for _, item := range real {
```

```
            bucket[item-1] += 1
        }
        sorted := make([]int, 0, len(real))
        for index := range bucket {
            flag := bucket[index]
            for i := 0; i < flag; i++ {
                sorted = append(sorted, index+1)
            }
        }
        //统计
        ret := 0
        for index := range real {
            if sorted[index] != real[index] {
                ret = ret + 1
            }
        }
        return ret
    }
    func main() {
        array := []int{1, 6, 8, 1, 6, 6}
        res := CheckHeight(array)
        fmt.Println(res)
    }
    //$ go run interview7-12.go
    //4
```

7.8 桶排序算法

7.8.1 桶排序算法简介

桶排序（bucket sort）是一种排序算法，它将未排序的数组元素分成若干组，称为桶。然后通过使用任何合适的排序算法或递归地应用相同的桶算法对每个桶进行排序。

桶排序算法的执行步骤如下。

（1）创建一个最初为空的“桶”数组。

（2）分解：遍历原始数组，将每个对象放入适当的桶中。

（3）对每个非空桶进行排序。

（4）合并：按顺序访问桶后将所有桶合并到原始数组中。

桶排序算法的伪代码如下：

```
Begin BucketSort(array, n)
    bucket = null
    m = the maximum key value in the array
    for i := 0 to length(array) do
        bucket[floor(n * array[i] / m)] = array[i]
    end if
    for i := 0 to n -1 do
        sort bucket[i]
        gather items of bucket[i] and put in array
    end if
End BucketSort
```

桶排序算法的时间复杂度为 $O(n^2)$，空间复杂度为 $O(n*k)$。

桶排序算法的常见应用场景如下。

- 均匀分布的数据：桶排序算法在对范围内均匀分布的数据集进行排序时效率最高。在这种情况下，可以将元素均匀地划分到桶中，并且可以使用另一种排序算法对各个桶进行独立排序。
- 大型数据集：桶排序算法对于大型数据集是有效的，因为其他算法的开销对性能的影响很大。在数据集规模较大且数据分布均匀的情况下，桶排序是一个不错的选择。
- 内存分配：桶排序算法是一种异地排序算法，这意味着它需要额外的内存来保存排序后的元素。这使得它在必须保留原始数据集的场景中非常有用。

7.8.2 Go 语言实现

（1）编写桶排序函数 bucketSort()，代码如下：

```
func bucketSort(array []float64, bucketSize int) []float64 {
    var max, min float64
    for _, n := range array {
        if n < min {
            min = n
        }
        if n > max {
            max = n
        }
```

```
    }
    nBuckets := int(max-min)/bucketSize + 1
    buckets := make([][]float64, nBuckets)
    for i := 0; i < nBuckets; i++ {
        buckets[i] = make([]float64, 0)
    }
    for _, n := range array {
        idx := int(n-min) / bucketSize
        buckets[idx] = append(buckets[idx], n)
    }
    sorted := make([]float64, 0)
    for _, bucket := range buckets {
        if len(bucket) > 0 {
            insertionSort(bucket)
            sorted = append(sorted, bucket...)
        }
    }
    return sorted
}
func insertionSort(array []float64) {
    for i := 0; i < len(array); i++ {
        temp := array[i]
        j := i - 1
        for ; j >= 0 && array[j] > temp; j-- {
            array[j+1] = array[j]
        }
        array[j+1] = temp
    }
}
```

（2）编写 main() 函数，代码如下：

```
func main() {
    array := []float64{33, 23, 56, 7, 8, 18, 99, 28}
    res := bucketSort(array, 5)
    fmt.Println(res)
}
//$ go run bucketSort.go
//[7 8 18 23 28 33 56 99]
```

7.8.3 面试题实战

【题目 7-13】根据字符出现的频率从高到低重新排列一个字符串

给定一个字符串，要求根据字符出现的频率从高到低重新排列这个字符串。示例如下。

输入：

```
s = "ILoveGo"
```

输出：

```
ooLveGI
```

【解答】

① 思路。

本题可以使用桶排序算法实现。首先统计每个字符出现的频率，然后排序，最后按照频率从高到低进行输出即可。

② Go 语言实现。

```
package main
import (
    "fmt"
    "strings"
)
func frequencySort(s string) string {
    return bucketSort(s)
}
func bucketSort(s string) string {
    // 以相同频率存储rune的桶
    bucket := make([][]rune, len(s)+1)
    m := make(map[rune]int)
    result := ""
    for _, r := range s {
        m[r] += 1
    }
    for r, time := range m {
        bucket[time] = append(bucket[time], r)
    }
    for i := len(s); i >= 0; i-- {
        for _, r := range bucket[i] {
            result += strings.Repeat(string(r), i)
```

```
        }
    }
    return result
}
func main() {
    str := "ILoveGo"
    res := frequencySort(str)
    fmt.Println(res)
}
//$ go run interview7-13.go
//ooLveGI
```

【题目 7-14】**找出一个整数数组中 *n* 个出现频率最高的元素**

给定一个整数数组 array 和一个整数 *n*，返回 *n* 个出现频率最高的元素。开发者可以按任何顺序返回答案。示例如下。

输入:

```
array = [1, 6, 6, 8, 8, 8, 3, 3], n = 3
```

输出:

```
[8,3,6]
```

【解答】

① 思路。

根据题意，本题可以使用桶排序算法实现。

② Go 语言实现。

```
package main
import (
    "fmt"
)
func topNFreq(array []int, n int) []int {
    bucket := make([][]int, len(array)+1)
    freq := make(map[int]int)
    for _, i := range array {
        v, ok := freq[i]
        if ok {
            freq[i] = v + 1
        } else {
            freq[i] = 1
```

```
        }
    }
    for k, v := range freq {
        if bucket[v] == nil {
            bucket[v] = make([]int, 0)
        }
        bucket[v] = append(bucket[v], k)
    }
    res := make([]int, n)
    cnt := 0
    for i := len(bucket) - 1; i >= 0 && cnt < n; i-- {
        if bucket[i] != nil {
            for _, i := range bucket[i] {
                res[cnt] = i
                cnt++
            }
        }
    }
    return res
}
func main() {
    array := []int{1, 6, 6, 8, 8, 8, 3, 3}
    k := 3
    res := topNFreq(array, k)
    fmt.Println(res)
}
//$ go run interview7-14.go
//[8 3 6]
```

【题目 7-15】**返回一个整数数组中两个连续元素之间的最大差异数**

给定一个整数数组 array，返回其中两个连续元素之间的最大差异数。如果数组包含的元素少于两个，则返回 0。开发者必须编写一个在线性时间内运行并使用线性额外空间的算法。示例如下。

输入：

```
array = [19, 6, 9, 1]
```

输出：

```
10
```

【解答】

① 思路。

根据题意，本题可使用桶排序算法实现。

② Go 语言实现。

```
package main
import (
    "fmt"
    "math"
)
func maxDiff(array []int) int {
    if len(array) < 2 {
        return 0
    }
    min, max := array[0], array[0]
    for _, num := range array {
        if min > num {
            min = num
        }
        if max < num {
            max = num
        }
    }
    bucketSize := int(math.Ceil(float64(max-min) / float64(len(array)-1)))
    bucketsMin, bucketsMax := make([]int, len(array)-1), make([]int, len(array)-1)
    for i := 0; i < len(array)-1; i++ {
        bucketsMin[i], bucketsMax[i] = math.MaxInt32, math.MinInt32
    }
    for _, num := range array {
        if num == min || num == max {
            continue
        }
        bucketIdx := (num - min) / bucketSize
        if num < bucketsMin[bucketIdx] {
            bucketsMin[bucketIdx] = num
        }
        if num > bucketsMax[bucketIdx] {
            bucketsMax[bucketIdx] = num
        }
```

```
    }
    maxGap := math.MinInt32
    prev := min
    for i := 0; i < len(array)-1; i++ {
        if bucketsMin[i] == math.MaxInt32 && bucketsMax[i] == math.MinInt32 {
            continue
        }
        if bucketsMin[i]-prev > maxGap {
            maxGap = bucketsMin[i] - prev
        }
        prev = bucketsMax[i]
    }
    if max-prev > maxGap {
        maxGap = max - prev
    }
    return maxGap
}
func main() {
    array := []int{19, 6, 9, 1}
    res := maxDiff(array)
    fmt.Println(res)
}
//$ go run interview7-15.go
//10
```

7.9 基数排序算法

7.9.1 基数排序算法简介

基数排序（radix sort）是一种排序算法，它通过对相同位置的各个元素进行分组来对元素进行排序，然后根据元素的递增或递减顺序对元素进行排序。

基数排序算法的伪代码如下：

```
Begin RadixSort(array[], n)
    // 寻找最大元素
    max=array[0]
```

```
    for i=1 to n-1
        if array[i]>max
            max=array[i]
        end if
    end for
    // 调用计数排序
    for div=1 to max/div>0
        countingSort(array, n, div)
        div=div*10
    end for
End RadixSort
```

基数排序算法的时间复杂度为 $O(n*k)$，空间复杂度为 $O(n + k)$，其中 n 是元素的数量，k 是每个元素的位数。

基数排序算法的常见应用场景如下。

- 大型数据集：基数排序算法对于大型数据集非常有效，因为其他算法的开销对性能的影响很大。在数据集规模较大的情况下，基数排序算法是一个不错的选择，因为它的时间复杂度为 $O(n*k)$。
- 稳定排序：基数排序算法是一种稳定的排序算法，这意味着它保持排序列表中相等元素的相对顺序，这使得它在相等元素的顺序很重要的情况下很有用。
- 有限范围数据集：基数排序算法非常适合取值范围有限的数据集，如特定范围内的整数。在这种情况下，基数排序算法可能比其他依赖于元素之间比较的排序算法更快。

7.9.2 Go 语言实现

（1）编写基数排序函数 radixSort()，代码如下：

```
// 基数排序
func radixSort(array []int) []int {
    largestNum := findLargestNum(array)
    size := len(array)
    significantDigit := 1
    semiSorted := make([]int, size, size)
    // 循环直到到达最大的有效数字
    for largestNum/significantDigit > 0 {
        // 整数是十进制数，因此定义一个数量为 10 的数组
        bucket := [10]int{0}
        // 计算将进入每个桶的键或数字的数量
        for i := 0; i < size; i++ {
```

```
            bucket[(array[i]/significantDigit)%10]++
        }
        // 添加前一个桶的计数
        // 获取数组中每个桶位置结束后的索引
        // 类似于计数排序算法
        for i := 1; i < 10; i++ {
            bucket[i] += bucket[i-1]
        }
        // 使用桶填充一个名为 semiSorted 的数组
        for i := size - 1; i >= 0; i-- {
            bucket[(array[i]/significantDigit)%10]--
            semiSorted[bucket[(array[i]/significantDigit)%10]] = array[i]
        }
        for i := 0; i < size; i++ {
            array[i] = semiSorted[i]
        }
        significantDigit *= 10
    }
    return array
}
// 查找数组中最大的数
func findLargestNum(array []int) int {
    largestNum := 0
    for i := 0; i < len(array); i++ {
        if array[i] > largestNum {
            largestNum = array[i]
        }
    }
    return largestNum
}
```

（2）编写 main() 函数，代码如下：

```
func main() {
    array := []int{33, 23, 56, 7, 8, 18, 99, 28}
    res := radixSort(array)
    fmt.Println(res)
}
//$ go run radixSort.go
//[7 8 18 23 28 33 56 99]
```

7.9.3 面试题实战

【题目 7-16】**返回一个整数数组中两个连续元素之间的最大差值**

给定一个整数数组 array，返回其中两个连续元素之间的最大差值。如果数组包含的元素少于两个，则返回 0。开发者必须编写一个在线性时间内运行并使用线性额外空间的算法。示例如下。

输入：

```
array = [1, 6, 8, 16]
```

输出：

```
8
```

【解答】

① 思路。

根据题意，基数排序算法能够满足本题要求。

② Go 语言实现。

```
package main
import (
    "fmt"
)
// 基数排序
func radixSortFunc(array []int) []int {
    largestNum := findLargestNum(array)
    size := len(array)
    significantDigit := 1
    semiSorted := make([]int, size, size)
    for largestNum/significantDigit > 0 {
        bucket := [10]int{0}
        for i := 0; i < size; i++ {
            bucket[(array[i]/significantDigit)%10]++
        }
        for i := 1; i < 10; i++ {
            bucket[i] += bucket[i-1]
        }
        for i := size - 1; i >= 0; i-- {
            bucket[(array[i]/significantDigit)%10]--
            semiSorted[bucket[(array[i]/significantDigit)%10]] = array[i]
```

```
        }
        for i := 0; i < size; i++ {
            array[i] = semiSorted[i]
        }
        significantDigit *= 10
    }
    return array
}
// 查找数组中最大的数
func findLargestNum(array []int) int {
    largestNum := 0
    for i := 0; i < len(array); i++ {
        if array[i] > largestNum {
            largestNum = array[i]
        }
    }
    return largestNum
}
func maxDifference(array []int) int {
    if len(array) < 2 {
        return 0
    }
    radixSortFunc(array)
    ret := 0
    for i := 1; i < len(array); i++ {
        if tmp := array[i] - array[i-1]; tmp > ret {
            ret = tmp
        }
    }
    return ret
}
func main() {
    array := []int{1, 6, 8, 16}
    res := maxDifference(array)
    fmt.Println(res)
}
//$ go run interview7-16.go
//8
```

【题目 7-17】**升序排序数组**

给定一个整数数组 array，按升序对数组进行排序，并返回这个数组。必须在不使用时间复杂度为 $O(n \log n)$ 和尽可能小的空间复杂度的任何内置函数的情况下解决问题。示例如下。

输入：

```
array = [18,6,8,1]
```

输出：

```
[1,6,8,18]
```

【解答】

① 思路。

根据题意，本题可以通过基数排序算法实现。

② Go 语言实现。

```
package main
import (
    "fmt"
    "math"
)
func ArraySort(array []int) []int {
    return radixSort(array)
}
func radixSort(array []int) []int {
    // 最长的数字有多少位
    maxDigitCount := digitCount(maxNumber(array))
    // 将第 k 位的数字放入桶中
    for k := 0; k < maxDigitCount; k++ {
        digitBuckets := make([][]int, 10)
        for i := 0; i < len(array); i++ {
            digitAtKposition := getDigit(array[i], k)
            digitBuckets[digitAtKposition] = append(digitBuckets[digitAtKposition],
                array[i])
        }
        // 从桶中获取
        array = getFromBuckets(digitBuckets)
    }
    // 对负数进行排序，可以将一个符号视为另一个桶
    signBuckets := make([][]int, 2)
```

```
    for i := 0; i < len(array); i++ {
        if array[i] < 0 {
            signBuckets[0] = append(signBuckets[0], array[i])
        } else {
            signBuckets[1] = append(signBuckets[1], array[i])
        }
    }
    // 反转负数数组
    reverse(signBuckets[0])
    array = getFromBuckets(signBuckets)
    return array
}
func getFromBuckets(digitBuckets [][]int) []int {
    array := make([]int, 0)
    for i := range digitBuckets {
        array = append(array, digitBuckets[i]...)
    }
    return array
}
func getDigit(num, place int) int {
    return int(math.Floor(float64(abs(num))/math.Pow(10, float64(place)))) % 10
}
func digitCount(num int) int {
    if num == 0 {
        return 1
    }
    return int(math.Floor(math.Log10(float64(abs(num))))) + 1
}
func reverse(array []int) {
    length := len(array)
    for i := 0; i < length/2; i++ {
        array[i], array[length-i-1] = array[length-i-1], array[i]
    }
}
func maxNumber(array []int) int {
    result := math.MinInt64
    for _, num := range array {
        if result < abs(num) {
```

```
            result = abs(num)
        }
    }
    return result
}
func abs(a int) int {
    if a < 0 {
        return -a
    }
    return a
}
func main() {
    array := []int{18, 6, 8, 1}
    res := ArraySort(array)
    fmt.Println(res)
}
//$ go run interview7-17.go
//[1 6 8 18]
```

7.10 堆排序算法

7.10.1 堆排序算法简介

堆排序（heap sort）是计算机编程中流行且高效的排序算法。学习如何编写堆排序算法需要了解两种类型的数据结构——数组和树。

开发者将要排序的初始数字集存储在一个数组中，如 [10, 3, 76, 34, 23, 32] 排序后会得到数组 [3,10,23,32,34,76]。

堆排序算法的工作原理是将数组的元素可视化为一种特殊的完全二叉树，称为堆。

（1）数组索引和树元素之间的关系。完整的二叉树有一个有趣的属性，开发者可以使用它来查找任何节点的子节点和父节点。

如果数组中任何元素的索引为 i，则索引 $2i+1$ 中的元素将成为左子树，而索引 $2i+2$ 中的元素将成为右子树。此外，索引 i 处的任何元素的父元素由 $(i-1)/2$ 的下限给出。

数组和堆索引之间的关系示例如图 7.3 所示。

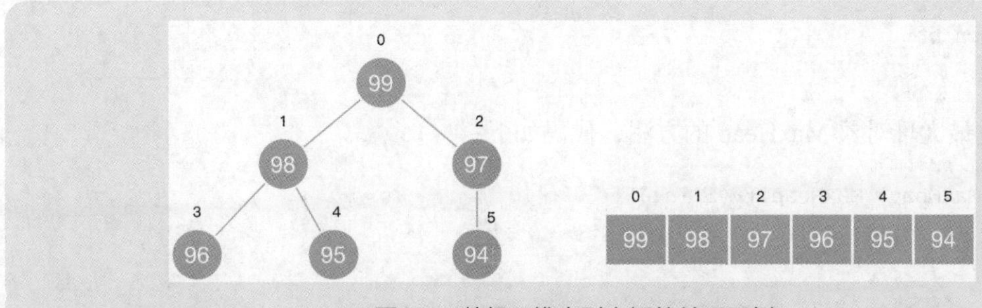

图7.3 数组和堆索引之间的关系示例

（2）堆数据结构。堆是一种特殊的基于树的数据结构。如果满足以下条件，则称二叉树遵循堆数据结构：堆是一棵完全二叉树，树中的所有节点都遵循它们大于其子节点的属性，即最大元素位于根且子节点要小于根节点，以此类推。这样的堆称为最大堆。相反，如果所有节点都小于其子节点，则称为最小堆。

堆排序算法的时间复杂度为 $O(n \log n)$，空间复杂度为 $O(1)$。

（3）应用场景。堆排序算法的常见应用场景如下。

- 大型数据集：堆排序对于大型数据集是有效的，因为其他算法的开销对性能的影响很大。在数据集规模相对较大的情况下，堆排序算法是一个不错的选择。
- 内存分配：堆排序算法是一种就地排序算法，这意味着它不需要额外的内存来保存排序后的元素，这使得它在需要考虑内存分配问题的场景中很有用。
- 排序优先级队列：堆排序算法通常用于对优先级队列中的元素进行排序，这是一种数据结构，它维护一组元素，每个元素都有一个优先级。在这种情况下，堆排序算法可用于按排序顺序有效地从优先级队列中移除元素。

7.10.2 Go 语言实现

下面以最大堆为例。

（1）定义最大堆对象 MaxHeap 并初始化，代码如下：

```
type MaxHeap struct {
    slice    []int
    heapSize int
}
func BuildMaxHeap(slice []int) MaxHeap {
    h := MaxHeap{slice: slice, heapSize: len(slice)}
    for i := len(slice) / 2; i >= 0; i-- {
        h.MaxHeapify(i)
    }
```

```
    return h
}
```

（2）创建最大堆对象 MaxHeap 的方法，代码如下：

```
func (h MaxHeap) MaxHeapify(i int) {
    l, r := 2*i+1, 2*i+2
    max := i
    if l < h.size() && h.slice[l] > h.slice[max] {
        max = l
    }
    if r < h.size() && h.slice[r] > h.slice[max] {
        max = r
    }
    if max != i {
        h.slice[i], h.slice[max] = h.slice[max], h.slice[i]
        h.MaxHeapify(max)
    }
}
func (h MaxHeap) size() int { return h.heapSize }
```

（3）定义堆排序算法，代码如下：

```
func heapSort(slice []int) []int {
    h := BuildMaxHeap(slice)
    for i := len(h.slice) - 1; i >= 1; i-- {
        h.slice[0], h.slice[i] = h.slice[i], h.slice[0]
        h.heapSize--
        h.MaxHeapify(0)
    }
    return h.slice
}
```

（4）编写 main() 函数，代码如下：

```
func main() {
    array := []int{33, 23, 56, 7, 8, 18, 99, 28}
    res := heapSort(array)
    fmt.Println(res)
}
//$ go run heapSort.go
//[7 8 18 23 28 33 56 99]
```

7.10.3 面试题实战

【题目 7-18】**利用 Go 语言实现堆排序**

编写一种无须添加结构体来保存数据和堆大小的方法进行堆排序。

【解答】

① 思路。

根据题目要求，用堆排序算法实现即可。

② Go 语言实现。

```
package main
import (
    "fmt"
)
func left(i int) int {
    return 2 * i
}
func right(i int) int {
    return 2*i + 1
}
func maxHeapify(array []int, i int) []int {
    l := left(i) + 1
    r := right(i) + 1
    var largest int
    if l < len(array) && l >= 0 && array[l] > array[i] {
        largest = l
    } else {
        largest = i
    }
    if r < len(array) && r >= 0 && array[r] > array[largest] {
        largest = r
    }
    if largest != i {
        array[i], array[largest] = array[largest], array[i]
        array = maxHeapify(array, largest)
    }
    return array
}
func buildMaxHeap(array []int) []int {
    for i := len(array)/2 - 1; i >= 0; i-- {
```

```
        array = maxHeapify(array, i)
    }
    return array
}
func heapSortFunc(array []int) []int {
    array = buildMaxHeap(array)
    size := len(array)
    for i := size - 1; i >= 1; i-- {
        array[0], array[i] = array[i], array[0]
        size--
        maxHeapify(array[:size], 0)
    }
    return array
}
func main() {
    array := []int{33, 23, 56, 7, 8, 18, 99, 28}
    res := heapSortFunc(array)
    fmt.Println(res)
}
//$ go run interview7-18.go
//[7 8 18 23 28 33 56 99]
```

7.11 本章小结

本章主要介绍常见的排序算法，主要知识结构如图 7.4 所示。

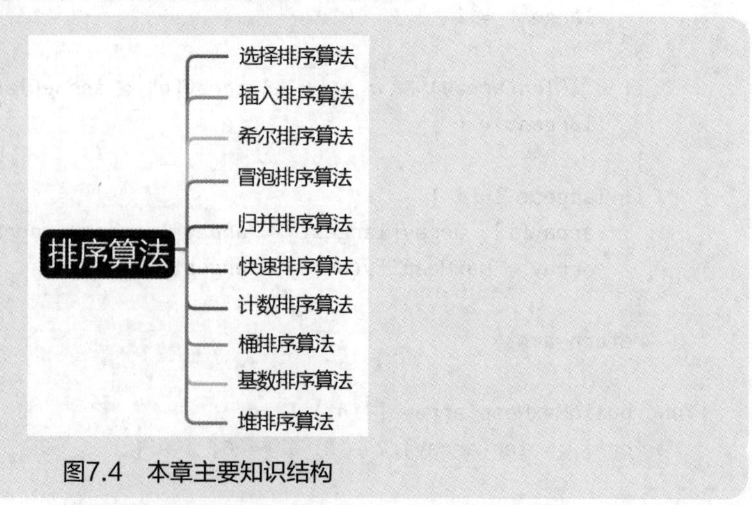

图7.4　本章主要知识结构

本章对常见的排序算法（选择排序、插入排序、希尔排序、冒泡排序、归并排序、快速排序、计数排序、桶排序、基数排序、堆排序）进行了详细的分析和讲解。

选择排序是一种排序算法，常用于小型数据集、嵌入式系统等场景。7.1.2 小节通过编写选择排序函数 selectionSort() 来实现选择排序算法。题目 7–1 和题目 7–2 是常见的面试题，读者应该理解。

插入排序是一种排序算法，常用于小型数据集、近乎排序的数据、自适应排序等场景。7.2.2 小节通过编写插入排序函数 insertionSort() 来实现插入排序算法。题目 7–3 是常见的面试题，读者应该理解。

希尔排序是插入排序的一种变体，常用于中型数据集、自适应排序等场景。7.3.2 小节通过编写希尔排序函数 shellSort() 来实现希尔排序算法。题目 7–4 和题目 7–5 是常见的面试题，读者应该理解。

冒泡排序是一种排序算法，常用于小数据集、近乎排序的数据、教育目的等场景。7.4.2 小节通过编写冒泡排序函数 bubbleSort() 来实现冒泡排序算法。题目 7–6 是常见的面试题，读者应该理解。

归并排序是基于分治算法的最流行的排序算法之一，常用于大型数据集、外部排序、并行处理等场景。7.5.2 小节通过编写归并排序函数 mergeSort() 来实现归并排序算法。题目 7–7 和题目 7–8 是常见的面试题，读者应该理解。

快速排序是一种基于分治算法的排序算法，常用于大型数据集、中等程度的无序数据集、随机排序等场景。7.6.2 小节通过编写快速排序函数 quickSort() 来实现快速排序算法。题目 7–9 到题目 7–11 是常见的面试题，读者应该理解。

计数排序是一种排序算法，常用于对大型整数集进行排序、对有限范围内的数字进行排序、稳定排序等场景。7.7.2 小节通过编写计数排序函数 countingSort() 来实现计数排序算法。题目 7–12 是常见的面试题，读者应该理解。

桶排序是一种排序算法，常用于均匀分布的数据、大型数据集、内存分配等场景。7.8.2 小节通过编写桶排序函数 bucketSort() 来实现桶排序算法。题目 7–13 到题目 7–15 是常见的面试题，读者应该理解。

基数排序是一种排序算法，常用于大型数据集、稳定排序、有限范围数据集等场景。7.9.2 小节通过编写基数排序函数 radixSort() 来实现基数排序算法。题目 7–16 和题目 7–17 是常见的面试题，读者应该理解。

堆排序是计算机编程中流行且高效的排序算法，常用于大型数据集、内存分配、排序优先级队列等场景。7.10.2 小节通过定义最大堆对象 MaxHeap 并初始化、创建最大堆对象 MaxHeap 的方法、定义堆排序算法来实现堆排序算法。题目 7–18 是常见的面试题，读者应该理解。

第 8 章　搜索算法

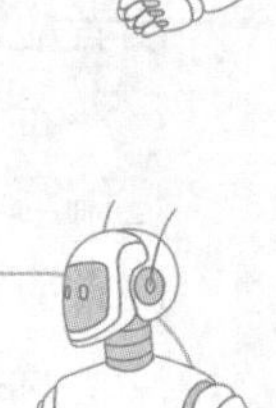

GoBot：
嘿，我们进入了第8章。首先是8.1 线性搜索算法，就像是逐一检查每本书，直到找到为止。

Gopher：
好的。接下来是8.2 二分搜索算法，就像是在有序的书架上迅速地找到中间位置，再确定在左边还是在右边，是吗？

GoBot：
是的。下一个是8.3 跳转搜索算法，就像是跳着查找，不必每本书都检查一遍。

Gopher：
哇，跳转搜索，好像在玩跳房子。接下来呢？

GoBot：
接下来是8.4 插值搜索算法，有点像是在书架上猜测所找书本的位置，更智能地逼近目标。

Gopher：
猜测位置，有点神秘感。最后一个呢？

GoBot：
最后是8.5 斐波那契搜索算法，是按照斐波那契数列的步长，一步一步地逼近目标。

Gopher：
斐波那契数列，听起来很有规律。这一章也充满了各种搜索的冒险，我准备好了，让我们开始找找看吧！

8.1 线性搜索算法

8.1.1 线性搜索算法简介

线性搜索（linear search）是一种顺序搜索算法，它从一端开始遍历列表中的每个元素，直到找到所需的元素，否则搜索将一直持续到数据集的末尾。

线性搜索算法按照以下思路解决问题。

从 0 迭代到 $N-1$，并将每个元素的值与 x 进行比较，如果它们匹配，则返回索引。例如，假如有一个数组 {4,3,2,1}，x 的值为 2，则线性搜索算法的步骤示例如图 8.1 所示。

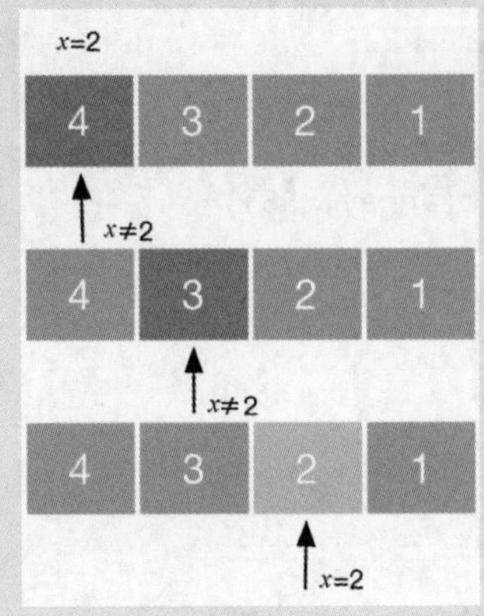

图8.1 线性搜索算法的步骤示例

如图 8.1 所示，按照给定的步骤解决问题。

（1）从数组最左边的元素开始，将 x 与数组中的每个元素一一进行比较。

（2）如果 x 与元素匹配，则返回索引。

（3）如果 x 不匹配任何元素，则返回 −1。

线性搜索算法的时间复杂度为 $O(n)$，空间复杂度为 $O(1)$。

线性搜索算法的常见应用场景如下。

- 小型数据集：线性搜索算法对于小型数据集非常有效，因为其他算法的开销对性能的影响很大。在数据集规模相对较小的情况下，线性搜索算法是一个不错的选择，因为它的时间复杂度为 $O(n)$，其中 n 是元素的数量。
- 精确匹配：线性搜索算法在搜索精确匹配时很有用，因为它会找到数据集中第 1 次出现的目标元素。

8.1.2 Go 语言实现

（1）编写线性搜索函数 linearSearch()，代码如下：

```
//线性搜索
func linearSearch(dataList []int, key int) bool {
    for _, item := range dataList {
        if item == key {
            return true
        }
    }
    return false
}
```

（2）编写 main() 函数，代码及其结果如下：

```
func main() {
    array := []int{95, 78, 46, 58, 45, 86, 99, 251, 320}
    fmt.Println(linearSearch(array, 58))
}
//$ go run linearSearch.go
//true
```

8.1.3 面试题实战

【题目 8-1】**查找数组中缺少的第 *k* 个正整数**

给定一个按严格递增顺序排序的正整数数组 array 和一个整数 *k*，查找此数组中缺少的第 *k* 个正整数。

【解答】

① 思路。

使用线性搜索算法，用一个变量从 1 开始累加，依次比对在数组中是否存在，如果不存在，就将 *k* 减 1，直到 *k* 为 0 时即是要输出的值。

② Go 语言实现。

```
package main
import "fmt"
func findKthNumber(array []int, k int) int {
    number, index := 1, 0
    for index < len(array) {
        if array[index] != number {
```

```
            k--
        } else {
            index++
        }
        if k == 0 {
            break
        }
        number++
    }
    if k != 0 {
        number += k - 1
    }
    return number
}
func main() {
    array := []int{1, 2, 4, 5, 6, 8, 99, 251, 320}
    res := findKthNumber(array, 6)
    fmt.Println(res)
}
//$ go run interview8-1.go
//12
```

8.2 二分搜索算法

8.2.1 二分搜索算法简介

二分搜索（binary search）是一种在有序数组中使用的搜索算法，它通过重复将搜索间隔一分为二进行搜索。二分搜索算法的思想是利用数组排序的信息，将时间复杂度降低到 $O(\log n)$。

二分搜索算法的伪代码如下：

```
Begin BinarySearch(array, item, begin, end)
    if begin<=end
        midIndex = (begin + end) / 2
        if item == array[midIndex]
            return midIndex
        else if item < array[midIndex]
```

```
            return binarySearch(array, item, midIndex + 1, end)
        else
            return binarySearch(array, item, begin, midIndex - 1)
        end if
    end if
End BinarySearch
```

执行二分搜索的基本步骤如下。

（1）将整个数组的中间元素作为搜索键并从此处开始搜索。

（2）如果搜索键的值等于元素的值，则返回搜索键的索引。

（3）如果搜索键的值小于区间中间的项，则将区间缩小到下半部分，否则将其缩小到上半部分。

（4）从步骤（2）开始反复检查，直到值或区间为空。

二分搜索算法的时间复杂度为 $O(\log n)$，空间复杂度为 $O(1)$。

二分搜索算法的常见应用场景如下。

- 大型数据集：二分搜索算法对于大型数据集非常有效，因为其他算法的开销对性能的影响很大。在数据集规模相对较大的情况下，二分搜索算法是一个不错的选择，因为它的时间复杂度为 $O(\log n)$，其中 n 是元素的数量。
- 精确匹配：二分搜索算法在搜索精确匹配时很有用，因为它会找到目标元素在数据集中第 1 次出现的位置。

8.2.2 Go 语言实现

（1）编写二分搜索函数 binarySearch()，代码如下：

```go
func binarySearch(needle int, array []int) bool {
    low := 0
    high := len(array) - 1
    for low <= high {
        median := (low + high) / 2
        if array[median] < needle {
            low = median + 1
        } else {
            high = median - 1
        }
    }
    if low == len(array) || array[low] != needle {
        return false
    }
```

```
    return true
}
```

（2）编写 main() 函数，代码及其结果如下：

```
func main() {
    array := []int{1, 2, 9, 20, 31, 45, 63, 70, 100}
    fmt.Println(binarySearch(63, array))
}
//$ go run binarySearch.go
//true
```

8.2.3 面试题实战

【题目 8-2】**编写一个随机选择与其权重成比例的索引的函数**

给定一个正整数数组 array，其中 array[i] 描述索引 i 的权重，编写一个函数 pickIndex()，它随机选择与其权重成比例的索引。

【解答】

① 思路。

本题可以通过二分搜索算法实现。给出一个数组，每个元素值代表该下标的权重值，pickIndex() 函数随机取一个位置 i，这个位置出现的概率和该元素值成正比。由于涉及权重的问题，可以考虑用前缀来处理权重。因此，所有的下标都与下标权重成比例。

② Go 语言实现。

```
package main
import (
    "fmt"
    "math/rand"
    "time"
)
type Solution struct {
    values   []int
    maxValue int
}
func NewSolution(w []int) Solution {
    values := []int{}
    current := 0
    for _, v := range w {
        current += v
        values = append(values, current)
```

```go
    }
    rand.Seed(time.Now().UnixNano())
    return Solution{
        values:   values,
        maxValue: current,
    }
}
func (s *Solution) PickIndex() int {
    num := rand.Intn(s.maxValue)
    return findGreater(s.values, num)
}
//二分搜索较大的值
func findGreater(values []int, num int) int {
    l, r := 0, len(values)-1
    for l <= r {
        m := (l + r) >> 1
        if values[m] > num {
            r = m - 1
        } else {
            l = m + 1
        }
    }
    return l
}
func main() {
    array := []int{1, 2, 9, 20, 31, 45, 63, 70, 100}
    res := NewSolution(array)
    fmt.Println(res.maxValue)
    fmt.Println(res.values)
}
//$ go run interview8-2.go
//341
//[1 3 12 32 63 108 171 241 341]
```

【题目 8-3】**找到数组中与某元素 x 最接近的 k 个元素**

给定一个按升序排列的整数数组 array 和两个整数 k 和 x，请找到数组中与 x 最接近的 k 个元素，结果按升序排序。如果存在平局，则始终首选较小的元素。

【解答】

①思路。

本题较好的解法是使用二分搜索算法。由于区间长度固定为 k，所以左区间的最大长度为 len(array) – k（因为长度为 k 以后，右区间正好就到数组最右边了），在 [0,len(array) – k] 区间中进行二分搜索。如果发现 array[mid] 与 x 的距离比 array[mid + k] 与 x 的距离要大，则说明要找的区间一定在右侧，继续进行二分搜索，直到 low = high 时退出。最终的 low 值就是答案区间的左边界。

② Go 语言实现。

```
package main
import "fmt"
func searchClosestElements(array []int, k int, x int) []int {
    low, high := 0, len(array)-k
    for low < high {
        mid := low + (high-low)>>1
        if x-array[mid] > array[mid+k]-x {
            low = mid + 1
        } else {
            high = mid
        }
    }
    return array[low : low+k]
}
func main() {
    array := []int{1, 2, 4, 5, 6, 8, 99, 251, 320}
    res := searchClosestElements(array, 6, 1)
    fmt.Println(res)
}
//$ go run interview8-3.go
//[1 2 4 5 6 8]
```

【题目 8-4】**编写一个搜索数组中的目标元素的函数**

给定一个按升序排列的整数数组 array 和一个整数目标元素，编写一个函数来搜索 array 中的目标元素。如果目标元素存在，则返回其索引；否则返回 -1。开发者必须编写具有 $O(\log n)$ 时间复杂度的算法。示例如下。

输入：

```
array = [1, 2, 4, 5, 6, 8], target = 5
```

输出：

```
3
```

解释：5 存在于数组 array 中，其索引为 3。

【解答】

① 思路。

根据题意，本题可以通过二分搜索算法实现。

② Go 语言实现。

```
package main
import "fmt"
func search(array []int, target int) int {
    left, right := 0, len(array)-1
    for left <= right {
        mid := left + (right-left)/2
        if array[mid] == target {
            return mid
        } else if array[mid] < target {
            left = mid + 1
        } else {
            right = mid - 1
        }
    }
    return -1
}
func main() {
    array := []int{1, 2, 4, 5, 6, 8}
    res := search(array, 5)
    fmt.Println(res)
}
//$ go run interview8-4.go
//3
```

8.3 跳转搜索算法

8.3.1 跳转搜索算法简介

跳转搜索（jump search）是一种用于有序数组的搜索算法。其基本思想是通过固定步骤向前跳转或跳过某些元素来检查更少的元素（相比线性搜索）。

跳转搜索算法也适用于有序列表。它创建一个块并尝试在该块中查找元素，如果要查找的元素不在块中，它会移动整个块。块大小基于列表的大小，如果列表的大小为 n，则块大小将为 $\sqrt{n}$ 。在找到正确的块后，它使用线性搜索算法查找元素。跳转搜索算法根据其性能介于线性搜索算法和二分搜索算法之间。

跳转搜索算法的时间复杂度为 $O(\sqrt{n})$， 空间复杂度为 $O(1)$。

跳转搜索的步骤是，开发者将按数组长度的平方根跳跃进行查找，直到找到大于或等于目标的值，然后必须实现一个反向线性搜索来确定最终结果。

跳转搜索算法的常见应用场景如下。

- 大型数据集：跳转搜索算法对于大型数据集是有效的，因为其他算法的开销对性能的影响很大。在数据集规模较大的情况下，跳转搜索算法是一个不错的选择，因为它的时间复杂度为 $O(\sqrt{n})$，其中 n 是元素的数量。
- 近似匹配：跳转搜索算法在搜索近似匹配时很有用，因为它会在数据集中找到最接近目标元素的元素。

8.3.2 Go 语言实现

（1）编写跳转搜索函数 jumpSearch()，代码如下：

```
func jumpSearch(array []int, key int) int {
    var blockSize = int(math.Sqrt(float64(len(array))))
    var i = 0
    for {
        if array[i] >= key {
            break
        }
        if i > len(array) {
            break
        }
        i += blockSize
    }
    for j := i; j > 0; j-- {
        if array[j] == key {
            return j
        }
    }
    return -1
}
```

（2）编写 main() 函数，代码及其结果如下：

```
func main() {
    array := []int{1, 2, 6, 5, 88, 66, 77, 69, 76, 99}
    fmt.Println(jumpSearch(array, 77))
}
//$ go run jumpSearch.go
//6
```

8.3.3 面试题实战

【题目 8–5】**使用 Go 语言实现跳转搜索**

如何使用 Go 语言实现跳转搜索？请编写代码。

【解答】

① 思路。

本题通过跳转搜索算法实现。

② Go 语言实现。

```
package main
import (
    "fmt"
    "math"
)
func jumpSearch(array []int, key int) int {
    var blockSize = int(math.Sqrt(float64(len(array))))
    var i = 0
    for {
        if array[i] >= key {
            break
        }
        if i > len(array) {
            break
        }
        i += blockSize
    }
    for j := i; j > 0; j-- {
        if array[j] == key {
            return j
        }
```

```
    }
    return -1
}
func main() {
    array := []int{1, 2, 6, 5, 88, 66, 77, 69, 76, 99}
    fmt.Println(jumpSearch(array, 77))
}
//$ go run jumpSearch.go
//6
```

8.4 插值搜索算法

8.4.1 插值搜索算法简介

插值搜索（interpolation search）是对实例的二分搜索的改进，其中排序数组中的值是均匀分布的。二分搜索总是对中间元素进行检查。另外，插值搜索可能会根据正在搜索的键的值去查找不同的位置。例如，如果键的值更接近最后一个元素，则插值搜索很可能会向末端一侧开始搜索。

插值搜索的步骤如下。

（1）从列表中间开始搜索数据。

（2）如果匹配，则返回元素的索引，然后退出。

（3）如果不匹配，则预测位置。

（4）使用预测公式划分列表并找到新的中间点。

（5）如果数据大于中间值，则在更高的子列表中搜索。

（6）如果数据小于中间值，则在较低的子列表中搜索。

（7）重复上述步骤直到匹配。

插值搜索算法的时间复杂度为 $O(n)$，空间复杂度为 $O(1)$。

插值搜索算法的常见应用场景如下。

- 有序和均匀分布的数据：插值搜索算法在搜索均匀分布的有序数据集中的元素时很有效，因为插值公式依赖于此属性进行准确的预测。
- 大型数据集：插值搜索算法对于大型数据集是有效的，因为其他算法的开销对性能的影响很大。在数据集规模相对较大的情况下，插值搜索算法是一个不错的选择，因为它的时间复杂度在平均情况下为 $O(\log n)$，在最坏情况下为 $O(n)$，其中 n 为元素的数量。

- 近似匹配：插值搜索算法在搜索近似匹配时很有用，因为它会在数据集中找到最接近目标元素的元素。

8.4.2 Go 语言实现

（1）编写插值搜索函数 interpolationSearch()，代码如下：

```
func interpolationSearch(array []int, key int) int {
    min, max := array[0], array[len(array)-1]
    low, high := 0, len(array)-1
    for {
        if key < min {
            return low
        }
        if key > max {
            return high + 1
        }
        // 预测位置
        var guess int
        if high == low {
            guess = high
        } else {
            size := high - low
            offset := int(float64(size-1) * (float64(key-min) / float64(max-min)))
            guess = low + offset
        }
        if array[guess] == key {
            // 如果该键多次出现，则查找第 1 个
            for guess > 0 && array[guess-1] == key {
                guess--
            }
            return guess
        }
        // 根据猜测是否过高或过低调整搜索范围
        if array[guess] > key {
            high = guess - 1
            max = array[high]
        } else {
            low = guess + 1
            min = array[low]
        }
```

```
    }
}
```

（2）编写 main() 函数，代码及其结果如下：

```
func main() {
    arr := []int{1, 6, 8, 22, 23, 33, 55, 66, 99}
    res := interpolationSearch(arr, 33)
    fmt.Println(res)
}
//$ go run interpolationSearch.go
//5
```

8.4.3 面试题实战

【题目 8-6】**使用插值搜索算法确定目标值是否存在于数组中**

给定一个有序的整数数组和一个目标值，使用插值搜索算法确定目标值是否存在于数组中。如果目标值存在于数组中，则返回它的索引。示例如下。

输入：

```
array[] = [2, 3, 5, 7, 9]
target = 7
```

输出：

```
3
```

【解答】

① 思路。

根据题意，使用插值搜索算法来实现。

② Go 语言实现。

```
package main
import "fmt"
func interpolationSearch(array []int, n int, target int) int {
    if n == 0 {
        return -1
    }
    low := 0
    high := n - 1
    for array[high] != array[low] && target >= array[low] && target <= array[high] {
        // 估计中间值
```

```
        mid := low + ((target - array[low]) * (high - low) / (array[high] -
            array[low]))
        // 找到目标值
        if target == array[mid] {
            return mid
        } else if target < array[mid] {
            high = mid - 1
        } else {
            low = mid + 1
        }
    }
    // 如果找到目标值
    if target == array[low] {
        return low
    } else {
        return -1
    }
}
func main() {
    array := []int{2, 5, 6, 8, 9, 10}
    target := 5
    n := len(array)
    index := interpolationSearch(array, n, target)
    if index != -1 {
        fmt.Printf("Element found at index %d \n", index)
    } else {
        fmt.Println("Element not found in the array")
    }
}
//$ go run interview8-6.go
//Element found at index 1
```

8.5 斐波那契搜索算法

8.5.1 斐波那契搜索算法简介

斐波那契搜索（fibonacci search）是一种基于比较的算法，它使用斐波那契数列来搜索有序数组中的元素。斐波那契搜索算法是基于分治算法的二分搜索算法的另一种变体。

斐波那契搜索是一种高效的算法，其时间复杂度为 $O(\log n)$，其中 n 是数组中元素的数量。该算法基于斐波那契数列，这是一系列数字，其中每个数字都是前两个数字的总和，如 0, 1, 1, 2, 3, 5, 8, 13, 21, 34, …

斐波那契搜索算法的工作原理如下。

（1）定义两个变量，F_m 和 F_{m-1}，其中 F_m 是第 m 个斐波那契数，F_{m-1} 是第 m-1 个斐波那契数。令 m 为 F_m 大于或等于数组长度的最小整数。

（2）将 offset 和 index 两个变量初始化为 0，并将 mid 设置为 min(offset + F_{m-1}, n−1)。

（3）如果 mid 索引处的元素等于查找元素，则返回 mid。

（4）如果查找元素小于 mid 索引处的元素，则丢弃 mid+1 ~ n−1 的元素，将 F_m 设置为 F_{m-1}，将 F_{m-1} 设置为 $F_m - F_{m-1}$，将 mid 设置为 min(offset + F_{m-1}, n−1)。

（5）如果查找元素大于 mid 索引处的元素，则舍弃 0 ~ mid−1 的元素，将 F_{m-2} 设置为 F_{m-1}，将 F_{m-1} 设置为 F_m–F_{m-2}，将 mid 设置为 min(offset + F_{m-2}, n−1)。

重复步骤（3）~（5），直到找到查找元素或到数组末尾。

斐波那契数列将数组分成两部分。斐波那契搜索算法从数组的小范围开始，逐渐增加范围，直到找到搜索元素或到数组末尾。斐波那契数列的使用确保算法能够最佳地利用可用数据并消除不必要的比较。

斐波那契搜索算法使用斐波那契数列在给定区间内定位函数的最小值或最大值。

斐波那契搜索算法的常见应用场景如下。

- 优化：斐波那契搜索算法可用于在给定区间内找到函数的最优值。例如，它可用于优化产品设计或为机器学习模型寻找最佳参数。
- 数据分析：斐波那契搜索算法可用于在大型数据集中搜索特定数据点。当数据按特定顺序（如按日期或时间）排序时，尤其有用。
- 机器学习：斐波那契搜索算法可用于优化机器学习模型的超参数，可以帮助提高模型的性能并减少过度拟合。

8.5.2 Go 语言实现

（1）编写斐波那契搜索函数 fibonacciSearch()，代码如下：

```
// 接收数组并返回排序数组
func fibonacciSearch(arr []int) []int {
    if len(arr) < 2 {
        return arr
    }
    //创建一个足以覆盖数组长度的斐波那契数列
    fibM2, fibM1, fibM := 0, 1, 1
```

```
    for fibM < len(arr) {
        fibM2, fibM1 = fibM1, fibM
        fibM = fibM1 + fibM2
    }
    //使用斐波那契数列作为指南对数组执行二分搜索
    offset := -1
    for fibM2 > 1 {
        i := min(offset+fibM2-fibM1, len(arr)-1)
        if i > 0 && arr[i] < arr[offset+fibM2-fibM1+1] {
            fibM2, fibM1 = fibM1, fibM2-fibM1
            offset = i
        } else {
            fibM2, fibM1 = fibM2-fibM1, fibM1
        }
    }
    //使用插入排序算法对数组进行排序
    for i := offset + 1; i < len(arr); i++ {
        tmp := arr[i]
        j := i - 1
        for j >= 0 && arr[j] > tmp {
            arr[j+1] = arr[j]
            j--
        }
        arr[j+1] = tmp
    }
    return arr
}
//用于查找两个整数之间的最小值的辅助函数
func min(x, y int) int {
    if x < y {
        return x
    }
    return y
}
```

（2）编写 main() 函数，代码及其结果如下：

```
func main() {
    arr := []int{66, 8, 88, 55, 5, 28}
    sortedArr := fibonacciSearch(arr)
    fmt.Println(sortedArr)
}
```

```
//$ go run fibonacciSearch.go
//[5 8 28 55 66 88]
```

8.5.3 面试题实战

【题目 8-7】**查找第 1 个错误版本**

假设你是一名产品经理，目前正在领导一个团队开发新产品，你的产品的最新版本未通过质量检查。该产品的每个版本都是在前一个版本的基础上开发的，所以一个错误版本之后的所有版本也都是错误版本。

假设你有 n 个版本 [1, 2, ⋯, n]，并且你想找出第 1 个错误版本，它导致后面所有的版本都是错误版本。请编写一个函数来查找第 1 个错误版本。

【解答】

① 思路。

本题可以使用多种算法实现，下面通过斐波那契搜索算法实现。

② Go 语言实现。

```
package main
import "fmt"
func firstBadVersion(n int) int {
    fibMMinus2 := 0
    fibMMinus1 := 1
    fibM := fibMMinus1 + fibMMinus2
    //找到大于或等于 n 的最小斐波那契数
    for fibM < n {
        fibMMinus2 = fibMMinus1
        fibMMinus1 = fibM
        fibM = fibMMinus1 + fibMMinus2
    }
    index := -1
    //使用斐波那契数列执行搜索
    for fibM > 1 {
        //计算要检查的指标
        i := min(index+fibMMinus2, n-1)
        //如果当前版本没有错误，则丢弃左侧部分并向右移动
        if !isBadVersion(i) {
            fibM = fibMMinus1
            fibMMinus1 = fibMMinus2
            fibMMinus2 = fibM - fibMMinus1
            index = i
        } else {
```

```
            //如果当前版本有错误，则丢弃右侧部分并向左移动
            fibM = fibMMinus2
            fibMMinus1 = fibMMinus1 - fibMMinus2
            fibMMinus2 = fibM - fibMMinus1
        }
    }
    //查看最后一个版本
    if fibMMinus1 > 0 && index < (n-1) && isBadVersion(index+1) {
        return index + 1
    }
    return n
}
func min(x, y int) int {
    if x < y {
        return x
    }
    return y
}
func isBadVersion(version int) bool {
    return version >= 5
}
func main() {
    n := 8
    firstBad := firstBadVersion(n)
    fmt.Printf("第1个错误版本是：%v", firstBad)
}
//$ go run interview8-7.go
//第1个错误版本是：5
```

8.6 本章小结

本章主要知识结构如图 8.2 所示。

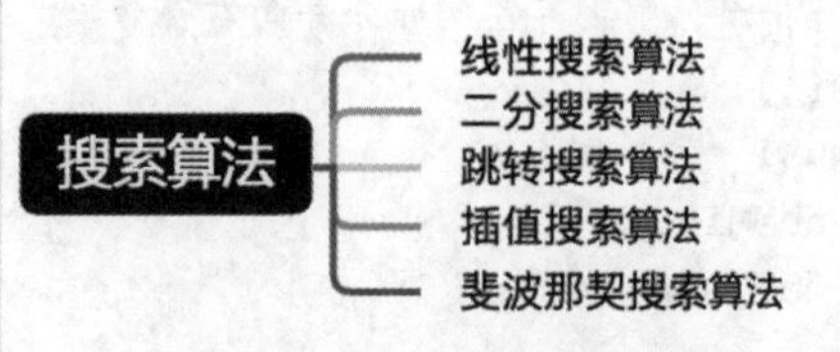

图8.2　本章主要知识结构

本章对常见的搜索算法（线性搜索、二分搜索、跳转搜索、插值搜索、斐波那契搜索）进行了详细的分析和讲解。

线性搜索是一种顺序搜索算法，常用于小型数据集、精确匹配等场景。8.1.2 小节通过编写线性搜索函数 linearSearch() 来实现线性搜索算法。题目 8–1 是常见的面试题，读者应尽量掌握。

二分搜索是一种在有序数组中使用的搜索算法，常用于大型数据集、精确匹配等场景。8.2.2 小节通过二分搜索函数 binarySearch() 来实现二分搜索算法。题目 8–2 到题目 8–4 都是常见的面试题，读者应尽量掌握。

跳转搜索是一种用于有序数组的搜索算法，常用于大型数据集、近似匹配等场景。8.3.2 小节通过编写跳转搜索函数 jumpSearch() 来实现跳转搜索算法。题目 8–5 是常见的面试题，读者应尽量掌握。

插值搜索是对实例的二分搜索的改进，常用于有序和均匀分布的数据、大型数据集、近似匹配等场景。8.4.2 小节通过编写插值搜索函数 interpolationSearch() 来实现插值搜索算法。题目 8–6 是常见的面试题，读者应尽量掌握。

斐波那契搜索是一种基于比较的算法，它使用斐波那契数来搜索有序数组中的元素，常用于优化、数据分析、机器学习等场景。8.5.2 小节通过编写斐波那契搜索函数 fibonacciSearch() 来实现斐波那契搜索算法。题目 8–7 是常见的面试题，读者应尽量掌握。

第9章　贪心算法

GoBot：
嘿，我们现在来到了第9章，这一章是关于贪心算法的！

Gopher：
哦，贪心算法，感觉有点像是吃零食时总是贪心地先吃最好吃的。

GoBot：
哈哈，有点道理！首先是9.1 贪心算法简介，简单来说，就是每一步都做出在当前看来是最好的选择。

Gopher：
嗯，感觉有点像是每一步都追求眼前最大的利益。下一个呢？

GoBot：
下一个是9.2 最小生成树算法，就像是建设一个网络，选择连接成本最小的路径，确保整体成本最小。

Gopher：
哇，听起来很有挑战性。接下来呢？

GoBot：
接下来是9.3 最短路径问题，有点像是在地图上找到两点之间最短的路径，确保走的路最短。

Gopher：
哈哈，不想走冤枉路，这个很实用。最后一个呢？

GoBot：
最后是9.4 霍夫曼编码，主要的场景是在压缩文件时，每个字符都用最短的编码表示，确保整体压缩效果最好。让我们一起去追求眼前最好的选择吧！

9.1 贪心算法简介

1. 贪心算法的定义

贪心算法（greedy algorithm）是一种用于优化问题的简单、直观的算法。该算法在尝试找到解决整个问题的总体最佳方法时，会在每个步骤中作出最佳选择。贪心算法在某些问题上非常成功，如用于压缩数据的霍夫曼编码，或用于寻找图的最短路径的 Dijkstra 算法。

贪心算法基本上用于确定可能是最优的或可能不是最优的可行解。可行解是满足给定标准的子集，最优解是子集中最好和最有利的解。在可行的情况下，如果有多个解决方案满足给定条件，则这些解决方案将被视为可行解，而最优解是所有解决方案中的最佳解决方案。

常见的贪心算法的应用包括最小生成树、最短路径问题、霍夫曼编码等。

2. 贪心算法的特点

贪心算法的特点如下。

- 最优子结构：如果问题的最优解包含其子问题的最优解，则问题表现出最优子结构。贪心算法通过将问题分解为更小的子问题并找到每个子问题的最佳解决方案来应用此属性。
- 缺乏回溯：一旦作出选择，算法就永远不会回头改变它的决定，即使这个决定是错误的。算法总是向前发展。
- 贪心算法易于实现且速度快。贪心算法的时间复杂度通常低于其他算法。
- 贪心算法不一定总能产生最优解。因为贪心算法会作出局部最优选择，所以它可能会忽略需要非局部考虑的全局最优解。因此，重要的是要确保贪心算法适用于特定问题并产生预期的结果。

3. 贪心算法的伪代码

贪心算法的伪代码如下：

```
Begin GreedyAlgorithm (a, n)
    result : = 0
    for i = 0 to n do
        x: = select(a)
        if feasible(result, x)
            result: = union(result, x)
        return result
        end if
    end for
End GreedyAlgorithm
```

4. 贪心算法的例子

假设有一个问题P。一个旅行者想从C到D旅行，如下所示：

```
P : C → D
```

假设旅行者必须从C到D进行一段旅行。从C到D有多种解决方案，旅行者可以通过步行、乘汽车、骑自行车、乘火车、坐飞机等方式从C到达D。有一个约束，旅行者必须在24小时内走完这段距离。如果旅行者只乘火车或坐飞机，可以在24小时内走完这段距离。

如果要求旅行者必须以最低的成本覆盖旅程，这意味着旅行者必须尽可能地走完这段距离，所以这个问题被称为最小化问题。到目前为止，我们有两种可行的解决方案，一种是乘火车，另一种是坐飞机。由于乘火车旅行成本最低，因此它是最佳解决方案，最优解也是可行解，但是提供最好的结果使得该解是成本最小的最优解。因此只有一个最佳解决方案。

需要最小或最大结果的问题称为优化问题。贪心算法是用于解决优化问题的策略之一。

5. 贪心算法的应用场景

贪心算法的常见应用场景如下。

- 最短路径：贪心算法可用于查找图中两点之间的最短路径。例如，Dijkstra 算法可以从源节点开始，贪婪地选择到下一个节点的最短路径，直到到达目标节点。
- 最小生成树：贪心算法可用于查找图的最小生成树。例如，Kruskal 算法可以将最短的边添加到正在生长的树中，直到所有节点都连接起来。
- 调度：贪心算法可用于调度任务以最小化完成任务所需的总时间。一个例子是工作排序问题，它涉及选择最赚钱的工作首先完成。

9.2 最小生成树算法

9.2.1 最小生成树算法简介

最小生成树（minimum spanning tree，MST）是连接的无向图中的边子集，它将所有顶点连接在一起，没有任何循环，并且具有最小可能的总边权。MST是一个生成树，其边权重之和尽可能小。更一般地，任何边的加权无向图（不一定是连通的）都有一个最小生成森林，它是其连通分量的最小生成树的联合。

生成树的代价是树中所有边的权重之和，可以有很多棵生成树。最小生成树是所有生成树中成本最小的树，也可以有很多棵最小生成树。有两种著名的算法可以找到最小生成树。

（1）Kruskal 算法。Kruskal 算法通过将边一条一条地添加到不断增长的生成树中来构建生成树。Kruskal 算法遵循贪心算法，因为在每次迭代中，它都会找到一条权重最小的边并将

其添加到不断增长的生成树中。

（2）Prim 算法。Prim 算法也使用贪心算法来寻找最小生成树。在 Prim 算法中，从起始位置开始生成生成树。与 Kruskal 算法中的边不同，Prim 算法将顶点添加到不断增长的生成树中。

最小生成树算法的常见应用场景如下。

- 网络设计：在计算机网络中，设计高效的网络拓扑非常重要。最小生成树可用于识别连接网络中所有节点所需的最小连接集。
- 交通系统：最小生成树可用于寻找连接一个国家所有城市的最低成本。这可用于规划货物和服务的运输。
- 图像处理：在图像处理中，最小生成树可以用于识别给定图像的最小生成树，并分析图像的结构。

9.2.2 Prim 算法

1. 什么是 Prim 算法

Prim 算法是一种贪心算法，用于从图中找到最小生成树。Prim 算法找到包含图的每个顶点的边的子集，以便可以最小化边的权重之和。Prim 算法从单个节点开始，并在每一步探索所有具有连接边的相邻节点。因为选择了具有最小权重的边，所以图中没有循环。

Prim 算法可用于多种场景，如网络设计和优化问题，其中寻找最小成本生成树很重要。它还可以用于聚类分析、数据挖掘和机器学习等各种场景。

Prim 算法的伪代码如下：

GoBot:

```
T = ∅;
U = { 1 };
while (U ≠ V)
    let (u, v)       // 令 (u, v) 为最低成本边，使得 u ∈ U 且 v ∈ V – U
    T = T ∪ {(u, v)}
    U = U ∪ {v}
```

以上伪代码显示了如何创建两组顶点 U 和 V。U 包含已访问的顶点列表，而 V 包含未访问的顶点列表。通过连接最小权重边将顶点逐个从集合 V 移动到集合 U。

实现 Prim 算法的步骤如下。

（1）使用随机选择的顶点初始化一个最小生成树。

（2）找到将步骤（1）中生成的树与新顶点连接起来的所有边。从找到的边中选择最小边并将其添加到树中。

（3）重复步骤（2），直到形成最小生成树。

Prim 算法图形示例如下。

假设有一个加权图，如图 9.1 所示。

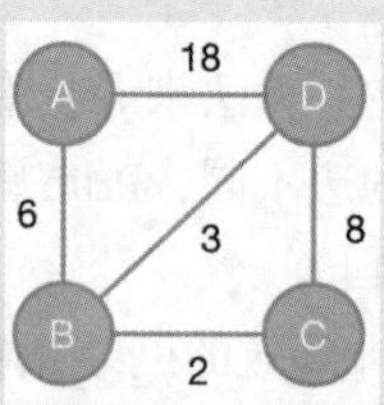

图9.1 加权图示例

（1）从图 9.1 中选择一个顶点作为起始顶点，这里选择顶点 A。

（2）选择并添加从顶点 A 开始的最短边。从顶点 A 开始有两条边，即 A 到 D 的权重为 18 的边和 A 到 B 的权重为 6 的边。在这两条边中，边 AB 具有最小权重，因此，将其添加到最小生成树。加入最小生成树后的无向图如图 9.2 所示。

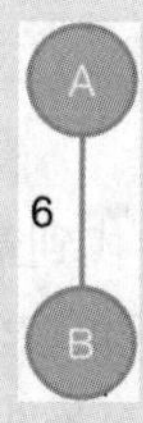

图9.2 加入最小生成树后的无向图（1）

（3）再次选择所有其他边中权重最小的边。在这种情况下，边 BC 和边 BD 就是这样的边，边 BC 的权重小于边 BD，因此先选择边 BC 并将其添加到最小生成树。加入最小生成树后的无向图如图 9.3 所示。

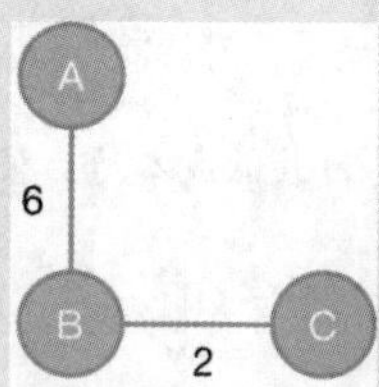

图9.3 加入最小生成树后的无向图（2）

（4）选择边 BD，并将其添加到最小生成树。加入最小生成树后的无向图如图 9.4 所示。

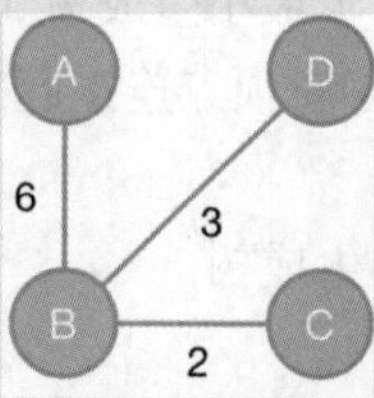

图9.4 加入最小生成树后的无向图（3）

继续探索 D 的邻接点，即 C 和 A，我们不能选择边 DA 或者边 DC，因为它会为图形创建一个循环，不满足最小生成树。因此，在步骤（4）中生成的图是给定图的最小生成树。最小生成树的权重为 6 + 3 + 2=11 个单位。

2. Go 语言实现

（1）编写 Prim() 函数，代码如下：

```
const MAX = math.MaxInt32
// 使用 Prim 算法寻找最小生成树
func Prims(graph [][]int, n int) int {
    // 初始化变量
    key := make([]int, n)
    mst := make([]int, n)
    visited := make([]bool, n)
    for i := 0; i < n; i++ {
        key[i] = MAX
        mst[i] = -1
    }
    key[0] = 0
    mst[0] = -1
    // 寻找最小生成树
    for i := 0; i < n-1; i++ {
        minIndex := findMinVertex(key, visited, n)
        visited[minIndex] = true
        for j := 0; j < n; j++ {
            if graph[minIndex][j] != 0 && !visited[j] && graph[minIndex][j] <
                key[j] {
                    key[j] = graph[minIndex][j]
                    mst[j] = minIndex
                }
        }
    }
    // 计算最小生成树的权重
    sum := 0
    for i := 1; i < n; i++ {
        sum += graph[i][mst[i]]
    }
    return sum
}
func findMinVertex(key []int, visited []bool, n int) int {
```

```
    min := MAX
    minIndex := -1
    for i := 0; i < n; i++ {
        if visited[i] == false && key[i] < min {
            min = key[i]
            minIndex = i
        }
    }
    return minIndex
}
```

（2）编写 main() 函数，代码如下：

```
func main() {
    graph := [][]int{{0, 2, 0, 6, 0},
        {2, 0, 3, 8, 5},
        {0, 3, 0, 0, 7},
        {6, 8, 0, 0, 9},
        {0, 5, 7, 9, 0},
    }
    fmt.Println("最小生成树的权重是:", Prims(graph, 5))
}
//$ go run prim.go
//最小生成树的权重是: 16
```

3. 面试题实战

【题目 9-1】**返回使所有点连接的最小成本**

给定一个数组，points 表示二维平面上某些点的整数坐标，其中 points[i] = [xi, yi]。连接两个点 [xi, yi] 和 [xj, yj] 的成本是它们之间的距离：|xi − xj| + |yi − yj|，其中，形如 |val| 表示 val 的绝对值。请返回使所有点连接的最小成本。如果任意两点之间只有一条简单路径，则所有点都是连接的。示例如下。

输入：

```
points = [[1,2],[3,4]]
```

输出：

```
4
```

【解答】

①思路。

本题涉及最短路径问题，可以使用 Prim 算法来实现。

② Go 语言实现。

```
package main
import "fmt"
// 求最小生成树的 Prim 算法
func minCost(points [][]int) (ans int) {
    n := len(points)
    dis := make([]int, n)
    x, y := points[0][0], points[0][1]
    for i := range dis {
        dis[i] = abs(points[i][0]-x) + abs(points[i][1]-y)
    }
    mark := make([]bool, n)
    for {
        chosen, min := -1, 1_000_000_000
        for i := range dis {
            if !mark[i] && dis[i] < min {
                min, chosen = dis[i], i
            }
        }
        if chosen == -1 {
            break
        }
        mark[chosen] = true
        ans += dis[chosen]
        for i := range dis {
            if mark[i] {
                continue
            }
            d := abs(points[i][0]-points[chosen][0]) + abs(points[i]
                [1]-points[chosen][1])
            if dis[i] > d {
                dis[i] = d
            }
        }
    }
    return
}
func abs(x int) int {
    if x < 0 {
```

```
        return -x
    }
    return x
}
func main() {
    points := [][]int{{1, 2}, {3, 4}}
    res := minCost(points)
    fmt.Println(res)
}
//$ go run interview9-1.go
//4
```

9.2.3 Kruskal 算法

1. 什么是 Kruskal 算法

Kruskal 算法用于为给定图生成最小生成树。Kruskal 算法按边权重的递增顺序对所有边进行排序，并且仅当所选边不形成任何循环时才继续向树中添加节点。此外，它首先选择权重最低的边，最后选择权重最高的边。因此，可以说 Kruskal 算法作出了局部最优选择，旨在找到全局最优解。这就是为什么它也被称为贪心算法。

任何最小生成树算法都围绕检查添加边是否会产生循环而展开。找出这一点的最常见方法是一种称为 Union-Find 的算法。Union-Find 算法将顶点划分为不同的集合，并允许开发者检查两个顶点是否属于同一集合，从而确认添加一条边是否会创建一个循环。Kruskal 算法的伪代码如下：

```
Kruskal(G):
A = ∅
for each vertex v ∈ G.V:
    MAKE-SET(v)
for each edge (u, v) ∈ G.E:   //对于每条边 (u, v) ∈ G.E 按权重 (u, v) 递增排序
    if FIND-SET(u) ≠ FIND-SET(v):
    A = A ∪ {(u, v)}
    UNION(u, v)
return A
```

Kruskal 算法生成最小生成树的步骤如下。

（1）按权重的非递减顺序对所有边进行排序。

（2）选择权重最小的边，检查它是否与目前形成的生成树形成循环。如果未形成循环，则添加到树中；否则，丢弃它。

（3）重复步骤（2），直到生成树中有 V–1 条边。当生成树中有 V–1 条边时，则形成最小生成树。

注意：

最小生成树有 $V-1$ 条边，其中 V 是给定图中的顶点数。

对于具有 E 条边和 V 个顶点的图，Kruskal 算法的时间复杂度为 $O(E\log V)$。用于寻找具有 E 条边和 V 个顶点的连通加权图的最小生成树的 Kruskal 算法的空间复杂度为 $O(V+E)$。

Kruskal 算法图形示例如下。

给定一个加权图，如图 9.5 所示。

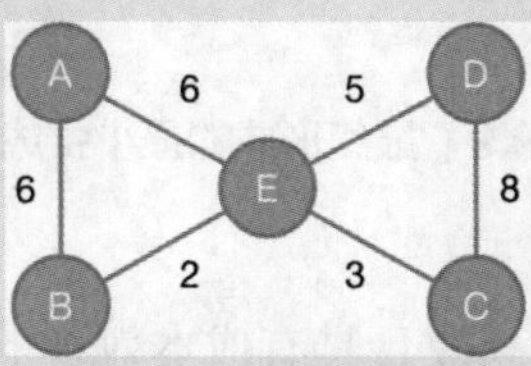

图9.5　加权图示例

（1）从中选择权重最小的边，如果超过一条，则选择任意一条。通过遍历查找到权重最小的边为 BE，其权重为 2，则将边 BE 添加到树中。添加边后的最小生成树如图 9.6 所示。

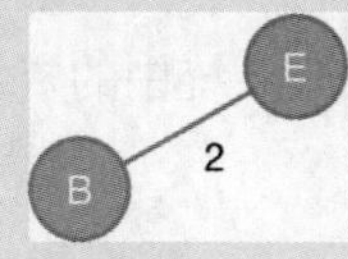

图9.6　添加边后的最小生成树（1）

（2）继续遍历查找，选择下一条权重最小的边 EC，其权重为 3，将它添加到树中。添加边后的最小生成树如图 9.7 所示。

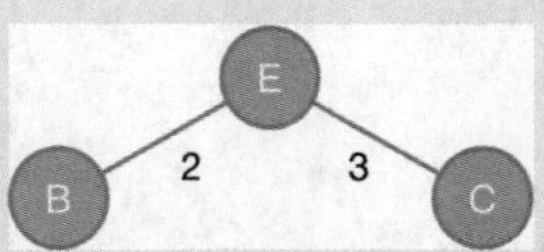

图9.7　添加边后的最小生成树（2）

（3）继续遍历查找，选择下一条权重最小的边 ED，其权重为 5，将它添加到树中。添加边后的最小生成树如图 9.8 所示。

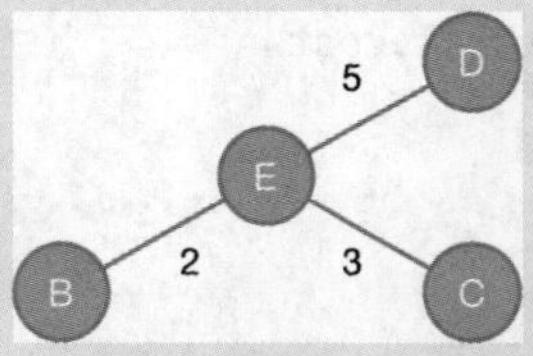

图9.8　添加边后的最小生成树（3）

（4）继续遍历查找，选择下一条权重最小的边 EA 和 AB，其权重都为 6，但边 AB 会创建循环，因此只能选择边 EA，将它添加到树中。因为顶点数为 5，根据最小生成树的特征，当生成树中有 4 条边时，就会形成最小生成树。最终形成的最小生成树如图 9.9 所示。

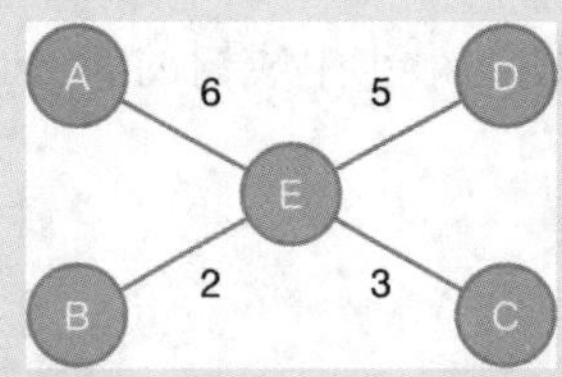

图9.9　最终形成的最小生成树

Kruskal 算法的常见应用场景如下。

- 网络设计：该算法可用于设计高效且具有成本效益的通信网络，如有线电视网络、互联网络和电话网络等。
- 交通网络：该算法可用于寻找交通网络（如公路、铁路和航空）的最佳路线。
- 电路设计：该算法可用于设计电路板和接线图，其中需要优化不同组件之间的连接以最小化总成本。
- 资源分配：该算法可用于分配网络或系统中的资源，如分配带宽、分配存储空间或将任务分配给处理器。

2. Go 语言实现

（1）定义加权图边对象 Edge，代码如下：

```
// 加权图边
type Edge struct {
    src  int
    dst  int
    cost int
}
```

（2）编写 Kruskal() 函数，代码如下：

```
func Kruskal(v int, es []Edge) (int, []Edge) {
    sort.Slice(es, func(i, j int) bool {
        return es[i].cost < es[j].cost
    })
    cost := 0
    mst := make([]Edge, 0)
    u := NewSet(v)
    for _, e := range es {
```

```
        if !u.IsSameSet(e.src, e.dst) {
            u.Union(e.src, e.dst)
            mst = append(mst, e)
            cost += e.cost
        }
    }
    return cost, mst
}
```

（3）编写不相交集合对象 UnionSet 及其方法，代码如下：

```
// 不相交集合对象
type UnionSet struct {
    p []int
    r []int
}
// New Set 返回具有给定大小的新 UnionSet 指针
func NewSet(size int) *UnionSet {
    uf := new(UnionSet)
    uf.p = make([]int, size)
    uf.r = make([]int, size)
    for i := range uf.p {
        uf.p[i] = i
        uf.r[i] = 1
    }
    return uf
}
func (uf *UnionSet) Union(a, b int) {
    if uf.r[a] > uf.r[b] {
        uf.p[b] = a
    } else {
        uf.p[a] = b
        if uf.r[a] == uf.r[b] {
            uf.r[a]++
        }
    }
}
// 查找返回根元素
func (uf *UnionSet) Find(x int) int {
    if uf.p[x] != x {
```

```
        uf.p[x] = uf.Find(uf.p[x])
    }
    return uf.p[x]
}
// 如果给定的两个元素包含在一个集合中，则 IsSameSet 返回 true
func (uf *UnionSet) IsSameSet(a, b int) bool {
    a = uf.Find(a)
    b = uf.Find(b)
    return a == b
}
```

（4）编写 main() 函数，代码如下：

```
func main() {
    edges := []Edge{{0, 1, 10},
        {0, 2, 6},
        {0, 3, 5},
        {1, 3, 15},
        {2, 3, 4}}
    v := 5
    res1, res2 := Kruskal(v, edges)
    fmt.Println(res1, res2)
}
//$ go run kruskal.go
//19 [{2 3 4} {0 3 5} {0 1 10}]
```

3. 面试题实战

【题目 9–2】在给定图的最小生成树中找到所有关键边和伪关键边

给定一个加权无向连通图，其中 n 个顶点编号从 0 ~ $n-1$，以及一个数组 edges，其中 edges[i] = [ai, bi, weighti] 表示节点 ai 和 bi 之间的双向加权边。

请在给定图的最小生成树中找到所有关键边和伪关键边并返回。从图中删除会导致最小生成树权重增加的最小生成树的边称为伪临界边。伪临界边可以出现在一些但不是全部的最小生成树中。注意，我们可以按任何顺序返回边的索引。示例如下。

输入：

```
n = 5, edges = [[0,1,1],[1,2,1],[2,3,2],[0,3,2],[0,4,3],[ 3,4,3],[1,4,6]]
```

输出：

```
[[ 0,1 ],[2,3,4,5]]
```

【解答】

① 思路。

根据题意，本题可以使用 Kruskal 算法查找最小生成树的权重；对于每条边，检查是否有必要形成最小生成树（临界），否则检查包含该边是否会增加权重（冗余），伪临界边留下强制包含后的权重。

② Go 语言实现。

```
package main
import (
    "fmt"
    "sort"
)
func findCriticalAndPseudoCriticalEdges(n int, edges [][]int) [][]int {
    // 将 edges 中每个切片的索引添加到该切片
    for i := range edges {
        edges[i] = append(edges[i], i)
    }
    sort.Slice(edges, func(i, j int) bool {
        return edges[i][2] < edges[j][2]
    })
    // 使用 Kruskal 算法查找 MST
    minWeight := mstWeight(n, edges, -1, -1)
    critical := make([]int, 0)
    pseudoCritical := make([]int, 0)
    for i := range edges {
        // 检查排除这条边的权重
        wgt := mstWeight(n, edges, i, -1)
        // 如果权重为 -1（无法形成 MST）或权重增加边，则必须包含在 MST中
        if wgt == -1 || wgt > minWeight {
            critical = append(critical, edges[i][3])
            continue
        }
        // 如果 weight == minWeight，则不确定这条边是否被排除
        wgt = mstWeight(n, edges, -1, i)
        if wgt == minWeight {
            pseudoCritical = append(pseudoCritical, edges[i][3])
        }
    }
    // 排序并返回
```

```
    sort.Ints(critical)
    sort.Ints(pseudoCritical)
    return [][]int{critical, pseudoCritical}
}
func mstWeight(n int, edges [][]int, skipIdx int, forceIncludeIndex int) int {
    dsu := NewUnionSet(n)
    var weight int
    if forceIncludeIndex != -1 {
        e := edges[forceIncludeIndex]
        dsu.union(e[0], e[1])
        weight += e[2]
    }
    for i, edge := range edges {
        if i == skipIdx {
            continue
        }
        a, b := edge[0], edge[1]
        ra, rb := dsu.find(a), dsu.find(b)
        // 当已经是同一组件的一部分时，则跳过
        if ra == rb {
            continue
        }
        dsu.union(a, b)
        weight += edge[2]
    }
    // 验证所有边是否都属于同一个组件
    a := dsu.find(0)
    for i := range dsu.parent[1:] {
        if dsu.find(1+i) != a {
            return -1
        }
    }
    return weight
}
type UnionSet struct {
    parent []int
    size   []int
}
func NewUnionSet(n int) *UnionSet {
```

```
    dsu := &UnionSet{
        parent: make([]int, n),
        size:   make([]int, n),
    }
    for i := 0; i < n; i++ {
        dsu.parent[i] = i
        dsu.size[i] = 1
    }
    return dsu
}
func (d *UnionSet) find(a int) int {
    if d.parent[a] == a {
        return a
    }
    root := d.find(d.parent[a])
    d.parent[a] = root
    return root
}
func (d *UnionSet) union(a, b int) {
    a = d.find(a)
    b = d.find(b)
    if a != b {
        if d.size[a] < d.size[b] {
            a, b = b, a
        }
        d.parent[b] = a
        d.size[a] += d.size[b]
    }
}
func main() {
    n := 5
    edges := [][]int{{0, 1, 1}, {1, 2, 1}, {2, 3, 2}, {0, 3, 2}, {0, 4, 3},
        {3, 4, 3}, {1, 4, 6}}
    res := findCriticalAndPseudoCriticalEdges(n, edges)
    fmt.Println(res)
}
//$ go run interview9-2.go
//[[0 1] [2 3 4 5]]
```

9.3 最短路径问题

9.3.1 最短路径问题简介

1. 什么是最短路径问题

最短路径问题是在图中找到两个顶点（或节点）之间的路径以使其组成的边的权重之和最小化的问题。图中任意两个节点之间的最短路径可以用很多算法来建立，如 Dijkstra 算法、Bellman–Ford 算法、FloydWarshall 算法。找到最短路径的算法基于以下特性工作。

- 最短路径的所有子路径也必须是最短路径。
- 如果存在两个节点 A 和 B 之间的最短路径长度， 那么贪婪地选择 B 到 C 之间长度最小的边将给出 A 和 C 之间的最短路径长度。

对于最短路径问题，我们可以通过以下示例加深理解。

如图 9.10 所示，令 P1 是最短路径（C → X → Y → D）的子路径（X → Y），并设 P2 是任何其他路径（X → Y）。那么，P1 的权重必须小于或等于 P2 的权重。否则，路径 C → X → Y → D 将不是节点 C 和 D 之间的最短路径。

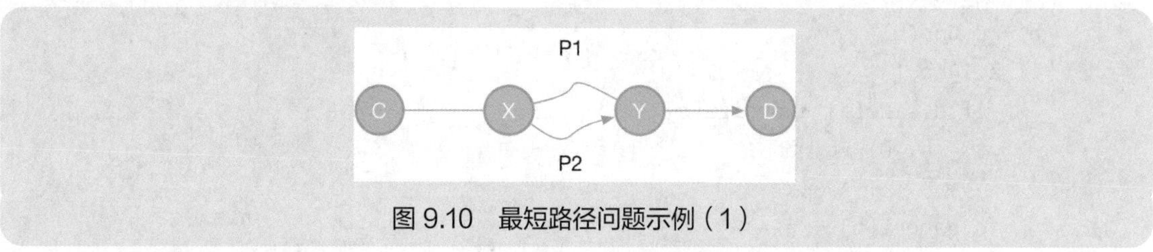

图 9.10　最短路径问题示例（1）

如图 9.11 所示，令 d(C, D) 为从 C 到 D 的最短路径的长度，则最短路径问题的三角不等式如下：

```
d(C, D) ≤ d(C, X) + d(X, D)
```

图9.11　最短路径问题示例（2）

2. 什么是 Dijkstra 算法

Dijkstra 算法是找到图的任意两个顶点之间的最短路径的常用算法。它与最小生成树不同，因为两个顶点之间的最短距离可能不包括图中的所有顶点。

为了保持每个顶点的路径距离，可以将其存储在大小为 V 的数组中，其中 V 是顶点数。我们还希望能够得到最短路径，而不是只知道最短路径的长度。为此，将每个顶点映射到最后更新其路径长度的顶点。一旦算法结束，就可以从目的顶点回溯到源顶点来寻找路径。最小优先级队列可用于有效地接收具有最短路径距离的顶点。Dijkstra 算法的伪代码如下：

```
Begin Dijkstra(Graph, S)
    for each vertex V in Graph
        distance[V] <- infinite
        previous[V] <- NULL
        if V != S           // 将 V 添加到优先级队列 Q 中
            distance[S] <- 0
        end if
    end for
    if Q != NULL
        U <- Extract MIN from Q
        for each unvisited neighbour V of U
            tempDistance <- distance[U] + edge_weight(U, V)
            if tempDistance < distance[V]
                distance[V] <- tempDistance
                previous[V] <- U
            end if
        end for
        return distance[], previous[]
    end if
End Dijkstra
```

Dijkstra 算法的执行步骤如下。

（1）创建距离图，存储从源节点到每个节点的距离，将所有值初始化为无穷大。

（2）创建顶点映射，将顶点标记为已访问和未访问。

（3）对于源节点，标记距离为 0（权重应该是非负数）。

（4）将源节点插入队列。

（5）将节点从队列中取出并访问所有未访问的邻居，计算通过当前节点的暂定距离。如果暂定距离小于当前分配距离，则更新距离并分配较小的距离，将距离最小的顶点添加到优先级队列中。

要在步骤（5）中获取最短路径，请存储先前的节点名称，重复此操作，直到优先级队列为空。

在具有 V 个顶点和 E 条边的加权图中，寻找最短路径的 Dijkstra 算法的时间复杂度是使用二叉堆的 $O(E \log V)$，空间复杂度为 $O(V+E)$。

Dijkstra 算法的常见应用场景如下。

- 计算机网络中的路由协议：Dijkstra 算法在网络协议中用于查找网络中两个节点之间的最短路径。
- 优化交通规划：Dijkstra 算法可用于优化交通路线，如在道路网络上寻找两个城市之间的最短路径。
- 游戏开发：Dijkstra 算法在游戏开发中用于模拟 AI 角色的移动，如寻找游戏地图上两点之间的最短路径。

9.3.2 Go 语言实现

（1）编写 Dijkstra() 函数实现 Dijkstra 算法，代码如下：

```
// 寻找最短路径的Dijkstra算法
func Dijkstra(graph [][]int, source int, destination int, n int) int {
    // 初始化变量
    dist := make([]int, n)
    visited := make([]bool, n)
    var MAX = math.MaxInt32
    for i := 0; i < n; i++ {
        dist[i] = MAX
        visited[i] = false
    }
    dist[source] = 0
    // 寻找最短路径
    for i := 0; i < n-1; i++ {
        minIndex := findMinVertex(dist, visited, n)
        visited[minIndex] = true
        for j := 0; j < n; j++ {
            if !visited[j] && graph[minIndex][j] != 0 &&
                dist[minIndex] != MAX &&
                dist[minIndex]+graph[minIndex][j] < dist[j] {
                dist[j] = dist[minIndex] + graph[minIndex][j]
            }
        }
    }
    // 返回最短距离
    return dist[destination]
}
func findMinVertex(dist []int, visited []bool, n int) int {
    var MAX = math.MaxInt32
```

```
    min := MAX
    minIndex := -1
    for i := 0; i < n; i++ {
        if visited[i] == false && dist[i] <= min {
            min = dist[i]
            minIndex = i
        }
    }
    return minIndex
}
```

（2）编写 main() 函数，代码如下：

```
func main() {
    graph := [][]int{{0, 4, 0, 0},
                     {4, 0, 8, 0},
                     {0, 8, 0, 7},
                     {0, 0, 7, 0},
    }
    fmt.Println("从1到3的最短距离是", Dijkstra(graph, 0, 1, 3))
}
//$ go run dijkstra.go
//从1到3的最短距离是4
```

9.3.3 面试题实战

【题目 9-3】**使用 Dijkstra 算法在图中找到节点之间的最短路径**

想象一个条状的岛屿。下雨时，岛上的某些区域会充满雨水，形成湖泊。该岛无法容纳在湖泊中的任何多余雨水将从该岛向西或向东流并排入海洋。

给定一个表示二维条形高度的正整数数组，设计一个算法（或编写一个函数），在给定数组高度的情况下，计算可以在这样一个岛上的所有湖泊中容纳的水的总体积（容量）。示例如下。

输入：

```
[1,3,2,4,1,3,1,4,5,2,2,1,4,2,2]
```

输出：

```
15
```

解释：3 个高度分别为 1、7、7 的水的总体积为 15。

【解答】

① 思路。

使用 Dijkstra 算法，在图中找到节点之间的最短路径。

② Go 语言实现。

```
package main
import "fmt"
func trap(height []int) int {
    res := 0
    peakIndex := 0
    for i := 0; i < len(height); i++ {
        if height[i] > height[peakIndex] {
            peakIndex = i
        }
    }
    left := 0
    for i := 0; i < peakIndex; i++ {
        if height[i] > left {
            left = height[i]
        } else {
            res += left - height[i]
        }
    }
    right := 0
    for i := len(height) - 1; i > peakIndex; i-- {
        if height[i] > right {
            right = height[i]
        } else {
            res += right - height[i]
        }
    }
    return res
}
func main() {
    arr := []int{1, 3, 2, 4, 1, 3, 1, 4, 5, 2, 2, 1, 4, 2, 2}
    res := trap(arr)
    fmt.Println(res)
}
//$ go run interview9-3.go
//15
```

9.4 霍夫曼编码

9.4.1 霍夫曼编码简介

霍夫曼编码（Huffman code）是一种特殊类型的最佳前缀码，通常用于无损数据压缩，是一种无损数据压缩算法。该算法为输入字符分配可变长度代码，分配的代码的长度基于相应字符出现的频率。出现最频繁的字符得到最小的代码，出现最不频繁的字符得到最大的代码。

分配给输入字符的可变长度代码是前缀代码，意味着代码（位序列）的分配方式使得分配给一个字符的代码不是分配给任何其他字符的代码的前缀。这就是霍夫曼编码如何确保在解码生成比特流时没有歧义。

让我们通过一个反例来理解前缀代码。假设有 4 个字符 a、b、c、d，它们对应的变长代码是 00、01、0、1。这种编码会导致歧义，因为分配给 c 的代码是分配给 a 和 b 的代码的前缀。如果压缩比特流为 0001，则解压缩后的输出可能是 cccd 或 ccb 或 acd 或 ab。

霍夫曼编码具有以下两个特点。

- 从输入字符构建霍夫曼树。
- 遍历霍夫曼树并将代码分配给字符。

构建霍夫曼树的步骤如下。

（1）输入是一组唯一字符及其出现频率，输出是霍夫曼树。

（2）为每个唯一字符创建一个叶子节点，并构建所有叶子节点的最小堆（MinHeap，用作优先级队列。频率字段的值用于比较最小堆中的两个节点。最初，出现频率最低的字符在根节点）。

（3）从最小堆中提取出现频率最低的两个节点。

（4）创建一个新的内部节点，其出现频率等于两个节点频率之和，将第 1 个提取的节点作为其左子树，将另一个提取的节点作为其右子树。将此内部节点添加到最小堆。

（5）重复步骤（2）和（3），直到堆中只包含一个节点。剩下的节点是根节点，树是完整的。

霍夫曼编码的应用很广泛，如文件压缩、图像压缩和视频压缩。它还用于各种通信系统，以减少需要通过网络传输或存储在设备上的数据量。

9.4.2 Go 语言实现

（1）定义霍夫曼树接口，代码如下：

```
//霍夫曼树接口
type HuffmanTree interface {
    Freq() int
}
```

（2）定义霍夫曼树子节点及其方法，代码如下：

```
//霍夫曼树子节点
type HuffmanLeaf struct {
    freq  int
    value rune
}
func (huffman HuffmanLeaf) Freq() int {
    return huffman.freq
}
```

（3）定义霍夫曼节点及其方法，代码如下：

```
//霍夫曼节点
type HuffmanNode struct {
    freq        int
    left, right HuffmanTree
}
func (huffman HuffmanNode) Freq() int {
    return huffman.freq
}
```

（4）定义最小堆及其方法，代码如下：

```
//最小堆
type minHeap []HuffmanTree
func (th minHeap) Len() int { return len(th) }
func (th minHeap) Less(i, j int) bool {
    return th[i].Freq() < th[j].Freq()
}
func (th *minHeap) Push(ele interface{}) {
    *th = append(*th, ele.(HuffmanTree))
}
func (th *minHeap) Pop() (popped interface{}) {
    popped = (*th)[len(*th)-1]
    *th = (*th)[:len(*th)-1]
    return
```

```
}
func (th minHeap) Swap(i, j int) { th[i], th[j] = th[j], th[i] }
```

（5）构建霍夫曼树，代码如下：

```
// 构建霍夫曼树
func buildTree(symFreqs map[rune]int) HuffmanTree {
    var trees minHeap
    for c, f := range symFreqs {
        trees = append(trees, HuffmanLeaf{f, c})
    }
    heap.Init(&trees)
    for trees.Len() > 1 {
        // 出现频率最低的两棵树
        a := heap.Pop(&trees).(HuffmanTree)
        b := heap.Pop(&trees).(HuffmanTree)
        // 放入新节点并重新插入队列
        heap.Push(&trees, HuffmanNode{a.Freq() + b.Freq(), a, b})
    }
    return heap.Pop(&trees).(HuffmanTree)
}
```

（6）编写 printCodes() 函数，从霍夫曼树的根部打印霍夫曼代码，代码如下：

```
// 从霍夫曼树的根部打印霍夫曼代码。它使用 byte[]来存储代码
func printCodes(tree HuffmanTree, prefix []byte) {
    switch i := tree.(type) {
    case HuffmanLeaf:
        // 如果这是一个叶子节点，那么它包含一个输入字符，从 byte[] 打印字符及其代码
        fmt.Printf("%c\t%d\t%s\n", i.value, i.freq, string(prefix))
    case HuffmanNode:
        // 将 0 赋值给左边缘并重复出现
        prefix = append(prefix, '0')
        printCodes(i.left, prefix)
        prefix = prefix[:len(prefix)-1]
        // 将 1 赋值给右边缘并重复出现
        prefix = append(prefix, '1')
        printCodes(i.right, prefix)
        prefix = prefix[:len(prefix)-1]
    }
}
```

（7）编写 main() 函数，代码如下：

```
func main() {
    test := "abcdefghijklmnopqrstuvwxyz"
    symFreqs := make(map[rune]int)
    // 读取每个符号并记录出现频率
    for _, c := range test {
        symFreqs[c]++
    }
    // 示例树
    exampleTree := buildTree(symFreqs)
    // 打印结果
    fmt.Println(" 符号霍夫曼码 \t 权重 \t 霍夫曼编码 ")
    printCodes(exampleTree, []byte{})
}

//$ go run huffmanCode.go
// 符号霍夫曼码    权重    霍夫曼编码
//d              1      0000
//v              1      0001
//w              1      0010
//s              1      0011
// 此处省略部分结果 ......
```

9.4.3 面试题实战

【题目 9-4】**用 Go 语言构建霍夫曼树**

用 Go 语言编写 Build() 函数构建霍夫曼树。使用 Print() 函数打印霍夫曼树的所有叶子节点（用于验证）。示例如下。

输入：

```
[]*Node{
        {Value: ' ', Count: 20},
        {Value: 'a', Count: 40},
        {Value: 'm', Count: 10},
        {Value: 'l', Count: 7},
        {Value: 'f', Count: 8},
        {Value: 't', Count: 15},
    }
```

输出：

```
    'a': 0
    'm': 100
    'l': 1010
    'f': 1011
    't': 110
    ' ': 111
```

【解答】

①思路。

根据题意，使用霍夫曼编码思路实现。

② Go 语言实现。

```go
package main
import (
    "fmt"
    "sort"
    "strconv"
)
// 存储在节点中的值的类型
type ValueType int32
// 霍夫曼树中的节点
type Node struct {
    Parent *Node // 可选的父节点，用于快速读出代码
    Left   *Node // 可选左节点
    Right  *Node // 可选右节点
    Count  int   // 相对频率
    Value  ValueType
}
// 返回节点的霍夫曼代码
// 左子树得到位 0，右子树得到位 1
// 使用 Node.Parent 在树中实现“向上”移动
func (n *Node) Code() (r uint64, bits byte) {
    for parent := n.Parent; parent != nil; n, parent = parent, parent.Parent {
        if parent.Right == n { // 位 1
            r |= 1 << bits
        } // 否则位 0 与 r 无关
        bits++
    }
    return
}
// SortNodes 实现了 sort.Interface，顺序由 Node.Count 定义
```

```
type SortNodes []*Node
func (sn SortNodes) Len() int              { return len(sn) }
func (sn SortNodes) Less(i, j int) bool { return sn[i].Count < sn[j].Count }
func (sn SortNodes) Swap(i, j int)       { sn[i], sn[j] = sn[j], sn[i] }
// 从指定的叶子节点构建霍夫曼树
func Build(leaves []*Node) *Node {
    //排序一次，稍后使用二进制插入
    sort.Stable(SortNodes(leaves))
    return BuildSorted(leaves)
}
// 从必须按Node.Count排序的指定叶子节点构建霍夫曼树
func BuildSorted(leaves []*Node) *Node {
    if len(leaves) == 0 {
        return nil
    }
    for len(leaves) > 1 {
        left, right := leaves[0], leaves[1]
        parentCount := left.Count + right.Count
        parent := &Node{Left: left, Right: right, Count: parentCount}
        left.Parent = parent
        right.Parent = parent
        ls := leaves[2:]
        idx := sort.Search(len(ls), func(i int) bool { return ls[i].Count >=
               parentCount })
        idx += 2
        copy(leaves[1:], leaves[2:idx])
        leaves[idx-1] = parent
        leaves = leaves[1:]
    }
    return leaves[0]
}
// 遍历霍夫曼树并以二进制表示形式打印值及其代码
func Print(root *Node) {
    // traverse从给定节点遍历子树
    // 使用指向此节点的前缀代码，具有指定的位数
    var traverse func(n *Node, code uint64, bits byte)
    traverse = func(n *Node, code uint64, bits byte) {
        if n.Left == nil {
            fmt.Printf("'%c': %0"+strconv.Itoa(int(bits))+"b\n", n.Value, code)
            return
        }
        bits++
```

```
            traverse(n.Left, code<<1, bits)
            traverse(n.Right, code<<1+1, bits)
        }
        traverse(root, 0, 0)
    }
    func main() {
        leaves := []*Node{
            {Value: ' ', Count: 20},
            {Value: 'a', Count: 40},
            {Value: 'm', Count: 10},
            {Value: 'l', Count: 7},
            {Value: 'f', Count: 8},
            {Value: 't', Count: 15},
        }
        root := Build(leaves)
        Print(root)
    }
    //$ go run interview9-4.go
    //'a': 0
    //'m': 100
    //'l': 1010
    //'f': 1011
    //'t': 110
    //' ': 111
```

9.5 本章小结

本章主要知识结构如图 9.12 所示。

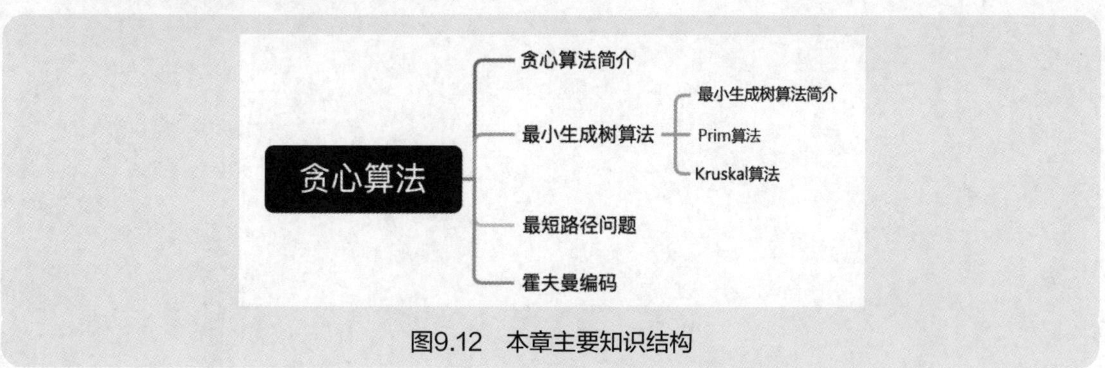

图9.12　本章主要知识结构

本章对常见的贪心算法（最小生成树、最短路径问题、霍夫曼编码）进行了详细的分析和讲解。

最小生成树是连接的边加权无向图的边的子集。Prim 算法是一种贪心算法，用于从图中找到最小生成树。9.2.2 小节的第 2 部分通过编写 Prim() 函数来实现最小生成树。题目 9–1 是常见的面试题，读者应尽量理解。

Kruskal 算法用于为给定图生成最小生成树，其常见应用场景包括网络设计、交通网络、电路设计、货源分配等。9.2.3 小节的第 2 部分通过定义加权图边对象并编写 Kruskal() 函数来实现 Kruskal 算法。Prim 算法和 Kruskal 算法都是从图中找到最小生成树的常见方法，它们的区别是：Prim 算法使用优先级队列来跟踪可能添加到最小生成树的边，而 Kruskal 算法使用不相交集的数据结构来跟踪最小生成树中的边连接了哪些顶点。两种算法的时间复杂度均为 $O(E \log V)$，其中 E 是边数，V 是图中的顶点数。然而，通常认为 Kruskal 算法对于稀疏图更快，而 Prim 算法对于密集图更快。题目 9–2 考查的频率较低，读者适当了解即可。

最短路径问题是在图中找到两个顶点（或节点）之间的路径以使其组成边的权重之和最小化的问题。Dijkstra 算法是找到图的任意两个顶点之间的最短路径的常用算法，其常用于计算机网络中的路由协议、优化交通规划、游戏开发等。9.3.2 小节通过编写 Dijkstra() 函数实现 Dijkstra 算法，帮助读者进一步理解 Dijkstra 算法的 Go 语言实现。题目 9–3 考查的频率较低，读者适当了解即可。

霍夫曼编码是一种无损数据压缩算法，常用于文件压缩、图像压缩和视频压缩等场景。9.4.2 小节通过定义霍夫曼树接口、霍夫曼树子节点及其方法、霍夫曼节点及其方法、最小堆及其方法来实现霍夫曼编码算法。题目 9–4 考查的频率较低，读者适当了解即可。

第 10 章　分治算法

GoBot：
嘿，我们现在踏入了第10章，这一章是关于分治算法的！

Gopher：
分治算法，感觉像是在面对问题时把它分成小块一块一块地解决。

GoBot：
对呀！首先是10.1 分治算法简介，就是将问题分成小块，然后分别解决每个小块的问题。

Gopher：
嗯，感觉有点像是拼图，一块一块地拼起来。下一个呢？

GoBot：
下一个是10.2 最近点对问题，就像是在平面上找到离彼此最近的两个点，确保它们之间的距离最小。

Gopher：
最近点对，感觉有点像是找到生活中最亲密的朋友。接下来呢？

GoBot：
接下来是10.3 Kadane 算法，是找到数组中最大的子数组和，确保和最大。

Gopher：
Kadane 算法，听起来好像是在寻找生活中最美好的时刻。最后一个呢？

GoBot：
最后是10.4 平衡二叉树，是保持整个树的平衡，确保左右子树的高度差不会太大。让我们一块一块地解决问题吧！

10.1 分治算法简介

1. 什么是分治算法

分治算法（divide and conquer algorithm）是一种算法模式。在该算法模式中，将一个巨大的输入分解成若干个小块，在每个小块上解决问题，然后将分段解决方案合并为全局解决方案。这种解决问题的机制称为分而治之策略。

如图 10.1 所示，分治算法的执行有以下 3 个步骤。

- 分解：将原始问题分解成一组子问题。
- 解决子问题：递归地单独解决每个子问题。
- 合并子问题：将子问题的解放在一起得到整个问题的解。

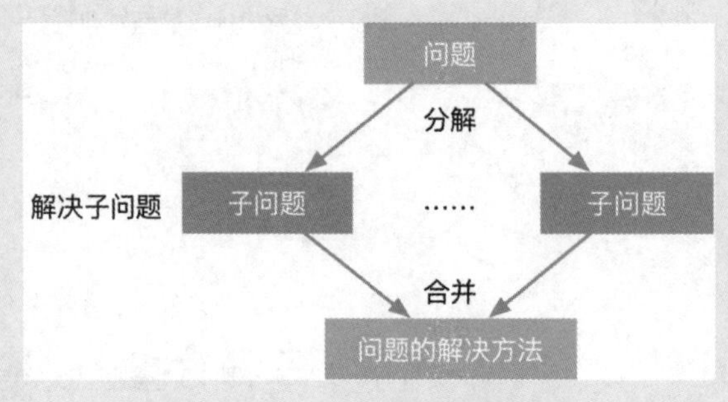

图10.1　分治算法的步骤

2. 分治算法的应用

以下算法基于分而治之策略的概念。

- 快速排序：又称分区交换排序，是最有效率的排序算法。它首先从数组中选择一个枢轴值，然后将剩下的数组元素分成两个子数组。通过将每个元素与枢轴值进行比较来进行分区。它比较元素是否具有比枢轴值更大或更小的值，然后递归地对数组进行排序。
- 归并排序：这是一种通过比较对数组进行排序的算法。它首先将数组划分为子数组，然后递归地对每个子数组进行排序。排序完成后，将它们合并成一个数组。
- 二分搜索：二分搜索是一种搜索算法，也称为半区间搜索或对数搜索。它将目标值与排序数组中存在的中间元素进行比较。比较后，如果数值不同，则最终剔除不能包含目标的那一半数组，再继续寻找另一半数组。我们将再次考虑中间元素并将其与目标值进行比较。该过程不断重复，直到达到目标值。如果搜索结束后发现另一半数组为空，则可以断定目标不在数组中。
- 最近点对问题：该算法强调在给定 n 个点的情况下，找出度量空间中最近的一对点，使

得这对点之间的距离应该最小。

- Kadane 算法：该算法是解决最大子数组问题的有效算法，该问题是在整数数组中找到具有最大和的连续子数组的任务。该算法以其发明者 Jay Kadane 的名字命名。
- 平衡二叉树构造：给定一个排序的整数数组，任务是构造一个平衡二叉搜索树。可以使用递归构造根节点的左右子树的分治算法来解决。

其中，快速排序、归并排序、二分搜索在第 7 章和第 8 章中已经讲解过，本章不再赘述。

10.2 最近点对问题

10.2.1 最近点对问题简介

最近点对（closest pair of points）用来计算几何问题：给定 n 度量空间中的点，找到一对距离最小的点。欧几里得平面中点的最近对问题是最早处理的几何问题之一，在几何算法计算复杂性的系统研究的起源中得到处理。

给定一个平面上的 n 个点的数组，问题是找出数组中最近的一对点。这个问题出现在许多应用程序中。例如，在空中交通管制中，管理员想要监控距离较近的各种飞行器，因为各种飞行器可能会发生碰撞。两点 p 和 q 之间距离的公式如下：

$$\|pq\| = \sqrt{(p_x - q_x)^2 + (p_y - q_y)^2}$$

最近点对问题的一般解决步骤如下。

（1）按 x 坐标对输入点进行排序。

（2）初始化两个变量，一个是最大距离，另一个是最小距离，都设置为正无穷大。

（3）遍历排序的点，将每个点与其右边的点进行比较。如果两点之间的距离小于最小距离，则更新最小距离和两点的索引。

（4）对 y 坐标重复上述步骤，直到找到距离最小的点对，该点对就是最近点对。

使用分治算法计算最近点对问题的时间复杂度为 $O(n \log n)$，空间复杂度为 $O(n)$，其中 n 是子集中的点数。

10.2.2 Go 语言实现

（1）编写最近点对问题算法函数 closestPair() 计算各个点之间的最小距离，代码如下：

```
package main
import (
```

```
    "fmt"
    "math"
    "sort"
)
func closestPair(points [][]int) float64 {
    h := make(helper, len(points))
    for i, v := range points {
        //计算两点之间的距离
        h[i] = [2]float64{math.Hypot(float64(v[0]), float64(v[1])), float64(i)}
    }
    //将数组按照升序排序
    sort.Sort(h)
    if len(h) >= 1 {
        return h[0][0]
    }
    return 0
}
type helper [][2]float64
func (h helper) Swap(i, j int) {
    h[i], h[j] = h[j], h[i]
}
func (h helper) Less(i, j int) bool {
    return h[i][0] < h[j][0]
}
func (h helper) Len() int {
    return len(h)
}
```

（2）编写 main() 函数，代码如下：

```
func main() {
    points := [][]int{{3, 3}, {5, -1}, {-2, 4}}
    res := closestPair(points)
    fmt.Println(res)
}
//$ go run closestPair.go
//4.242640687119286
```

10.2.3 面试题实战

【题目 10-1】返回距离原点 (0, 0) 最近的 k 个点

给定一个点数组，其中 points[i] = [xi, yi] 表示 X–Y 平面上的一个点和一个整数 k，返回距离原点 (0, 0) 最近的 k 个点。两点之间在 X–Y 平面上的距离为欧氏距离（即 $\sqrt{(x_1-x_2)^2+(y_1-y_2)^2}$ ）。

开发者可以按任何顺序返回答案，答案必须保证是唯一的（除了它所在的顺序）。示例如下。

输入：

```
points = [[2, 3], [12, 30], [40, 50], [5, 1], [12, 10], [3, 4]], k = 2
```

输出：

```
[[2 3] [3 4]]
```

【解答】

① 思路。

使用分治算法和最近点对问题算法在每个部分中找到前 k 个元素，然后合并这些部分并找到第 k 个最近的点。

② Go 语言实现。

```
package main
import "fmt"
func ClosestPair(points [][]int, K int) [][]int {
    if len(points) == K {
        return points
    }
    var v []int
    var re [][]int
    m := make(map[int]int)
    for i := 0; i < len(points); i++ {
        m[i] = points[i][0]*points[i][0] + points[i][1]*points[i][1]
        v = append(v, i)
    }
    closestUtil(m, v, 0, len(v)-1, K)
    for i := 0; i < K; i++ {
        re = append(re, points[v[i]])
    }
    return re
```

```
}
func closestUtil(m map[int]int, s []int, start, end, k int) {
    p := m[s[end]]
    l := start
    for i := start; i < end; i++ {
        if m[s[i]] < p {
            s[l], s[i] = s[i], s[l]
            l++
        }
    }
    s[l], s[end] = s[end], s[l]
    if k == l {
        return
    } else if l < k {
        closestUtil(m, s, l+1, end, k)
    } else {
        closestUtil(m, s, start, l-1, k)
    }
}
func main() {
    points := [][]int{{2, 3}, {12, 30}, {40, 50}, {5, 1}, {12, 10}, {3, 4}}
    k := 2
    res := ClosestPair(points, k)
    fmt.Println(res)
}
//$ go run interview10-1.go
//[[2 3] [3 4]]
```

10.3 Kadane 算法

10.3.1 Kadane 算法简介

Kadane 算法是解决最大子数组问题的有效算法，该问题是在整数数组中找到具有最大和的连续子数组的任务。

Kadane 算法背后的基本思想是维护两个变量：maxSoFar 和 maxEndingHere。变量 maxSoFar 跟踪到目前为止找到的最大和子数组，而变量 maxEndingHere 跟踪在当前位置结束

的最大和子数组。

下面是 Kadane 算法的实现步骤。

（1）将两个变量 maxSoFar 和 maxEndingHere 初始化为数组的第 1 个元素。

（2）从第 2 个元素开始循环遍历数组。

1）将当前元素添加到 maxEndingHere。

2）如果 maxEndingHere 为负，则将其设置为 0。

3）如果 maxEndingHere 大于 maxSoFar，则更新 maxSoFar 为 maxEndingHere。

（3）返回 maxSoFar。

Kadane 算法可用于查找数字数组中的最大和子数组。其常见的应用场景如下。

- 财务分析：Kadane 算法可用于分析财务数据，如股票价格或销售数据，以找出特定时间段内价值的最大增幅或减幅。
- 图像处理：在图像处理中，Kadane 算法可以用于寻找二值图像中的最大连通分量。
- 机器学习：Kadane 算法可用作机器学习算法（如神经网络或支持向量机）中的预处理步骤，以降低输入数据的维数。

Kadane 算法的时间复杂度为 $O(n)$，空间复杂度为 $O(1)$，其中 n 是数组的长度。

10.3.2 Go 语言实现

Kadane 算法在 Go 语言中的实现如下：

```
package main
import "fmt"
//返回两个整数中的最大值
func max(x, y int) int {
    if x > y {
        return x
    }
    return y
}
//返回 array 中任何连续子数组的最大总和
func maxSubarraySum(array []int) int {
    //初始化两个变量
    maxSoFar, maxEndingHere := 0, 0
    //遍历数组中的每个元素
    for _, num := range array {
        //将 maxEndingHere 更新为当前元素的最大值
        maxEndingHere = max(num, maxEndingHere+num)
        //更新 maxSoFar 为之前的 maxSoFar 和当前的 maxEndingHere 中的最大值
```

```
        maxSoFar = max(maxSoFar, maxEndingHere)
    }
    //返回到目前为止找到的最大总和
    return maxSoFar
}
func main() {
    //使用示例数组测试 maxSubarraySum() 函数
    array := []int{1, -2, 3, 4, -5, 8}
    fmt.Println("数组：", array)
    fmt.Println("最大子数组和：", maxSubarraySum(array))
}
//$ go run kadane.go
//数组：[1 -2 3 4 -5 8]
//最大子数组和：10
```

10.3.3 面试题实战

【题目 10-2】**计算数组总和**

给定一个整数数组 array，请找到其连续子数组的最大总和，并返回最大总和。示例如下。

输入：

```
array = [-2,1,-3,4,-1,2,1,-5,4]
```

输出：

```
6
```

【解答】

① 思路。

可以在线性时间内使用 Kadane 算法求解，无须使用额外空间。其主要思想是使用输入向量 array 存储候选子数组和（即迄今为止最大的连续和）。忽略累积负数，因为它们对总和没有正向贡献。

② Go 语言实现。

```
package main
import "fmt"
func maxSubArray(array []int) int {
    // 子数组中必须至少有一个元素，因此最大和被初始化为 array 中的第 1 个元素
    maxSum := array[0]
    //迭代 array 中的其余元素
```

```
    for i := 1; i < len(array); i++ {
        // 如果前一个元素的值大于0，则将其添加到当前元素
        if array[i-1] > 0 {
            array[i] += array[i-1]
        }
        //如果当前总和大于maxSum，则更新最大总和
        if array[i] > maxSum {
            maxSum = array[i]
        }
    }
    //返回最大总和
    return maxSum
}
func main() {
    array := []int{-2, 1, -3, 4, -1, 2, 1, -5, 4}
    //使用Kadane算法计算array中连续子数组的最大总和
    max := maxSubArray(array)
    //打印结果
    fmt.Println("连续子数组的最大总和：", max)
}
//$ go run interview10-2.go
//连续子数组的最大总和：6
```

10.4 平衡二叉树

10.4.1 平衡二叉树简介

平衡二叉树（balanced binary tree）是任意节点的左右子树的高度至多相差1的二叉树。平衡二叉树提供高效的搜索、插入和删除操作，构造平衡二叉树的一种方法是使用已排序的元素数组。

创建平衡二叉树的步骤如下。

（1）定义一个Node类来表示树的每个节点。Node类应具有三个属性：节点中存储的数据、对左子节点的引用和对右子节点的引用。

（2）实现一个函数来计算二叉树的高度。此函数将一个节点作为输入并返回以该节点为根的树的高度。树的高度是从根节点到叶子节点的最长路径上的边数。

（3）实现一个函数来检查二叉树是否是高度平衡的。此函数将一个节点作为输入，如果以该节点为根的树是高度平衡的，则返回 true，否则返回 false。如果二叉树的左右子树之间的高度差最多为 1，则二叉树是高度平衡的。

（4）实现一个函数以从有序的值列表中构建平衡二叉树。此函数将有序的值列表作为输入，并返回平衡二叉树的根节点。为了构造一棵平衡二叉树，我们将链表的中间元素作为根节点，分别从链表的左右两半递归构造左右子树。

（5）实现在平衡二叉树中插入和删除节点的函数。当插入一个新节点时，首先通过遍历树并跟随适当的子引用找到它在树中的位置，然后检查树在插入节点后是否保持高度平衡，并在必要时执行重新平衡。删除节点时，首先找到它在树中的位置，然后按照二叉树的删除规则进行删除。还可以检查删除节点后树是否保持高度平衡，并在必要时执行重新平衡。

平衡二叉树的时间复杂度为 $O(\log n)$，其中 n 是树中的节点数。

平衡二叉树的常见应用场景如下。

- 搜索树：平衡二叉树，如 AVL 树或红黑树，通常用作搜索树数据结构。
- 文件系统索引：在文件系统中，平衡二叉树用于索引文件和目录。这样可以更快地搜索和检索文件和目录。
- 决策树：在机器学习中，决策树用于模拟决策过程。平衡二叉树可用于创建更高效且具有更好的预测能力的决策树。

10.4.2 Go 语言实现

（1）定义节点对象 TreeNode，代码如下：

```
type TreeNode struct {
    Val   int
    Left  *TreeNode
    Right *TreeNode
}
```

（2）编写函数 sortedArrayToBST() 构造平衡二叉树，代码如下：

```
func sortedArrayToBST(array []int) *TreeNode {
    if len(array) == 0 {
        return nil
    }
    // 找到数组的中间元素
    mid := len(array) / 2
    // 新建一个以中间元素为根的 TreeNode
    root := &TreeNode{Val: array[mid]}
```

```
    //递归构造左右子树
    root.Left = sortedArrayToBST(array[:mid])
    root.Right = sortedArrayToBST(array[mid+1:])
    return root
}
```

（3）编写 main() 函数，代码如下：

```
func main() {
    array := []int{1, 2, 3, 4, 5, 6, 7, 8}
    root := sortedArrayToBST(array)
    fmt.Println(root.Val)
}
//$ go run balancedBinaryTree.go
//5
```

10.4.3 面试题实战

【题目 10-3】**给定一棵二叉树，判断它是否高度平衡**

示例如下。

输入：

```
root = [1,2,3,4,5,6,7]
```

输出：

```
true
```

二叉树示例如图 10.2 所示。

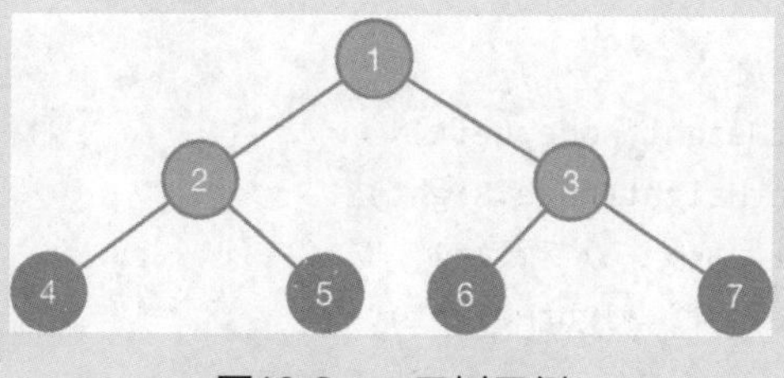

图10.2 二叉树示例

【解答】

① 思路。

要检查二叉树是否高度平衡，可以使用分治算法。

② Go 语言实现。

```
package main
import "fmt"
// 具有整数值的二叉树中的节点
type TreeNode struct {
    Val   int
    Left  *TreeNode
    Right *TreeNode
}
// 检查二叉树是否高度平衡
func isBalanced(root *TreeNode) bool {
    if root == nil {
        return true
    }
    //获取左右子树的高度
    leftHeight := getHeight(root.Left)
    rightHeight := getHeight(root.Right)
    //如果高度之间的差异大于1，则树不平衡
    if abs(leftHeight-rightHeight) > 1 {
        return false
    }
    //递归检查左右子树是否高度平衡
    return isBalanced(root.Left) && isBalanced(root.Right)
}
// 返回以给定节点为根的二叉树的高度
func getHeight(node *TreeNode) int {
    if node == nil {
        return 0
    }
    //获取左右子树的高度
    leftHeight := getHeight(node.Left)
    rightHeight := getHeight(node.Right)
    //返回左右子树的最大高度，根节点加1
    return max(leftHeight, rightHeight) + 1
}
//返回x的绝对值
func abs(x int) int {
    if x < 0 {
        return -x
    }
```

```
        return x
    }
    //返回x和y的最大值
    func max(x, y int) int {
        if x > y {
            return x
        }
        return y
    }
    func main() {
        root := &TreeNode{
            Val: 1,
            Left: &TreeNode{
                Val: 2,
                Left: &TreeNode{
                    Val: 4,
                },
                Right: &TreeNode{
                    Val: 5,
                },
            },
            Right: &TreeNode{
                Val: 3,
                Left: &TreeNode{
                    Val: 6,
                },
                Right: &TreeNode{
                    Val: 7,
                },
            },
        }
        fmt.Println(isBalanced(root))
    }

//$ go run interview10-3.go
//true
```

10.5 本章小结

本章主要知识结构如图 10.3 所示。

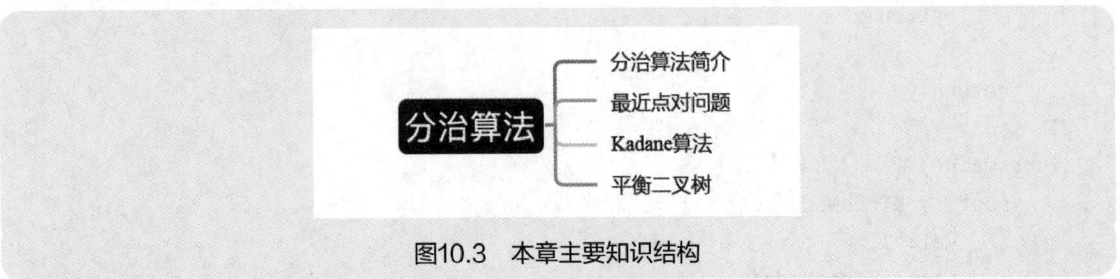

图10.3　本章主要知识结构

本章对常见的分治算法（最近点对问题、Kadane 算法、平衡二叉树）进行了详细的分析和讲解。

最近点对问题用来计算几何问题，其常见应用场景如空中交通管制等。10.2.2 小节通过编写最近点对问题算法函数 closestPair() 来计算各个点之间的最小距离。题目 10–1 是常见的面试题，读者应尽量理解。

Kadane 算法是解决最大子数组问题的有效算法，其常用于财务分析、图像处理、机器学习等场景。题目 10–2 是常见的面试题，读者应尽量理解。

平衡二叉树是任意节点的左右子树的高度至多相差 1 的二叉树，其常见应用场景包括搜索树、文件系统索引、决策树等。10.4.2 小节通过编写函数 sortedArrayToBST() 来构造平衡二叉树。题目 10–3 是常见的面试题，考查的频率较高，读者应该掌握。

第 11 章　回溯算法

GoBot:
嘿，我们现在进入了第11章，这一章是关于回溯算法的！

Gopher:
回溯算法，听起来像是在追溯一样，是不是要回去重新尝试？

GoBot:
是的！首先是11.1 回溯算法简介，就是在解决问题时，尝试每一种可能性，一旦发现不能继续下去，就回溯到上一步重新选择。

Gopher:
嗯，感觉有点像是在迷宫里尝试每一条路。下一个呢？

GoBot:
下一个是11.2 N皇后问题，就像是在棋盘上放置N个皇后，确保它们互相之间不受威胁。

Gopher:
N皇后问题，听起来好像是在参加一场国际象棋比赛。接下来呢？

GoBot:
接下来是11.3 数独求解器，就像是在填写数独格子，确保每一行、每一列和每个小格子都包含1～9的数字。

Gopher:
数独求解器，感觉有点像在挑战智力游戏。回溯算法真是灵活多变！我准备好了，让我们一步一步地回溯尝试，找到最优解吧！

11.1 回溯算法简介

回溯算法（backtracking algorithm）是一种递归解决问题的技术，它尝试逐步构建一个解决方案，一次一个，删除那些在任何时间点都不能满足问题约束的解决方案。回溯算法通常用于解决各种计算问题，特别是组合优化问题。

回溯算法的基本思想是通过作出一系列选择来探索问题的所有可能解决方案，每个选择可能会，也可能不会找到解决方案。在每一步，算法都会选择一个可用的选项，然后递归地探索剩余的选项，直到找到解决方案或确定不存在解决方案。如果确定当前的选择不会找到解决方案，则算法回溯到上一步并尝试另一个选择。

回溯算法的一般步骤如下。

（1）如果当前点是一个可行的解决方案，则返回 true。

（2）否则，如果所有路径都已经穷尽（即当前点为端点），则返回 false，因为没有可行解。

（3）如果当前点不是端点，则回溯探索其他点，然后重复上述步骤。

常见的回溯算法如下。

- *N* 皇后问题（*N* queen problem）：将 *n* 个皇后放在 $n \times n$ 的棋盘上，使得没有两个皇后之间相互存在威胁。
- 数独求解器（sudoku solver）：给定一个不完整的数独问题，用数字填充空单元格，使每一行、每一列和 3×3 的子网格包含 1 ~ 9 的所有数字。
- 哈密顿循环（hamiltonian cycle）：给定一个图， 找到一个每个顶点恰好访问一次的循环。

11.2 *N*皇后问题

11.2.1 *N* 皇后问题简介

N 皇后问题是指在 $n \times n$ 的棋盘上放置 *n* 个皇后，使两个皇后之间不会互相攻击的问题。给定整数 *n*，返回 *N* 皇后问题的所有不同解。开发者可以按任何顺序自由返回答案。每个解决方案都有一个独特的配置，用于放置 *n* 个皇后，其中“Q”和“.”分别代表一个皇后和一个空格。*n* 为 4 的 *N* 皇后问题的解决方案如图 11.1 所示。

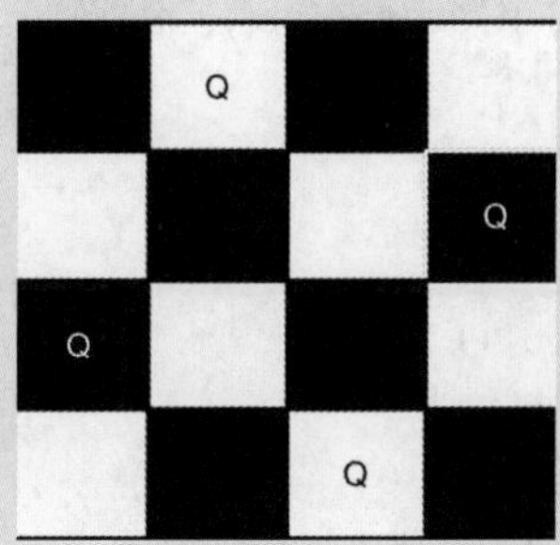

图11.1 *n* 为4的 *N* 皇后问题的解决方案

例如，以下是上述 *N* 皇后问题解决方案的输出矩阵。

```
. . Q .
Q . . .
. . . Q
. Q . .
```

N 皇后问题的常见应用场景如下。

- 基准算法：*N* 皇后问题经常被用作基准问题来评估各种搜索算法和启发式算法的效率和有效性。研究人员可以使用该问题来测试和比较不同算法在解决组合问题时的性能。
- 游戏开发：*N* 皇后问题已在游戏开发中用于开发智能游戏代理。通过解决 *N* 皇后问题，智能体可以学习和应用不同的搜索算法和启发式算法，以在国际象棋、西洋跳棋和围棋等游戏中做出最佳动作。
- 教育：*N* 皇后问题经常用于计算机科学和数学教育，以教授解决问题的技术和算法。该问题可用于向学生介绍回溯、搜索算法和启发式算法等概念。

11.2.2 Go 语言实现

（1）定义点对象 Point，代码如下：

```
// 定义一个包含 x 和 y 坐标的 Point 结构体
type Point struct {
    x int
    y int
}
```

（2）定义二维数组保存点对象，代码如下：

```
// 创建一个空二维数组保存 N 皇后问题的结果
var results = make([][]Point, 0)
```

（3）定义 *N* 皇后问题解决函数 nQueenSolve()，代码如下：

```
// 找到 N 皇后问题的所有可能解
func nQueenSolve(n int) {
    // 遍历每一列
    for col := 0; col < n; col++ {
        // 为当前列创建一个起点
        start := Point{x: col, y: 0}
        // 创建一个空切片来保存当前解决方案
        current := make([]Point, 0)
        // 从当前列开始递归解决问题
        Recurse(start, current, n)
    }
    // 打印结果
    fmt.Print(" 结果 :\n")
    for _, result := range results {
        fmt.Println(result)
    }
    // 打印找到的解决方案总数
    fmt.Printf(" 一共有 %d 种解决方法 \n", len(results))
}
// 从指定点开始递归求解 N 皇后问题
func Recurse(point Point, current []Point, n int) {
    // 如果当前点是有效位置，则将其添加到当前解决方案中
    if CanPlace(point, current) {
        current = append(current, point)
        // 如果当前解包含 n 个点，则将其添加到结果列表中
        if len(current) == n {
            c := make([]Point, n)
            for i, point := range current {
                c[i] = point
            }
            results = append(results, c)
        } else {
            // 否则，从下一行的每个点开始递归求解
            for col := 0; col < n; col++ {
                for row := point.y; row < n; row++ {
                    nextStart := Point{x: col, y: row}
                    Recurse(nextStart, current, n)
                }
```

```
            }
        }
    }
}
// 确定是否可以在不攻击任何其他棋子的情况下将目标点放在棋盘上
func CanPlace(target Point, board []Point) bool {
    for _, point := range board {
        if CanAttack(point, target) {
            return false
        }
    }
    return true
}
// 判断棋盘上的两点是否可以互相攻击
func CanAttack(a, b Point) bool {
    // 如果两个点在同一行、同一列或对角线上，则它们可以互相攻击
    answer := a.x == b.x || a.y == b.y ||
        math.Abs(float64(a.y-b.y)) == math.Abs(float64(a.x-b.x))
    return answer
}
```

（4）定义 main() 函数，代码如下：

```
func main() {
    nQueenSolve(4)
}
//$ go run nQueen.go
// 结果：
//[{1 0} {3 1} {0 2} {2 3}]
//[{2 0} {0 1} {3 2} {1 3}]
// 一共有 2 种解决方法
```

11.2.3 面试题实战

【题目 11-1】使用 Go 语言实现 N 皇后问题算法

示例如下。

输入：

```
n = 4
```

输出:

```
[[".Q..","...Q","Q...","..Q."],["..Q.","Q...","...Q",".Q.."]]
```

【解答】

①思路。

根据题意，使用 Go 语言实现 N 皇后问题算法即可。

② Go 语言实现。

```go
package main
import "fmt"
func solveNQueens(n int) [][]string {
    var result [][]string
    var path [][]byte
    // 创建 3 个布尔数组以检查给定位置是否已被占用
    col := make([]bool, n)
    diag1 := make([]bool, n<<1-1)
    diag2 := make([]bool, n<<1-1)
    // 调用辅助函数生成问题所有可能的解决方案
    helper(n, 0, col, diag1, diag2, path, &result)
    return result
}
// 辅助函数是一个递归函数，它生成 N 皇后问题的所有可能解
func helper(n int,
    row int, col []bool, diag1 []bool, diag2 []bool,
    path [][]byte, result *[][]string) {
    // 如果所有行都已填充，则将解决方案添加到结果切片中
    if row >= n {
        var elem []string
        for i := 0; i < n; i++ {
            elem = append(elem, string(path[i]))
        }
        *result = append(*result, elem)
        return
    }
    // 对于每一行，检查所有可能的位置以放置皇后并递归调用辅助函数
    for i := 0; i < n; i++ {
        // 如果列或对角线已被占用，则跳到下一个位置
        if col[i] || diag1[row+i] || diag2[row-i+n-1] {
            continue
```

```
        }
        //在第 i 列中创建一个带有“Q”和“.”的行
        line := make([]byte, n)
        for j := 0; j < n; j++ {
            line[j] = '.'
        }
        line[i] = 'Q'
        //通过将行附加到路径来创建新路径
        newPath := append(append([][]byte{}, path...), line)
        //将位置标记为已占用
        col[i] = true
        diag1[row+i] = true
        diag2[row-i+n-1] = true
        //使用更新后的路径递归调用辅助函数
        helper(n, row+1, col, diag1, diag2, newPath, result)
        //通过将位置标记为未占用来回溯
        col[i] = false
        diag1[row+i] = false
        diag2[row-i+n-1] = false
    }
}
func main() {
    n := 4
    res := solveNQueens(n)
    fmt.Println(res)
}
//$ go run interview11-1.go
//[[.Q.. ...Q Q... ..Q.] [..Q. Q... ...Q .Q..]]
```

11.3 数独求解器

11.3.1 数独求解器简介

数独求解器是一种自动解决数独问题的程序。数独求解器使用回溯算法为每个空单元格找到正确的数字。该算法的工作原理如下。

（1）在网格中找到一个空单元格。

（2）尝试用数字 1 ~ 9 填充单元格。

（3）检查数字是否违反任何数独规则。如果是，请尝试下一个数字。

（4）如果从 1 ~ 9 的所有数字都已尝试但均无效，请返回到前一个单元格并尝试不同的数字。

（5）重复步骤（1）~（4），直到网格中的所有单元格都填满了有效数字。

回溯算法对于解决数独问题非常有效，因为它通过在执行过程的早期拒绝无效解决方案来修剪搜索树。然而，对于某些谜题，该算法可能需要探索更多可能的解决方案才能找到正确的解决方案。

数独求解器可以用多种编程语言实现，它们经常用作计算机科学课程中回溯算法的示例，也可以作为独立的应用程序或在线工具使用，允许用户以交互的方式解决数独问题。

11.3.2 Go 语言实现

以下是使用回溯算法在 Go 语言中实现数独求解器的示例：

```
package main
import "fmt"
func main() {
    // 测试用例
    board := [][]byte{
        {'5', '3', '.', '.', '7', '.', '.', '.', '.'},
        {'6', '.', '.', '1', '9', '5', '.', '.', '.'},
        {'.', '9', '8', '.', '.', '.', '.', '6', '.'},
        {'8', '.', '.', '.', '6', '.', '.', '.', '3'},
        {'4', '.', '.', '8', '.', '3', '.', '.', '1'},
        {'7', '.', '.', '.', '2', '.', '.', '.', '6'},
        {'.', '6', '.', '.', '.', '.', '2', '8', '.'},
        {'.', '.', '.', '4', '1', '9', '.', '.', '5'},
        {'.', '.', '.', '.', '8', '.', '.', '7', '9'},
    }
    fmt.Println("初始数独板：")
    for _, row := range board {
        fmt.Println(string(row))
    }
    if SolveSudoku(board) {
        fmt.Println("\n找到的解决方案：")
        for _, row := range board {
            fmt.Println(string(row))
        }
```

```
    } else {
        fmt.Println("\n 未找到解决方案 ")
    }
}
// 为数独板单元定义结构体
type Cell struct {
    row, col int
}
// 递归地解决给定的数独板
// 如果数独板可解决，则返回 true，否则返回 false
func SolveSudoku(board [][]byte) bool {
    // 遍历数独板上的所有单元格
    for i := 0; i < 9; i++ {
        for j := 0; j < 9; j++ {
            // 如果单元格为空
            if board[i][j] == '.' {
                // 则尝试单元格的所有可能值
                for c := '1'; c <= '9'; c++ {
                    // 如果该值有效，则设置它并继续求解
                    if IsValid(board, i, j, byte(c)) {
                        board[i][j] = byte(c)
                        if SolveSudoku(board) {
                            return true
                        } else {
                            board[i][j] = '.'
                        }
                    }
                }
                // 如果所有值都不起作用，则回溯
                return false
            }
        }
    }
    return true
}
// 检查给定值对于数独板中的单元格是否有效
// 如果该值有效，则返回 true，否则返回 false
func IsValid(board [][]byte, row int, col int, c byte) bool {
    // 检查值是否出现在同一行、列或子框中
    for i := 0; i < 9; i++ {
```

```
        if board[i][col] == c {
            return false
        }
        if board[row][i] == c {
            return false
        }
        if board[3*(row/3)+i/3][3*(col/3)+i%3] == c {
            return false
        }
    }
    return true
}
//$ go run sudokuSolver.go
// 初始数独板:
//53..7....
//6..195...
//.98....6.
//8...6...3
//4..8.3..1
//7...2...6
//.6....28.
//...419..5
//....8..79
//
// 找到的解决方案:
//534678912
//672195348
//198342567
//859761423
//426853791
//713924856
//961537284
//287419635
//345286179
```

11.3.3 面试题实战

【题目 11-2】使用 Go 语言解决数独问题

编写一个程序，通过填充空白单元格来解决数独问题。数独解决方案必须满足以下所有规则。

- 数字 1 ~ 9 必须在每一行中恰好出现一次。
- 数字 1 ~ 9 必须在每一列中恰好出现一次。
- 在 3×3 网格的 9 个子框中，数字 1 ~ 9 都必须恰好出现一次。
- '.' 字符表示空单元格。

【解答】

① 思路。

为了解决数独问题的空白单元格填充问题，可以使用回溯算法。

② Go 语言实现。

```
package main
import "fmt"
func main() {
    input := [][]byte{
        {'5', '3', '.', '.', '7', '.', '.', '.', '.'},
        {'6', '.', '.', '1', '9', '5', '.', '.', '.'},
        {'.', '9', '8', '.', '.', '.', '.', '6', '.'},
        {'8', '.', '.', '.', '6', '.', '.', '.', '3'},
        {'4', '.', '.', '8', '.', '3', '.', '.', '1'},
        {'7', '.', '.', '.', '2', '.', '.', '.', '6'},
        {'.', '6', '.', '.', '.', '.', '2', '8', '.'},
        {'.', '.', '.', '4', '1', '9', '.', '.', '5'},
        {'.', '.', '.', '.', '8', '.', '.', '7', '9'},
    }
    // 解决难题
    solveSudoku(input)
    // 打印解决方案
    for i := 0; i < 9; i++ {
        for j := 0; j < 9; j++ {
            fmt.Printf("%c ", input[i][j])
        }
        fmt.Printf("\n")
    }
}
//解决数独的入口点
func solveSudoku(board [][]byte) {
    solve(board)
}
//递归函数，尝试用数字 1 ~ 9 填充每个空单元格
//如果问题已解决，则返回 true，否则返回 false
```

```
func solve(board [][]byte) bool {
    for i := 0; i < 9; i++ {
        for j := 0; j < 9; j++ {
            if board[i][j] == '.' {
                for c := byte('1'); c <= '9'; c++ {
                    if isValid(board, i, j, c) {
                        board[i][j] = c
                        if solve(board) {
                            return true
                        }
                        board[i][j] = '.'
                    }
                }
                return false
            }
        }
    }
    return true
}
//检查当前值c是否可以放在棋盘的给定行和列中
//如果c是单元格的有效选择，则返回true，否则返回false
func isValid(board [][]byte, row, col int, c byte) bool {
    for i := 0; i < 9; i++ {
        if board[i][col] == c {
            return false
        }
        if board[row][i] == c {
            return false
        }
        if board[3*(row/3)+i/3][3*(col/3)+i%3] == c {
            return false
        }
    }
    return true
}
//$ go run interview11-2.go
//5 3 4 6 7 8 9 1 2
//6 7 2 1 9 5 3 4 8
//1 9 8 3 4 2 5 6 7
```

```
//8 5 9 7 6 1 4 2 3
//4 2 6 8 5 3 7 9 1
//7 1 3 9 2 4 8 5 6
//9 6 1 5 3 7 2 8 4
//2 8 7 4 1 9 6 3 5
//3 4 5 2 8 6 1 7 9
```

11.4 本章小结

本章主要知识结构如图 11.2 所示。

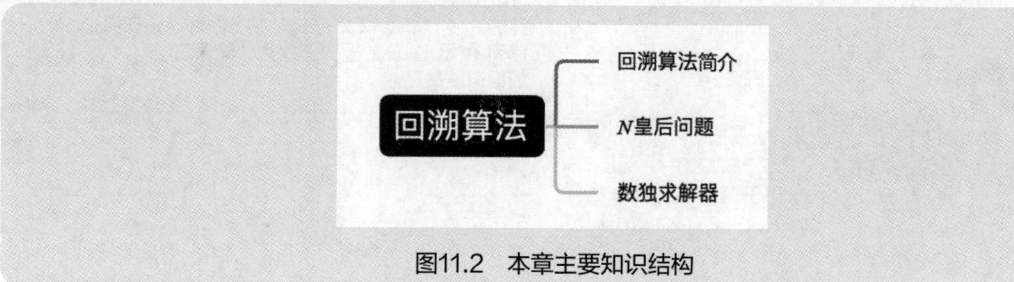

图11.2 本章主要知识结构

本章对常见的回溯算法（*N* 皇后问题、数独求解器）进行了详细的分析和讲解。

N 皇后问题是指在 $n \times n$ 的棋盘上放置 n 个皇后，使两个皇后之间不会互相攻击的问题。给定整数 n，返回 *N* 皇后问题的所有不同解。*N* 皇后问题的常见应用场景包括基准算法、游戏开发、教育等。11.2.2 小节通过定义点对象 Point 及 *N* 皇后问题解决函数 nQueenSolve() 来实现 Go 语言的 *N* 皇后问题算法。题目 11–1 是常见的面试题，读者应尽量理解。

数独求解器是一种自动解决数独问题的程序，其可以用多种编程语言实现，经常用作计算机科学课程中回溯算法的示例。题目 11–2 是常见的面试题，读者应尽量理解。

第 12 章　动态规划算法

GoBot:
嘿，我们来到了第12章。首先是12.1 动态规划，就是通过拆分问题，逐步解决，最终找到整体问题的最优解。

Gopher:
嗯，感觉有点像是把大问题分解成小问题，再一步步解决。下一个是12.2 Floyd-Warshall 算法，听起来像在解密迷宫一样，是吗?

GoBot:
是的。接下来是12.3 最长公共子序列，是在两个序列中找到最长的相同子序列，确保它们的相似度最高。

Gopher:
最长公共子序列，有点像在找两段文字中相同的内容。接下来是12.4 背包问题，听起来像是在规划一次充实的旅行，对吗?

GoBot:
对的。接下来是12.5 矩阵链乘法，是在乘法表中找到最优的矩阵相乘顺序，确保计算量最小。

Gopher:
矩阵链乘法，感觉好像是在设计一个数学游戏。下一个呢?

GoBot:
最后是12.6 硬币找零问题，是使用不同面额的硬币找零钱，确保使用的硬币数量最少。

12.1 动态规划

12.1.1 动态规划简介

动态规划（dynamic programming）是计算机编程中的一种技术，能有效地解决具有重叠子问题和最优子结构属性的一类问题。

动态规划简化复杂问题的方法是将复杂问题以递归的方式分解成更简单的子问题。跨越多个时间点的决策通常是递归分解的，尽管有些决策问题不能这样分解。同样，在计算机科学中，如果通过将问题分解成子问题，再将子问题的最优解递归地找出来，就可以使问题得到最优的解决方案，则称它具有最优子结构。

任何问题都可以划分为子问题，子问题又可以被划分为更小的子问题，如果这些子问题之间存在重叠，则可以保存这些子问题的解决方案以备将来参考。

12.1.2 动态规划的特点

动态规划的特点如下。

- 重叠子问题。子问题是原始问题的较小版本。如果找到的解决方案涉及多次解决相同的子问题，则这些问题都有重叠的子问题。
- 最佳子结构属性。如果任何问题的整体最优解可以从其子问题的最优解中构造出来，则任何问题都具有最优子结构性质。例如，斐波那契数列的表达式：

```
Fib(n) = Fib(n-1) + Fib(n-2)
```

清楚地表明了大小为 n 的问题已减少为大小为 n–1 和 n–2 的子问题。因此，斐波那契数列具有最优子结构性质。

12.1.3 动态规划常见算法

此类问题涉及重复计算相同子问题的值以找到最佳解决方案。动态规划的常见算法如下。

- Floyd-Warshall 算法：该算法用于在加权图中找到所有顶点对之间的最短路径。
- 最长公共子序列：该算法用于查找两个或多个序列共有的最长子序列。
- 背包问题：该算法用于确定通过选择一组受重量约束的项目可以获得的最大值。
- 矩阵链乘法：该算法用于找到最有效的方法来乘以一组矩阵。
- 硬币找零问题：该算法用于确定找零给定金额所需的最少硬币数量。

12.1.4 动态规划常见应用场景

动态规划的一些常见应用场景如下。

- 优化问题：动态规划通常用于解决优化问题，开发者试图从所有可能的解决方案中找到最佳解决方案。
- 寻路算法：动态规划也可用于寻路算法，开发者可以在其中尝试找到两点之间的最短或成本最低的路径。
- 序列比对：在生物信息学中，动态规划通常用于比对 DNA、RNA 或蛋白质的序列，这是许多生物分析中的重要步骤。
- 博弈论：动态规划可用于博弈论，以在多轮或多阶段的博弈中为玩家找到最优策略。

12.2 Floyd-Warshall 算法

12.2.1 Floyd-Warshall 算法简介

Floyd-Warshall 算法（Floyd-Warshall algorithm）是一种用于在加权图中找到所有顶点对之间的最短路径的算法。该算法适用于有向加权图和无向加权图。

Floyd-Warshall 算法的特征如下。

（1）初始化并输入与图矩阵相同的解矩阵，然后通过将所有顶点视为中间顶点来更新解矩阵。这个想法是一个一个地挑选所有顶点并更新所有最短路径，其中包括被挑选的顶点作为最短路径中的中间顶点。

（2）当选择顶点号 k 作为中间顶点时，会将顶点 $\{0, 1, 2,\cdots, k-1\}$ 视为中间顶点。对于源顶点和目标顶点的每一对 (i, j)，分别有以下两种可能的情况。

- 如果 k 不是从 i 到 j 的最短路径中的中间顶点，则保持 dist[i][j] 的值不变。
- 如果 k 是从 i 到 j 的最短路径中的一个中间顶点，且 dist[i][j] > dist[i][k] + dist[k][j]，则将 dist[i][j] 的值更新为 dist[i][k] + dist[k][j]。

Floyd-Warshall 算法的伪代码如下：

```
Begin FloydWarshall()
    let dist ← |V| × |V|      // 让 dist 成为 |V| × |V|，初始化为无穷大的最小距离数组
    for each edge (u, v) do
        dist[u][v] ← w(u, v)  // 边的权重 (u, v)
    end for
    for each vertex v do
```

```
            dist[v][v] ← 0
        end for
        for k from 1 to |V|
            for i from 1 to |V|
                for j from 1 to |V|
                    if dist[i][j] > dist[i][k] + dist[k][j]
                        dist[i][j] ← dist[i][k] + dist[k][j]
                    end if
                end for
            end for
        end for
    End FloydWarshall
```

我们可以通过示例来加深对 Floyd–Warshall 算法的理解。

如图 12.1 所示，如果开发者想从节点 A 移动到节点 B，则最短距离是 6。如果想从节点 C 移动到节点 A，由于节点 C 到节点 A 之前没有直达路径，只能将节点 B 当作中间节点，则节点 C 移动到节点 A 的最短距离（节点 C 到节点 B + 节点 B 到节点 A）是 4（3+1）。

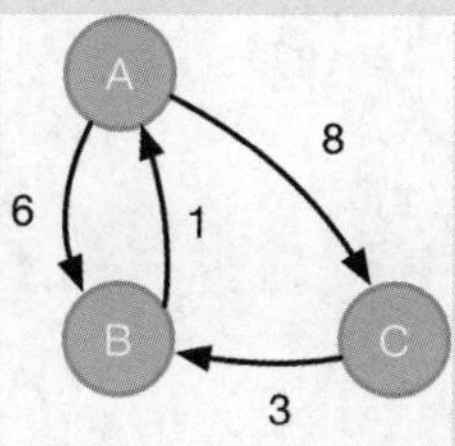

图12.1 Floyd–Warshall 算法示例

图 12.1 中不同节点之间的最短距离见表 12.1。

表 12.1 不同节点之间的最短距离

节 点	A	B	C
A	0	6	8
B	1	0	9（1+8）
C	4（3+1）	3	0

Floyd–Warshall 算法的一些常见应用场景如下。

- 网络路由和物流：Floyd–Warshall 算法可用于查找图中每对顶点之间的最短路径，这在网络路由和物流等应用中很有用。
- 求图的直径：Floyd–Warshall 算法可用于求图的直径，即图中任意两个顶点之间最长 / 最短路径的长度。

- 优化交通流量：Floyd-Warshall 算法可用于通过找到网络中所有顶点对之间的最短路径并相应地调整交通流量来优化网络中的交通流量。

Floyd-Warshall 算法的时间复杂度是 $O(n^3)$，空间复杂度是 $O(n^2)$，其中 n 是图中的顶点数。

12.2.2 Go 语言实现

（1）定义加权图对象 Graph，代码如下：

```
type Graph struct {
    to     int
    weight float64
}
```

（2）编写 Floyd-Warshall 算法函数 floydWarshall()，代码如下：

```
func floydWarshall(g [][]Graph) [][]float64 {
    distance := make([][]float64, len(g))
    for i := range distance {
        dist := make([]float64, len(g))
        for j := range dist {
            dist[j] = math.Inf(1)
        }
        dist[i] = 0
        distance[i] = dist
    }
    for u, Graphs := range g {
        for _, v := range Graphs {
            distance[u][v.to] = v.weight
        }
    }
    for k, dk := range distance {
        for _, di := range distance {
            for j, dij := range di {
                if d := di[k] + dk[j]; dij > d {
                    di[j] = d
                }
            }
        }
    }
```

```
    return distance
}
```

（3）编写 main() 函数，代码如下：

```
func main() {
    graph := [][]Graph{
        1: {{5, 9}, {2, 3}, {3, -5}},
        2: {{2, 5}, {5, 6}},
        3: {{3, 6}, {4, 8}},
        4: {{3, 7}, {1, -3}},
        5: {{1, 0}},
    }
    distance := floydWarshall(graph)
    //distance[][] 将是最终的输出矩阵
    for _, d := range distance {
        fmt.Printf("%4g\n", d)
    }
}
//$ go run floydWarshall.go
//[   0 +Inf +Inf +Inf +Inf +Inf]
//[+Inf    0    3   -5    3    9]
//[+Inf    6    5    1    9    6]
//[+Inf    5    8    0    8   14]
//[+Inf   -3    0   -8    0    6]
//[+Inf    0    3   -5    3    0]
```

12.2.3 面试题实战

【题目 12-1】**返回到达所有城市的距离都为最短的城市编号**

有 n 个城市，编号从 0 ~ n–1。给定数组边，其中 edges[i] = [from$i$, to$i$, weight$i$] 表示城市 from$i$ 和 to$i$ 之间的双向加权边，并给定整数 distanceLong。请返回距离不超过 distanceLong 的数量且到达所有城市的距离都为最短的城市编号。注意，连接城市 i 和 j 的路径的距离等于沿该路径的边权重之和。示例如下。

输入：

```
n = 4, edges = [[0, 1, 2],[1, 2, 3],[2, 3, 4],[1, 3, 1]], distanceLong = 4
```

输出：

```
2
```

【解答】

①思路。

该题的本质是在加权图中找到所有顶点对之间的最短路径，所以使用 Floyd-Warshall 算法来解决。

② Go 语言实现。

```
package main
import "fmt"
func findCity(n int, edges [][]int, distanceLong int) int {
    distance := make([][]int, n)
    for i := range distance {
        distance[i] = make([]int, n)
        for j := range distance[i] {
            distance[i][j] = 10000000
        }
    }
    for i := range distance {
        distance[i][i] = 0
    }
    for i := range edges {
        distance[edges[i][0]][edges[i][1]] = edges[i][2]
        distance[edges[i][1]][edges[i][0]] = edges[i][2]
    }
    for k := range distance {
        for i := range distance {
            for j := range distance {
                distance[i][j] = min(distance[i][k]+distance[k][j],
                    distance[i][j])
            }
        }
    }
    res := make([]int, n)
    for i := range distance {
        for j := range distance[i] {
            if i != j && distance[i][j] <= distanceLong {
                res[i]++
            }
        }
    }
```

```
    result := 0
    cur := res[0]
    for i := range res {
        if res[i] <= cur {
            result = i
            cur = res[i]
        }
    }
    return result
}
func min(x, y int) int {
    if x < y {
        return x
    }
    return y
}
func main() {
    edges := [][]int{{0, 1, 2}, {1, 2, 3}, {2, 3, 4}, {1, 3, 1}}
    n := 4
    distanceLong := 4
    res := findCity(n, edges, distanceLong)
    fmt.Println(res)
}
//$ go run interview12-1.go
//2
```

12.3 最长公共子序列

12.3.1 最长公共子序列简介

最长公共子序列（the longest common subsequence，LCS）是指所有给定序列共有的最长子序列，前提是子序列的元素不需要占据原始序列中的连续位置。最长公共子序列问题是一个经典的计算机科学问题，是实用程序等数据比较程序的基础，在计算语言学和生物信息学中也有应用。

最长公共子序列的伪代码如下：

```
Begin LCS(X,Y)
    for i =1 to n-1 do
    L[i,-1] = 0
    end for
    for j =0 to m-1 do
        L[-1,j] = 0
    end for
    for i =0 to n-1 do
        for j =0 to m-1 do
            if xi = yj then
                L[i, j] = L[i-1, j-1] + 1
            else
                L[i, j] = max{L[i-1, j] , L[i, j-1]}
            end if
        end for
    end for
    return array L
End LCS
```

在以上伪代码中，输入为分别具有 n 和 m 个元素的字符串 X 和 Y。最长字符串的长度为 L[i, j]，字符串 X[0...i] = $x_0x_1x_2\cdots x_i$ 和字符串 Y [0...j] = $y_0y_1y_2\cdots y_j$。

举例说明：如果 S1 = {B,C,D,A,A,C,D}，则 {A, D, B} 不能是 S1 的子序列，因为元素的顺序不同（即不是严格递增的序列）。

让我们通过一个例子来了解最长公共子序列。给定两个序列 S1、S2：

```
S1 = {B,C,D,A,A,C,D}
S2 = {A,C,D,B,A,C}
```

那么，常见的子序列如下：

```
{B, C}, {C, D, A, C}, {D, A, C}, {A, A, C}, {A, C}, {C, D}, ...
```

如图 12.2 所示，在以上的子序列中，{C, D, A, C} 是最长公共子序列。通常使用动态规划来找到这个最长公共子序列。

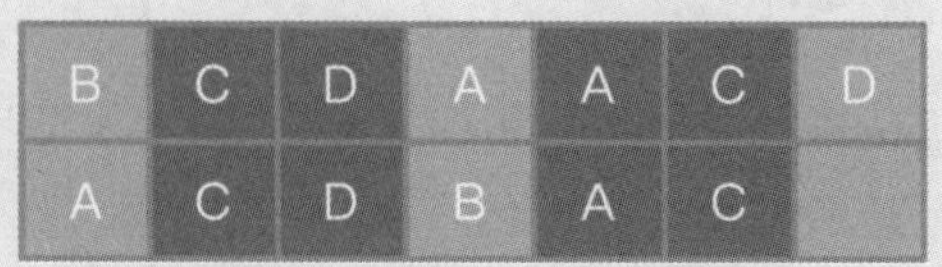

图12.2　最长公共子序列示例

最长公共子序列的常见应用场景如下。

- 文本比较：在自然语言处理中，最长公共子序列可用于比较两个文本，找出它们之间的相似性。这在剽窃检测、文档聚类和内容推荐中很有用。
- 数据压缩：在数据压缩中，最长公共子序列可用于识别数据中的重复模式并将它们压缩成更小的表示形式。
- 版本控制：在软件开发中，最长公共子序列可用于查找同一代码库的不同版本之间的差异。这可以帮助开发人员确定哪些代码行在版本之间发生了变化，并合并来自在同一代码库上工作的多个开发人员的更改。

12.3.2 Go语言实现

（1）编写最长公共子序列函数Longest()，代码如下：

```
func Longest(str1, str2 string) int {
    len1 := len(str1)
    len2 := len(str2)
    tab := make([][]int, len1+1)
    for i := range tab {
        tab[i] = make([]int, len2+1)
    }
    i, j := 0, 0
    for i = 0; i <= len1; i++ {
        for j = 0; j <= len2; j++ {
            if i == 0 || j == 0 {
                tab[i][j] = 0
            } else if str1[i-1] == str2[j-1] {
                tab[i][j] = tab[i-1][j-1] + 1
                if i < len1 {
                    fmt.Printf("%c", str1[i])
                    // 移动到两个序列中的下一个字符
                    i++
                    j++
                }
            } else {
                tab[i][j] = max(tab[i-1][j], tab[i][j-1])
            }
        }
    }
    fmt.Println()
    return tab[len1][len2]
```

```
}
func max(more ...int) int {
    maxNum := more[0]
    for _, elem := range more {
        if maxNum < elem {
            maxNum = elem
        }
    }
    return maxNum
}
```

（2）编写 main() 函数，代码如下：

```
func main() {
    str1 := "TABTABTAB"
    str2 := "ATABTABTAB"
    fmt.Println(Longest(str1, str2))
}
//$ go run LCS.go
//ABTBTA
//1
```

12.3.3 面试题实战

【题目 12-2】**返回最长公共子序列的长度**

给定两个字符串 str1 和 str2，返回它们最长公共子序列的长度。如果没有公共子序列，则返回 0。字符串的子序列是从原始字符串中删除一些字符但不改变剩余字符的相对顺序而生成的新字符串。例如，lvo 是 lovego 的子序列。两个字符串的公共子序列是两个字符串共有的子序列。示例如下。

输入：

```
str1 = "lovego", str2 = "lvo"
```

输出：

```
3
```

说明：最长公共子序列是 lvo，它的长度是 3。

【解答】

① 思路。

根据题意，通过最长公共子序列思路来实现即可。

② Go 语言实现。

```
package main
import "fmt"
// 将两个字符串作为输入并返回它们最长公共子序列的长度
func LCS(str1 string, str2 string) int {
    // 求两个字符串的长度
    m, n := len(str1), len(str2)
    // 为动态规划创建记忆矩阵
    memo := make([][]int, m+1)
    for i := 0; i < m+1; i++ {
        memo[i] = make([]int, n+1)
        for j := 0; j < n+1; j++ {
            memo[i][j] = -1
        }
    }
    // 使用记忆矩阵调用 lcs() 函数
    return lcs(str1, str2, m, n, &memo)
}
// 返回两个字符串之间最长公共子序列的长度
func lcs(s1, s2 string, m, n int, memo *[][]int) int {
    // 如果任一字符串为空，则返回 0
    if m == 0 || n == 0 {
        return 0
    }
    // 检查这个子问题的结果是否已经计算出来，如果是，则返回
    if (*memo)[m][n] != -1 {
        return (*memo)[m][n]
    }
    // 如果两个字符串的最后一个字符匹配，则将 LCS 加 1，并对剩余的字符串进行递归
    if s1[m-1] == s2[n-1] {
        (*memo)[m][n] = 1 + lcs(s1, s2, m-1, n-1, memo)
    } else {
        // 如果最后一个字符不匹配，则通过排除 str1 或 str2 的最后一个字符并取两个值中的
        // 最大值来重复这两个字符串
        (*memo)[m][n] = max(lcs(s1, s2, m-1, n, memo), lcs(s1, s2, m, n-1, memo))
    }
    // 返回此子问题的结果
    return (*memo)[m][n]
```

```
}
//返回两个整数中的最大值
func max(a, b int) int {
    if a > b {
        return a
    }
    return b
}
func main() {
    // 声明变量
    str1 := "lovego"
    str2 := "lvo"
    res := LCS(str1, str2)
    fmt.Println(res)
}
//$ go run interview12-2.go
//3
```

【题目 12-3】**返回使两个字符串相同所需的最小步数**

给定两个字符串 str1 和 str2，返回使 str1 和 str2 相同所需的最小步数。在一个步骤中，开发者可以删除任意字符串中的一个字符。示例如下。

输入：

```
str1 = "ilovegolang", str2 = "golang"
```

输出：

```
5
```

说明：str1 和 str2 仅由小写英文字母组成。

【解答】

① 思路。

根据题意，本题可通过最长公共子序列思路来实现。首先使用动态规划算法计算 str1 和 str2 之间的最长公共子序列的长度；然后使字符串相同的最小步骤数计算为两个字符串长度差值与 LCS 长度之和。

② Go 语言实现。

```
package main
import "fmt"
// 声明一个名为 dp 的二维数组，包含 500 行和 500 列，初始化为 0
```

```
var dp [500][500]int16
func minStep(str1, str2 string) int {
    for i, r1 := range str1 { // 遍历字符串 str1 中的每个字符
        for j, r2 := range str2 { //遍历字符串 str2 中的每个字符
            if r1 == r2 { //如果两个字符相同
                if i != 0 && j != 0 { // 如果两个字符串都有多个字符
                    //则在数组 dp 中，后一个索引处的值 = 前一个索引处的值 +1
                    dp[i][j] = dp[i-1][j-1] + 1
                } else {
                    //如果任何一个字符串只有一个字符，则将数组 dp 的值设置为 1
                    dp[i][j] = 1
                }
            } else { //如果两个字符不同
                //如果两个字符串都超过一个字符
                if i != 0 && j != 0 {
                    //将数组 dp 的值设置为数组 dp 左侧和上方索引中值的最大值
                    dp[i][j] = max(dp[i-1][j], dp[i][j-1])
                } else if i != 0 {
                    // 将数组 dp 的值设置为上述索引中存在的值
                    dp[i][j] = dp[i-1][j]
                } else if j != 0 {
                    // 将数组 dp 的值设置为左侧索引中存在的值
                    dp[i][j] = dp[i][j-1]
                } else {
                    //如果两个字符串只有一个字符并且都不同，则将数组 dp 的值设置为 0
                    dp[i][j] = 0
                }
            }
        }
    }
    // 返回将 str1 转换为 str2 所需的最少步骤数
    return len(str1) + len(str2) - 2*int(dp[len(str1)-1][len(str2)-1])
}
// 返回两个整数中的最大值
func max(x, y int16) int16 {
    if x >= y {
        return x
    }
    return y
```

```
}
func main() {
    str1 := "ilovegolang"
    str2 := "golang"
    res := minStep(str1, str2)
    fmt.Println(res)
}
//$ go run interview12-3.go
//5
```

12.4 背包问题

12.4.1 背包问题简介

背包问题（knapsack problem）是计算机科学和数学中著名的优化问题。该问题涉及选择一组具有最大总价值的项目，并受项目最大重量的约束。

在该问题的经典版本中，有一个背包，该背包最大可以装 W 的重量；有 n 件物品可供选择，每件物品的重量为 $w(i)$，价值为 $v(i)$。目标是选择项目的子集，使得总重量不超过 W，并且总价值最大化。

背包问题有很多应用，如资源分配、金融投资组合管理和生产计划。

解决背包问题的一般步骤如下。

（1）定义问题：明确定义问题并确定目标函数和约束条件。

（2）输入数据：输入所有可装入背包的物品的重量和价值。

（3）制定问题：将问题制定为数学优化问题。目标是最大化背包中物品的总价值，受物品总重量不能超过背包容量的约束。

（4）选择算法：选择一种算法来解决背包问题。最常见的算法是动态规划算法和贪心算法。

（5）实现算法：用自己选择的编程语言实现所选算法。

（6）测试解决方案：通过在不同的测试用例上运行算法来测试解决方案，并验证解决方案是否满足问题的要求。

（7）优化解决方案：如有必要，通过调整算法或更改输入数据来优化解决方案。

（8）输出解：输出最终的解，应该是在不超过重量限制的情况下，总价值最大化的要装入背包的物品的集合。

背包问题的常见应用场景如下。

- 投资组合优化：投资者经常面临如何分配资产以获得最大化回报同时最小化风险的问题。
- 资源分配：在制造工厂中，有不同的机器可以执行各种任务。每台机器都有不同的生产率，每个任务都有不同的处理时间和价值。要求是将任务分配给机器，以在给定的时间限制内最大化已完成任务的总价值。
- 装箱：假设你正在经营一个仓库，并且有一份不同尺寸的物品清单，需要将它们装入不同尺寸的容器中。要求是尽量减少所需容器的数量，同时确保所有物品都适合每个容器的给定容量。

12.4.2 Go 语言实现

背包问题的 Go 语言实现如下：

```
package main
import "fmt"
func main() {
    // 背包的最大承重量
    W := 10
    // 放在背包中的物品的重量
    weights := []int{2, 3, 4, 5}
    // 放在背包中的物品的价值
    values := []int{3, 4, 5, 6}
    // 调用背包函数解题并打印结果
    fmt.Println(knapsack(W, weights, values))
}
// 返回背包中可以放置的最大值
func knapsack(W int, weights, values []int) int {
    // 数组的长度
    n := len(weights)
    // 创建一个 n+1 行、W+1 列的二维切片
    dp := make([][]int, n+1)
    for i := range dp {
        dp[i] = make([]int, W+1)
    }
    // 使用动态规划填充二维切片
    for i := 1; i <= n; i++ {
        for w := 1; w <= W; w++ {
            if weights[i-1] > w {
```

```
                // 如果加入第 i 件物品后的总重量大于最大重量 w，则第 i 件物品不能放入背包
                dp[i][w] = dp[i-1][w]
            } else {
                // dp[i-1][w] 表示使用前 i-1 个物品和不包括第 i 个物品的最大重量
                // dp[i-1][w-weights[i-1]] 表示最大重量为 w-weights[i-1] 可以获得的值
                dp[i][w] = max(dp[i-1][w], dp[i-1][w-weights[i-1]]+values[i-1])
            }
        }
    }
    // 使用所有物品和最大重量 W 可以得到的最大值是解决方案
    return dp[n][W]
}
// 接收两个整数 a 和 b，并返回两个整数中的最大值
func max(a, b int) int {
    if a > b {
        return a
    }
    return b
}
//$ go run knapsack.go
//13
```

12.4.3 面试题实战

【题目 12-4】**划分相等子集和**

给定一个整数数组 array，确认是否可以将数组分成两个子集，使得两个子集中的元素之和相等，可以则返回 true，否则返回 false。示例如下。

输入：

```
array = [1,5,11,5]
```

输出：

```
true
```

【解答】

① 思路。

这个问题可以使用 0/1 背包问题的动态规划算法来解决。

② Go 语言实现。

```go
package main
import "fmt"
// 如果输入切片可以划分为两个总和相等的子集，则返回 true，否则返回 false
func canPartition(array []int) bool {
    // 计算输入切片的长度
    n := len(array)
    // 计算输入切片中所有元素的总和
    sum := 0
    for _, num := range array {
        sum += num
    }
    // 如果和为奇数，则无法将输入切片划分为两个总和相等的子集，因此返回 false
    if sum%2 != 0 {
        return false
    }
    // 计算每个子集的目标总和，即总和的一半
    target := sum / 2
    // 初始化一个长度为 target+1 的布尔切片，并将第 1 个元素设置为 true
    dp := make([]bool, target+1)
    dp[0] = true
    // 迭代输入切片，对于每个元素，以相反的顺序迭代布尔切片，
    // 如果 dp[j] 或 dp[j-array[i]] 为 true，则将每个元素 dp[j] 更新为真 true
    for i := 0; i < n; i++ {
        for j := target; j >= array[i]; j-- {
            dp[j] = dp[j] || dp[j-array[i]]
        }
    }
    // 返回布尔切片的最后一个元素，表示是否可以创建总和等于目标的子集
    return dp[target]
}
func main() {
    // 定义示例输入切片
    array := []int{1, 5, 11, 5}
    // 调用 canPartition()函数并打印其结果
    fmt.Println(canPartition(array))
}
//$ go run interview12-4.go
//true
```

12.5 矩阵链乘法

12.5.1 矩阵链乘法简介

矩阵链乘法（matrix chain multiplication）是计算机科学中的一个问题，涉及矩阵序列的乘法。给定一个矩阵序列，目标是找到最有效的方法来乘以这些矩阵。两个矩阵相乘的成本等于计算乘积所需的乘法次数。矩阵链乘法问题可以使用动态规划算法来解决。动态规划算法涉及将问题分解为更小的子问题，并以自下而上的方式解决它们。然后通过组合子问题的解决方案获得最终解决方案。

下面是矩阵链乘法的实现步骤。

（1）定义问题：问题的输入是一个矩阵序列，输出是将它们相乘的最优顺序。目标是最小化所需的乘法次数。

（2）识别子问题：解决矩阵链乘法问题的关键是认识到矩阵序列相乘的最优方法可以分解为矩阵的两个子序列相乘的最优方法。因此，可以通过计算乘以所有可能的子序列对的最佳方式来解决该问题。

（3）定义递归：令 M[i, j] 是将矩阵从 A[i] 乘到 A[j] 所需的最小标量乘法次数。那么，递推关系为

```
M[i, j] = min {M[i, k] + M[k+1, j] + p[i-1] * p[k] * p[j] }     //i ≤ k < j
```

其中，p[i-1] * p[k] * p[j] 是乘以矩阵 A[i] * A[i+1] * ··· * A[k] * A 所需的标量乘法次数 [k+1] * ··· * A[j]。

（4）计算最佳顺序：使用动态规划算法为所有 i 和 j 计算 M[i, j]。矩阵相乘的最佳顺序是对应于 M[1, n] 的最小值的顺序。

（5）构造最优解：可以使用 M 的值和用于计算 M[1, n] 最小值的索引 k 构造最优解。通过递归地乘以由索引 k 定义的子问题，可以以最佳顺序乘以矩阵。

（6）返回解：返回最优阶数和矩阵相乘所需的标量乘法次数。

下面是矩阵链乘法的一些常见应用场景。

- 计算机图形学：在计算机图形学中，矩阵运算用于将三维对象转换为二维图像。矩阵链乘法用于有效地执行这些转换。
- 机器学习：在机器学习中，大量的数据往往被表示为矩阵，矩阵运算用于处理和分析这些数据。矩阵链乘法可以用来优化这些矩阵的处理。
- 优化问题：许多优化问题可以表述为矩阵乘法问题，矩阵链乘法可以用来寻找这些问题

的最优解。

矩阵链乘法的时间复杂度为 $O(n^3)$，空间复杂度为 $O(n^2)$，其中 n 是序列中矩阵的数量。

12.5.2 Go 语言实现

矩阵链乘法问题的 Go 语言实现如下：

```
package main
import (
    "fmt"
    "math"
)
// 返回乘以给定矩阵序列所需的最小标量乘法次数
func matrixChainOrder(p []int) int {
    // 给定矩阵序列的长度
    n := len(p)
    // 创建一个二维数组来存储每个矩阵子序列所需的最小标量乘法次数
    m := make([][]int, n)
    for i := range m {
        m[i] = make([]int, n)
    }
    // 计算每个矩阵子序列所需的最小标量乘法次数
    for l := 2; l < n; l++ {
        for i := 1; i < n-l+1; i++ {
            j := i + l - 1
            m[i][j] = math.MaxInt32
            for k := i; k <= j-1; k++ {
                q := m[i][k] + m[k+1][j] + p[i-1]*p[k]*p[j]
                if q < m[i][j] {
                    m[i][j] = q
                }
            }
        }
    }
    //返回将矩阵序列从 1 乘到 n-1 所需的最小标量乘法次数
    return m[1][n-1]
}
func main() {
    // 要相乘的矩阵序列
    p := []int{2, 2, 3, 1, 2, 3, 5}
```

```
    // 计算乘以矩阵序列所需的最小标量乘法次数
    minCost := matrixChainOrder(p)
    // 打印所需的最小标量乘法次数
    fmt.Println(" 矩阵乘法的最小成本：", minCost)
}
//$ go run matrixChainOrder.go
// 矩阵乘法的最小成本：41
```

12.5.3 面试题实战

【题目 12-5】**多边形的最小分数三角剖分**

假设给定一个凸面 *n* 多边形，其中每个顶点都有一个整数值。给定一个整数数组 values，其中 values[*i*] 是第 *i* 个顶点的值（即顺时针顺序）。将多边形三角化为三角形 *n* − 2，对于每个三角形，该三角形的值是其顶点值的乘积，三角剖分的总分是三角 *n* − 2 剖分中所有三角形的这些值的总和。返回通过多边形的某些三角剖分可以获得的最小可能总分。示例如下。

输入：

```
values = [1,6,8]
```

输出：

```
48
```

示例三角形及其分数如图 12.3 所示。

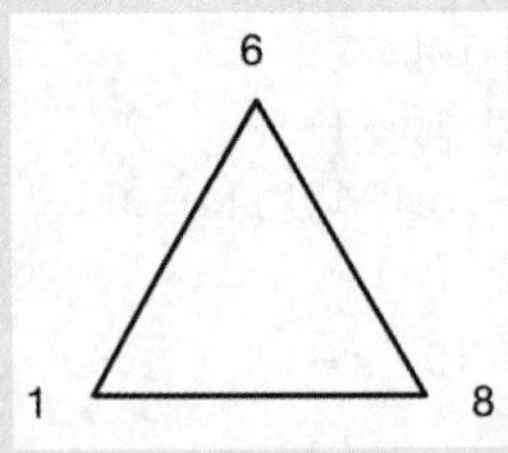

图12.3　示例三角形及其分数

【解答】

① 思路。

为了使用动态规划算法解决这个问题，可以定义一个递归函数 dp(*i*) 来计算由索引小于或等于 *i* 的顶点构成的三角形的最小可能总值。然后迭代这些值并计算相应的 dp(*i*) 值，并返回它们的最小值。

② Go 语言实现。

```
package main
import (
    "fmt"
    "math"
)
func main() {
    array := []int{1, 6, 8}
    //调用 minScoreTriangulation() 函数计算最小分数
    result := minScoreTriangulation(array)
    fmt.Println(result)
}
func minScoreTriangulation(values []int) int {
    n := len(values)
    //创建一个二维切片来存储三角形子问题的最小分数
    dp := make([][]int, n)
    for i := range dp {
        dp[i] = make([]int, n)
    }
    //计算增加子问题大小的最小分数
    for length := 3; length <= n; length++ {
        //遍历给定大小的所有可能的子数组
        for i := 0; i <= n-length; i++ {
            j := i + length - 1      //子数组的结束索引
            dp[i][j] = math.MaxInt32 //将最小分数初始化为最大整数值
            //遍历子数组的所有可能拆分
            for k := i + 1; k < j; k++ {
                //计算由顶点 i、j、k 组成的三角形的分数，将其加到两个子问题的最小分数上
                dp[i][j] = min(dp[i][j], dp[i][k]+dp[k][j]+values[i]*values[j]*
                     values[k])
            }
        }
    }
    return dp[0][n-1]
}
//计算两个整数中的最小值函数
func min(a, b int) int {
    if a < b {
        return a
    }
```

```
    return b
}
//$ go run interview12-5.go
//48
```

12.6 硬币找零问题

12.6.1 硬币找零问题简介

硬币找零问题是计算机科学和优化中的一个经典问题，涉及计算一定数量找零所需的最少硬币数量。给定一组硬币面额和找零的总量，问题是找到进行找零所需的最少硬币数量。

硬币找零问题通常使用动态规划算法解决，如记忆或制表，这涉及将问题分解为更小的子问题并将这些子问题的解决方案存储在表或缓存中，然后使用这些解决方案来计算原始问题的最优解。

以下是解决硬币找零问题的算法步骤。

（1）定义问题：明确定义问题并确定输入和输出。在这种情况下，输入是一组硬币面额和目标找零金额，输出是进行找零所需的最少硬币数量。

（2）创建表：创建一个表，其中行表示硬币面额，列表示目标找零金额，范围为从 0 开始到目标金额。

（3）初始化表格：将表格的第 1 行初始化为 0，因为找零目标金额需要 0 个硬币。

（4）填写表格：对于表格中的每一行和每一列，确定进行找零所需的最少硬币数。如果当前硬币面额大于目标金额，则复制上一行的值；否则，取两种情况中的最小值。使用当前面额的硬币后，剩余找零所需的最少硬币数加 1。目标金额减去当前币种面额即为剩余金额。不使用当前硬币面额，则使用上一行中的值。

（5）返回结果：找零所需的最少币数为表格最后一行、最后一列的值。

（6）追踪解决方案：要查找用于进行更改的硬币，请从表格的右下角开始并使用表格中的值进行回溯。向左或向上移动时，不使用当前硬币面额。当沿对角线向左上方移动时，使用当前硬币面额。

（7）完成：返回最小数量的硬币和用于进行更改的硬币列表。

硬币找零问题的常见应用场景如下。

- 货币面额：硬币找零问题可用于确定在具有特定面额的货币中为给定金额进行找零所需的最少硬币数量。

- 自动售货机：自动售货机使用一组有限的硬币来分发零钱。硬币找零问题可用于确定为给定的购买量分配零钱所需的最少硬币数量。
- 组合学：硬币找零问题可用于解决涉及整数分区和组合的组合问题。

12.6.2 Go 语言实现

使用动态规划在 Go 语言中实现硬币找零问题的示例如下：

```
package main
import "fmt"
func main() {
    coins := []int{1, 2, 5} // 设置可用硬币
    amount := 26            // 设定目标金额
    // 调用 change() 函数以获取所需的最少硬币数量
    result := change(coins, amount)
    fmt.Printf(" 为目标金额为 %d 的找零所需的最少硬币数为：%d\n", amount, result)
}
func change(coins []int, amount int) int {
    // 初始化一个表来存储每个金额所需的最少硬币数量
    table := make([]int, amount+1)
    for i := range table {
        table[i] = amount + 1
    }
    table[0] = 0
    // 遍历每个硬币面额
    for _, coin := range coins {
        // 迭代每个金额直到目标金额
        for i := coin; i <= amount; i++ {
            // 如果使用这个硬币会导致需要更少的硬币，则更新表格
            table[i] = min(table[i], table[i-coin]+1)
        }
    }
    // 返回目标数量所需的最小硬币数量，如果不可能，则返回 -1
    if table[amount] > amount {
        return -1
    }
    return table[amount]
}
func min(a, b int) int {
    if a < b {
```

```
        return a
    }
    return b
}
//$ go run coinChange.go
// 为目标金额为 26 的找零所需的最少硬币数为：6
```

12.6.3 面试题实战

【题目 12-6】**用最少的硬币组合成指定的金额**

给定一个表示不同面额硬币的整数数组 array 和一个表示总金额的整数 amount。返回你需要的最少数量的硬币来弥补该金额。如果硬币的任何组合都不能弥补这笔钱，则返回 -1。假设有无限数量的每种硬币。示例如下。

输入：

```
array = [1,2,5], amount = 16
```

输出：

```
4
```

【解答】

① 思路。

这个问题的解决方案涉及动态规划，可以跟踪每个剩余数量所需的最少硬币数量，并根据先前计算的结果更新它。

② Go 语言实现。

```
package main
import "fmt"
func main() {
    coins := []int{1, 2, 5} // 设置可用硬币
    amount := 16            // 设定目标金额
    // 调用 change() 函数以获取所需的最少硬币数量
    result := change(coins, amount)
    fmt.Printf(" 为目标金额为 %d 的找零所需的最少硬币数为：%d\n", amount, result)
}
func change(coins []int, amount int) int {
    // 初始化一个表来存储每个金额所需的最少硬币数量
    table := make([]int, amount+1)
    for i := range table {
```

```
        table[i] = amount + 1
    }
    table[0] = 0
    // 遍历每个硬币面额
    for _, coin := range coins {
        // 迭代每个金额直到目标金额
        for i := coin; i <= amount; i++ {
            // 如果使用这个硬币会导致需要更少的硬币，则更新表格
            table[i] = min(table[i], table[i-coin]+1)
        }
    }
    // 返回目标数量所需的最少硬币数量，如果不可能，则返回 -1
    if table[amount] > amount {
        return -1
    }
    return table[amount]
}
func min(a, b int) int {
    if a < b {
        return a
    }
    return b
}
//$ go run interview12-6.go
// 为目标金额为 16 的找零所需的最少硬币数为：4
```

12.7 本章小结

本章主要知识结构如图 12.4 所示。

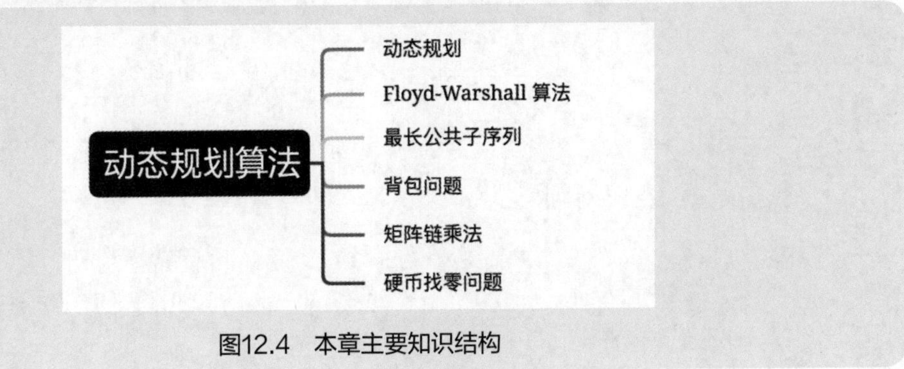

图12.4 本章主要知识结构

本章对常见的动态规划算法（Floyd–Warshall 算法、最长公共子序列、背包问题、矩阵链乘法和硬币找零问题）进行了详细的分析和讲解。

Floyd–Warshall 算法是一种用于在加权图中找到所有顶点对之间的最短路径的算法，常用于网络路由和物流、求图的直径、优化交通流量等场景。题目 12–1 是常见的 Floyd–Warshall 算法面试题，该算法难度较大，读者只需了解即可。

最长公共子序列是一个经典的计算机科学问题，是实用程序等数据比较程序的基础，在计算语言学和生物信息学中也有应用。在 12.3.2 小节，通过编写最长公共子序列函数 Longest() 来求解最长公共子序列。题目 12–2 和题目 12–3 是常见的算法面试题，读者应尽量理解。

背包问题是计算机科学和数学中著名的优化问题，在资源分配、金融投资组合管理和生产计划等领域有广泛应用。题目 12–4 是常见的算法面试题，读者应尽量理解。

矩阵链乘法是一个基础问题，在计算机科学的各个领域都有广泛的应用，包括计算机图形学、机器学习、优化问题等。题目 12–5 是常见的算法面试题，读者应尽量理解。

硬币找零问题是计算机科学和优化中的一个经典问题，常用于货币面额、自动售货机、组合学等应用场景。题目 12–6 是常见的算法面试题，读者应尽量理解。

第 13 章　其他常见算法

GoBot:
嘿，我们现在来到了第13章。首先是13.1 递归算法，就像是函数调用自身，通过不断缩小问题规模来解决问题。

Gopher:
递归算法，感觉像是在玩一场思维的游戏。下一个呢？

GoBot:
下一个是13.2 网页排名算法，是搜索引擎对网页进行排序，确保用户看到最相关的内容。

Gopher:
网页排名算法，听起来像是在进行搜索引擎优化。接下来呢？

GoBot:
接下来是13.3 数学类算法，包括了一系列在数学领域中使用的算法，如欧几里得算法、闰年问题等。

Gopher:
数学类算法，听起来好像是在进行一场数学探险。下一个呢？

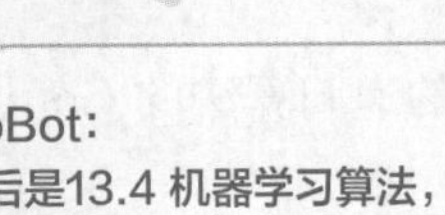

GoBot:
最后是13.4 机器学习算法，像是在培养一位智能助手。

Gopher:
哇，这一章真是包罗万象！我准备好了，让我们探索这些常见算法的奇妙世界吧！

13.1 递归算法

13.1.1 递归算法简介

递归算法（recursive algorithm）是一种解决问题的方法，通过函数调用自身来解决原始问题的子问题，这个过程一直持续到子问题变得简单到可以直接解决为止，然后将解决方案返回到上一层递归调用。这个想法是将一个复杂的问题分解成更简单的子问题，使用相同的方法解决子问题，并将它们的结果结合起来得到原始问题的解决方案。

递归算法由两部分组成：基本情况和递归情况。基本情况是函数停止调用自身并直接返回值的条件；递归情况是函数调用自身以解决问题的较小版本的条件。

可以使用递归算法解决的问题示例包括计算阶乘、计算斐波那契数、遍历二叉树和排序算法（如归并排序）。

虽然递归算法强大而优雅，但如果递归深度太大，它们也可能变得效率低下并且容易出现堆栈溢出错误。因此，仔细设计和分析递归算法的性能非常重要。

递归算法通常用于计算机科学、数学和工程中的各种任务，常见的应用场景如下。

- 树遍历：递归算法常用于通过以特定顺序访问树中的每个节点来遍历树，如二叉树。
- 排序算法：常用于一些排序算法，如快速排序和归并排序，通过递归将元素列表分成更小的子列表，这些子列表可以单独排序，然后合并在一起。
- 分形：分形是在不同比例下重复自身的几何形状，递归算法通过将一组规则重复地应用于形状的越来越小的部分来生成分形。

13.1.2 Go 语言实现

计算给定数字阶乘的递归算法的 Go 语言实现代码如下：

```
package main
import "fmt"
// 以整数作为输入并返回其阶乘的递归函数
func factorial(n int) int {
    // 基本情况：如果 n = 0，则阶乘为 1
    if n == 0 {
        return 1
    }
    // 递归情况：将 n 乘以 (n-1)!
    return n * factorial(n-1)
```

```
}
func main() {
    // 初始化变量 n 为 6
    n := 6
    // 使用递归函数打印 n 的阶乘
    fmt.Printf("%d! = %d\n", n, factorial(n))
}
//$ go run recursiveAlgorithm.go
//6! = 720
```

在以上示例中，factorial() 函数采用整数参数 n 并递归计算 n 的阶乘。如果 $n = 0$，则返回 1(因为 0! 被定义为 1); 否则,n 乘以 $n-1$ 的阶乘,这是通过递归调用函数 factorial() 计算的。

13.1.3 面试题实战

【题目 13-1】**解释递归算法是如何工作的，并提供一个可以递归解决问题的例子**

【解答】

① 思路。

递归算法是一种解决问题的技术，其中递归调用函数使用较小的输入调用自身，直到达到基本情况，此时它返回一个值。这个想法是将一个复杂的问题分解成可以使用相同方法解决的更小的子问题。

② Go 语言实现。

下面使用 Go 语言实现计算斐波那契数列的递归函数示例：

```
package main
import "fmt"
func fibonacci(n int) int {
    if n <= 1 {
        return n
    }
    return fibonacci(n-1) + fibonacci(n-2)
}
func main() {
    n := 8
    fmt.Printf(" 第 %d 个斐波那契数是：%d\n", n, fibonacci(n))
}
//$ go run interview13-1.go
// 第 8 个斐波那契数是：21
```

在以上示例中，fibonacci() 函数采用整数参数 n 并递归计算斐波那契数列中的第 n 个数。

如果 $n \leqslant 1$，则该函数只返回 n；否则，通过递归计算第 n–1 个和第 n–2 个数并将它们相加来计算第 n 个数。

13.2 网页排名算法

13.2.1 网页排名算法简介

网页排名（pagerank，PR）算法是由谷歌公司的 Larry Page 和 Sergey Brin 开发的一种算法，用于确定网页的重要性或相关性，该算法通过分析页面之间的链接进行工作，并使用数学公式为每个页面分配一个分数，称其为网页排名分数。

网页排名算法的基本思想是，如果一个页面被其他重要页面所链接，则该页面更重要。该算法假定，如果一个页面有很多指向它的链接，那么与链接较少的页面相比，它更有可能成为相关且权威的信息来源。

网页排名算法的工作原理是为每个页面分配一个初始的网页排名分数，通常将其设置为 1.0。然后根据指向页面的链接和链接到它的页面的网页排名分数迭代更新分数。用于计算网页排名分数的公式如下：

```
PR(A) = (1-d) + d (PR(T1)/C(T1) + ··· + PR(Tn)/C(Tn))
```

其中，PR(A) 是页面 A 的网页排名分数，d 是阻尼因子，通常设置为 0.85，T1,T2,···,Tn 是链接到页面 A 的页面，C(Ti) 是页面 Ti 上的出站链接数，PR(Ti) 是页面 Ti 的 PR 分数。

算法不断迭代，直到所有页面的 PR 分数收敛到一个稳定值。PR 分数较高的页面被认为更重要，更有可能出现在搜索引擎结果页面的顶部。

网页排名算法通常用于搜索引擎优化（search engine optimization，SEO），以确定网页的重要性和相关性。网页排名算法的常见应用场景如下。

- 评估网页质量：网页排名算法可用于通过分析网页上的传入和传出链接来评估网页的质量。网页排名分数越高，网页的质量就越高。
- 评估网页流行度：网页排名算法可以通过分析指向网页的高网页排名链接的数量来评估网页的流行度。高网页排名链接的数量越多，网页的受欢迎程度就越高。
- 评估反向链接：网页排名算法可用于通过分析链接到网页的网页排名分数来评估反向链接的价值。链接网页的网页排名分数越高，反向链接的价值就越高。

13.2.2 Go 语言实现

使用基于矩阵的方法在 Go 语言中实现网页排名算法的示例代码如下。在以下代码中，

首先定义网页之间的链接矩阵和阻尼因子，并将其设置为 0.85；然后将网页排名分数初始化为 $1/n$，其中 n 是网页的数量；最后进行迭代直到收敛，根据链接到页面的分数计算每个网页的网页排名分数。

```
package main
import (
    "fmt"
    "math"
)
func main() {
    // 网页之间的链接矩阵
    links := [][]float64{
        {0, 1, 1},
        {1, 0, 1},
        {1, 1, 0},
    }
    // 阻尼因子，表示点击随机链接的概率
    dampingFactor := 0.85
    // 网页数量
    n := len(links)
    // 将网页排名分数初始化为 1/n
    scores := make([]float64, n)
    for i := range scores {
        scores[i] = 1 / float64(n)
    }
    // 迭代直到收敛
    for {
        newScores := make([]float64, n)
        for i := range newScores {
            // 计算此页面的分数
            score := 0.0
            for j := range links {
                if links[j][i] == 1 {
                    // 将此页面链接到当前页面
                    score += scores[j] / float64(countLinks(links[j]))
                }
            }
            // 添加阻尼因子和点击随机链接的概率
            newScores[i] = (1-dampingFactor)/float64(n) + dampingFactor*score
        }
```

```
        // 检查收敛
        if scoreDistance(scores, newScores) < 0.0001 {
            break
        }
        scores = newScores
    }
    // 打印最终成绩
    fmt.Println("网页排名分数:", scores)
}
// 返回链接矩阵给定行中的链接数
func countLinks(row []float64) int {
    count := 0
    for _, value := range row {
        if value == 1 {
            count++
        }
    }
    return count
}
// 返回两个得分向量之间的欧氏距离
func scoreDistance(s1, s2 []float64) float64 {
    distance := 0.0
    for i := range s1 {
        distance += math.Pow(s1[i]-s2[i], 2)
    }
    return math.Sqrt(distance)
}
//$ go run pageRank.go
//网页排名分数：[0.3333333333333333 0.3333333333333333 0.3333333333333333]
```

13.2.3 面试题实战

【题目 13-2】**解释网页排名算法的工作原理**

【解答】谷歌使用网页排名算法根据网页的相关性和重要性对搜索结果中的网页进行排名。该算法的基本思想是，如果一个网页被其他重要页面所链接，则该网页更重要。网页排名算法的主要步骤如下。

（1）为每个网页分配一个初始的“重要性分数”。该分数通常对所有页面都相等，并且基于网络上的页面总数。

（2）查看页面之间的链接。如果页面 A 有指向页面 B 的链接，则这将被解释为页面 A 对页面 B 的“投票”。

（3）考虑链接到每个页面的重要性分数。来自重要性分数较高的页面的链接比来自重要性分数较低的页面的链接更有价值。该算法还考虑了每个页面的链接数，具有很多传入链接的页面将比具有很少传入链接的页面具有更多的“投票权”。

（4）重复以上步骤，每次迭代都会根据链接到该页面的重要性分数来优化每个页面的重要性分数。该算法输出一个页面排名列表，最重要的页面位于列表的顶部。

13.3 数学类算法

13.3.1 九九乘法表

1. 九九乘法表简介

九九乘法表是显示数字 1 ~ 9 相乘结果的图表，也被称为乘法表，或简称为“九表”。该表按行和列排列，每行代表一个数字，每列代表另一个数字。每对数字的乘积显示在行和列相交的相应单元格中。完整的九九乘法表见表 13.1。

表 13.1 九九乘法表

1×1=1								
1×2=2	2×2=4							
1×3=3	2×3=6	3×3=9						
1×4=4	2×4=8	3×4=12	4×4=16					
1×5=5	2×5=10	3×5=15	4×5=20	5×5=25				
1×6=6	2×6=12	3×6=18	4×6=24	5×6=30	6×6=36			
1×7=7	2×7=14	3×7=21	4×7=28	5×7=35	6×7=42	7×7=49		
1×8=8	2×8=16	3×8=24	4×8=32	5×8=40	6×8=48	7×8=56	8×8=64	
1×9=9	2×9=18	3×9=27	4×9=36	5×9=45	6×9=54	7×9=63	8×9=72	9×9=81

例如，要计算 7 和 8 的乘积，可以在标记为 7 的行与标记为 8 的列相交的单元格中查找数字 56。因此，7 乘以 8 等于 56。

2. Go 语言实现

创建和打印九九乘法表的 Go 语言实现如下：

```
package main
```

```
import "fmt"
func main() {
    // 遍历打印行
    for i := 1; i <= 9; i++ {
        // 遍历打印列
        for j := 1; j <= i; j++ {
            fmt.Printf("%d*%d=%d ", j, i, j*i)
        }
        // 换行
        fmt.Println()
    }
}
$ go run 99MultiplicationTable.go
1*1=1
1*2=2 2*2=4
1*3=3 2*3=6 3*3=9
1*4=4 2*4=8 3*4=12 4*4=16
1*5=5 2*5=10 3*5=15 4*5=20 5*5=25
1*6=6 2*6=12 3*6=18 4*6=24 5*6=30 6*6=36
1*7=7 2*7=14 3*7=21 4*7=28 5*7=35 6*7=42 7*7=49
1*8=8 2*8=16 3*8=24 4*8=32 5*8=40 6*8=48 7*8=56 8*8=64
1*9=9 2*9=18 3*9=27 4*9=36 5*9=45 6*9=54 7*9=63 8*9=72 9*9=81
```

3. 面试题实战

【题目 13-3】**用 Go 语言编写一个程序打印九九乘法表并解释原理**

【解答】

```
package main
import "fmt"
func main() {
    // 遍历打印行
    for i := 1; i <= 9; i++ {
        // 遍历打印列
        for j := 1; j <= i; j++ {
            fmt.Printf("%d*%d=%d ", j, i, j*i)
        }
        // 换行
        fmt.Println()
    }
}
```

在以上 main() 函数中，包含两个嵌套 for 循环，一个循环用于乘法表的行，另一个用于

乘法表的列。外层循环遍历数字 1 ~ 9，它们代表乘法表的行；内层循环遍历数字 1 ~ 9，它们代表乘法表的列。Printf() 函数在内层循环中，使用带有格式说明符的函数打印当前行号和列号的乘积。Println() 函数用于在每行末尾打印一个换行符，从而在输出中创建一个新行。

13.3.2 欧几里得算法

1. 欧几里得算法简介

欧几里得算法（Euclidean algorithm）是一种寻找两个整数的最大公约数（greatest common divisor，GCD）的方法。该算法的工作原理如下。

（1）从两个正整数 a 和 b 开始，其中 $a > b$。

（2）a 除以 b 得到商 q 和余数 r。

（3）如果 r 为 0，则算法终止并且最大公约数为 b；否则，设 $a = b$，$b = r$，并从步骤（2）开始重复。

例如，计算 1071 和 462 的最大公约数的步骤如下。

1071 / 462 = 2，余数为 147；462 / 147 = 3，余数为 21；147 / 21 = 7，余数为 0。因此，1071 和 462 的最大公约数为 21。

欧几里得算法的常见应用场景如下。

- 简化分数：给定两个整数，欧几里得算法可用于求分数分子和分母的最大公约数。将分子和分母除以它们的最大公约数会得到一个简化的分数。
- 求解不定方程：不定方程是需要整数解的方程。欧几里得算法可用于寻找 $ax + by = c$ 形式的方程的整数解，其中 a、b 和 c 均为整数。
- 检查两个整数是否互质：如果两个整数的最大公约数为 1，则称两个整数互质。欧几里得算法可用于检查两个整数是否互质。
- 生成随机数：欧几里得算法在一些算法中可用于生成随机数。
- 密码学：欧几里得算法可用于某些密码算法，如 RSA，以生成密钥和加密消息。

2. Go 语言实现

欧几里得算法的 Go 语言实现如下。

（1）定义一个名为 gcd() 的函数，该函数接收两个整数 a 和 b，并返回它们的最大公约数。函数使用递归的方式反复应用公式，gcd(a, b) = gcd(b, a%b)，直到 b 变为 0。此时函数返回，即 a 和 b 的原值的最大公约数。代码如下：

```
func gcd(a, b int) int {
    if b == 0 {
        return a
    }
```

```
    return gcd(b, a%b)
}
```

（2）编写 main() 函数，通过初始化两个整数，调用 gcd() 函数并打印结果。输出是一个字符串，显示两个输入数字及其最大公约数。代码如下：

```
func main() {
    a, b := 18, 66
    fmt.Printf("%d 和 %d 的最大公约数为：%d\n", a, b, gcd(a, b))
}
//$ go run euclidean.go
//18 和 66 的最大公约数为：6
```

3. 面试题实战

【题目 13-4】**编写一个函数，使用欧几里得算法求出 3 个整数的最大公约数**

【解答】

```
package main
import "fmt"
// 计算 2 个整数的最大公约数
func gcd2(a, b int) int {
    if b == 0 {
        return a
    }
    return gcd2(b, a%b)
}
// 计算 3 个整数的最大公约数
func gcd3(a, b, c int) int {
    return gcd2(gcd2(a, b), c)
}
func main() {
    fmt.Println(gcd3(32, 16, 64))
}
//$ go run interview13-4.go
//16
```

13.3.3 闰年问题

1. 闰年问题简介

闰年问题(leap year problem)是一个计算问题，源于一年的长度不是准确的天数这一事实。一个太阳年大约有 365.24 天，因此为了使日历年与季节同步，每 4 年在日历中增加一天。然而，这个简单的规则有一些例外和注意事项，可能会使闰年的计算看起来更复杂。

例如，虽然大多数能被 4 整除的年份都是闰年，但也有例外：能被 100 整除的年份不是闰年，除非它们也能被 400 整除。这意味着 1900 年不是闰年，尽管它可以被 4 整除，因为它可以被 100 整除但不能被 400 整除。但是,2000 年是闰年,因为它可以同时被 100 和 400 整除。

闰年问题会影响依赖于准确计算日期和时间的计算机程序。如果一个程序没有考虑到这些例外和注意事项，它可能会在某些日期或时间段内产生不正确的结果，这可能会导致应用程序出现错误和不一致。因此，开发人员了解这些规则并使用可靠和最新实现的库或 API 来处理闰年问题显得非常重要。

2. Go 语言实现

闰年问题的 Go 语言实现如下。

（1）定义一个名为 isLeapYear() 的函数，它接收一个表示年份的整数参数并返回一个布尔值，指示该年份是否为闰年。代码如下：

```
// 判断是否是闰年
func isLeapYear(year int) bool {
    if year%4 == 0 {
        if year%100 == 0 {
            if year%400 == 0 {
                return true
            }
            return false
        }
        return true
    }
    return false
}
```

（2）编写 main() 函数，其中变量 year 被赋值为 2024。然后，使用 year 值调用 isLeapYear() 函数并将结果打印到控制台。代码如下：

```
func main() {
    year := 2024
    res := isLeapYear(year)
    fmt.Println(res)
}
//$ go run leapYear.go
//true
```

3. 面试题实战

【题目 13-5】**编写一个判断给定年份是否为闰年的 Go 语言程序**

【解答】

① 思路。

闰年是指能被 4 整除的年份，能被 100 整除但不能被 400 整除的年份除外。

② Go 语言实现。

```
package main
import "fmt"
// isLeapYear() 函数接收一个整数作为输入并返回一个布尔值
// 判断年份是否为闰年
func isLeapYear(year int) bool {
    // 检查年份是否可以被 4 整除
    if year%4 == 0 {
        // 如果年份可以被 100 整除，检查它是否也可以被 400 整除
        if year%100 == 0 {
            if year%400 == 0 {
                // 能被 400 整除就是闰年
                return true
            }
            // 如果不能被 400 整除，则不是闰年
            return false
        }
        // 如果能被 4 整除但不能被 100 整除，则为闰年
        return true
    }
    // 如果不能被 4 整除，则不是闰年
    return false
}
func main() {
    // 声明变量 year 并将其初始化为 2024
    year := 2024
    // 以 year 变量作为输入调用 isLeapYear() 函数并将结果存储在 res 中
    res := isLeapYear(year)
    // 将结果打印到控制台
    fmt.Println(res)
}
//$ go run interview13-5.go
//2024 是闰年
```

13.3.4 三维空间三角形问题

1. 三维空间三角形问题简介

三维空间三角形问题（three-dimensional space triangle problem）又称“三维三角形问题”，是一个涉及求三角形在三维空间中的面积或其他性质的数学问题。与二维空间中的三角形具有三个边和三个角不同，三维空间中的三角形具有三个边和三个角，但角不限于位于一个平面内。

三维空间三角形问题有几种不同的变体，每种都有自己的一组约束和目标。一些最常见的变体如下。

- 在给定顶点坐标的情况下求三角形在三维空间中的面积。例如，给定三维空间中的三个点，可以使用海伦公式（Heron's formula）来计算它们形成的三角形的面积。
- 给定三角形的顶点坐标，在三维空间中求三角形边的角度或长度。
- 在三维空间中找到一个点和一个三角形之间的距离，这对于确定一个点是位于三角形定义的三维对象的内部还是外部非常有用。

解决三维空间三角形问题通常涉及使用矢量代数和几何公式来推导必要的方程和计算。该问题在计算机图形学、物理学和工程学等领域都有应用，通常用于建模和模拟三维物体与系统。

2. Go 语言实现

利用 Go 语言求解一个三维空间三角形问题，可以使用 Go 标准库提供的 math 包。

（1）定义结构体 Point 表示三维空间中的一个点，再定义结构体 Triangle 表示三维空间中的三角形，其中三角形由三个点组成。代码如下：

```
// 点结构体
type Point struct {
    X, Y, Z float64
}
// 三角形结构体
type Triangle struct {
    A, B, C Point
}
```

（2）定义方法 Perimeter() 和 Area() 计算三角形的周长和面积。其中，通过海伦公式来计算三角形的面积，代码如下：

```
// 计算周长
func (t *Triangle) Perimeter() float64 {
    ab := math.Sqrt(math.Pow(t.B.X-t.A.X, 2) + math.Pow(t.B.Y-t.A.Y, 2) +
        math.Pow(t.B.Z-t.A.Z, 2))
```

```
    bc := math.Sqrt(math.Pow(t.C.X-t.B.X, 2) + math.Pow(t.C.Y-t.B.Y, 2) +
        math.Pow(t.C.Z-t.B.Z, 2))
    ca := math.Sqrt(math.Pow(t.A.X-t.C.X, 2) + math.Pow(t.A.Y-t.C.Y, 2) +
        math.Pow(t.A.Z-t.C.Z, 2))
    return ab + bc + ca
}
// 计算面积
func (t *Triangle) Area() float64 {
    ab := math.Sqrt(math.Pow(t.B.X-t.A.X, 2) + math.Pow(t.B.Y-t.A.Y, 2) +
        math.Pow(t.B.Z-t.A.Z, 2))
    bc := math.Sqrt(math.Pow(t.C.X-t.B.X, 2) + math.Pow(t.C.Y-t.B.Y, 2) +
        math.Pow(t.C.Z-t.B.Z, 2))
    ca := math.Sqrt(math.Pow(t.A.X-t.C.X, 2) + math.Pow(t.A.Y-t.C.Y, 2) +
        math.Pow(t.A.Z-t.C.Z, 2))
    s := (ab + bc + ca) / 2
    return math.Sqrt(s * (s - ab) * (s - bc) * (s - ca))
}
```

在 Perimeter() 和 Area() 方法中，首先使用三维空间中的距离公式计算三角形边的长度。然后，利用这些长度使用适当的公式计算三角形的周长和面积。

（3）编写 main() 函数，代码如下：

```
func main() {
    t := Triangle{
        A: Point{1, 1, 1},
        B: Point{2, 2, 2},
        C: Point{1, 6, 8},
    }
    fmt.Printf("周长：%.2f\n", t.Perimeter())
    fmt.Printf("面积：%.2f\n", t.Area())
}
//$ go run 3DTriangle.go
//周长：17.61
//面积：4.42
```

3. 面试题实战

【题目 13-6】**计算三维空间三角形的面积**

【解答】

①思路。

给定三维空间中的三个点，可以使用海伦公式来计算它们形成的三角形的面积。

② Go 语言实现。

```
package main
import (
    "fmt"
    "math"
)
// 声明一个具有三个 float64 字段的 Point 结构体
type Point struct {
    X, Y, Z float64
}
//使用三个点计算三角形的面积
func TriangleArea(p1, p2, p3 Point) float64 {
    //使用距离公式计算每条边的长度
    a := math.Sqrt(math.Pow(p2.X-p1.X, 2) + math.Pow(p2.Y-p1.Y, 2) +
       math.Pow(p2.Z-p1.Z, 2))
    b := math.Sqrt(math.Pow(p3.X-p2.X, 2) + math.Pow(p3.Y-p2.Y, 2) +
       math.Pow(p3.Z-p2.Z, 2))
    c := math.Sqrt(math.Pow(p1.X-p3.X, 2) + math.Pow(p1.Y-p3.Y, 2) +
       math.Pow(p1.Z-p3.Z, 2))
    //计算半周长
    s := (a + b + c) / 2
    //使用海伦公式计算面积
    return math.Sqrt(s * (s - a) * (s - b) * (s - c))
}
func main() {
    //声明三个点
    p1 := Point{1, 1, 1}
    p2 := Point{4, 5, 6}
    p3 := Point{8, 8, 8}
    //使用 TriangleArea() 函数计算三角形的面积
    area := TriangleArea(p1, p2, p3)
    //输出结果
    fmt.Println(area)
}
//$ go run interview13-6.go
//8.573214099741163
```

13.4 机器学习算法

13.4.1 *K* 近邻算法

1. *K* 近邻算法简介

K 近邻算法（*K*–nearest neighbors，KNN）是一种用于分类和回归的监督机器学习算法。在 *K* 近邻算法中，*K* 指的是用于对新数据点进行预测的最近邻居的数量。当向模型提供新数据点时，算法会在训练数据中搜索 *K* 个最近的数据点，然后为新数据点分配其 *K* 个最近邻点中最常见的类别或平均值。*K* 值越大，决策边界越平滑；*K* 值越小，模型对数据中的噪声越敏感。

K 近邻算法是一种简单易懂的算法，可以很好地处理中小型数据集。然而，对于较大的数据集来说，它的计算成本可能很高，而且用于确定最近邻点的距离度量的选择也会影响算法的性能。

K 近邻算法的一般操作步骤如下。

（1）将训练数据加载到一片结构中。每个结构都应该代表一个数据点，包含特征字段和类标签。

（2）定义一个函数来计算两个数据点之间的距离。使用的距离度量将取决于数据的性质和要解决的问题。欧氏距离是连续数据的常见选择，而汉明距离可用于分类数据。

（3）定义一个函数来查找新数据点的 *K* 个最近邻点。可以通过计算新点与训练数据中每个点之间的距离，按距离对点进行排序，并返回 *K* 个最近邻点来完成。

（4）定义一个函数，根据新数据点的 *K* 个最近邻点对新数据点的类标签进行预测。可以通过计算每个类别中的邻居数量并返回得票最多的类别来完成。

（5）使用定义的函数根据新数据点的 *K* 个最近邻点对它们进行分类。

K 近邻算法的常见应用场景如下。

- 图像识别：*K* 近邻算法可用于通过将图像与一组已知图像进行比较来识别图像的场景。该算法可以根据欧氏距离或余弦相似度等相似性度量来识别最接近的匹配图像。
- 推荐系统：*K* 近邻算法可用于根据项目与其他用户的相似性向用户推荐项目的场景。例如，如果用户喜欢某个产品，则 *K* 近邻算法可以根据用户评分和偏好推荐与该产品最相似的其他产品。
- 自然语言处理：*K* 近邻算法可用于文本分类任务，如情感分析、垃圾邮件检测和主题建模。该算法可以根据文本文档与具有已知分类的其他文档的相似性对文本文档进行分类。

K 近邻算法需要在训练集中找到 *k* 个最近邻点，并计算测试样本与 *k* 个最近邻点之间的距离。这一步的时间复杂度为 $O(k * n \log n)$，其中 *n* 是训练样本的数量，*k* 是要考虑的最近邻点的数量。如果有 *n* 个训练样本和 *m* 个特征，则算法的空间复杂度将 $O(n * m)$。

2. Go 语言实现

K 近邻算法的 Go 语言实现如下。

（1）定义结构体 Point 表示具有 *x* 和 *y* 坐标的二维点。代码如下：

```
// 定义一个表示二维平面点的结构体
type Point struct {
    x float64
    y float64
}
```

（2）定义 distance() 函数计算两点之间的欧氏距离。代码如下：

```
// 计算两点之间的欧氏距离
func distance(p1, p2 Point) float64 {
    dx := p1.x - p2.x
    dy := p1.y - p2.y
    return math.Sqrt(dx*dx + dy*dy)
}
```

（3）定义 KNN() 函数接收 *k* 的值、要分类的点集以及要预测其类别的输入点。代码如下：

```
// KNN 算法函数，给定 k 值、点集和输入点，返回输入点所属的类别
func KNN(k int, points []Point, input Point) string {
    // 创建一个数组，保存点集中每个点到输入点的距离
    distances := make([]float64, len(points))
    for i, point := range points {
        distances[i] = distance(point, input)
    }
    // 创建一个数组，保存点集中每个点的索引
    indices := make([]int, len(points))
    for i := range indices {
        indices[i] = i
    }
    // 按距离的升序对距离和索引进行排序，以便找到 k 个最近邻点
    for i := 0; i < len(distances); i++ {
        for j := i + 1; j < len(distances); j++ {
            if distances[i] > distances[j] {
                distances[i], distances[j] = distances[j], distances[i]
```

```go
                indices[i], indices[j] = indices[j], indices[i]
            }
        }
    }
    //统计每个类在 K 个最近邻点中出现的频率
    classCounts := make(map[string]int)
    for i := 0; i < k; i++ {
        classCounts[fmt.Sprintf("Class %d", indices[i])]++
    }
    //找到出现频率最高的类
    maxCount := 0
    var maxClass string
    for class, count := range classCounts {
        if count > maxCount {
            maxCount = count
            maxClass = class
        }
    }
    return maxClass
}
```

（4）编写 main() 函数，计算输入点与集合中每个点之间的距离，然后将距离和索引按距离的升序排序。然后选择 *K* 个最近邻点并计算它们的类别出现频率。最后，返回出现频率最高的类作为预测结果。代码如下：

```go
//创建点集和输入点，调用 KNN() 函数计算输入点的类别，并打印结果
func main() {
    points := []Point{
        {2, 2},
        {4, 3},
        {6, 1},
        {8, 3},
        {10, 4},
    }
    input := Point{6, 4}
    //调用 KNN() 函数，找到输入点的类别
    fmt.Println(KNN(3, points, input))
}
//$ go run kNN.go
//Class 1
```

3. 面试题实战

【题目 13–7】**描述 *K* 近邻算法的操作步骤**

【解答】

K 近邻算法的一般操作步骤如下。

（1）将训练数据加载到一片结构中。每个结构都应该代表一个数据点，包含特征字段和类标签。

（2）定义一个函数来计算两个数据点之间的距离。使用的距离度量将取决于数据的性质和要解决的问题。欧氏距离是连续数据的常见选择，而汉明距离可用于分类数据。

（3）定义一个函数来查找新数据点的 *K* 个最近邻点。可以通过计算新点与训练数据中每个点之间的距离，按距离对点进行排序，并返回 *K* 个最近邻点来完成。

（4）定义一个函数，根据新数据点的 *K* 个最近邻点对新数据点的类标签进行预测。可以通过计算每个类别中的邻居数量并返回得票最多的类别来完成。

（5）使用定义的函数根据新数据点的 *K* 个最近邻点对它们进行分类。

13.4.2 逻辑回归算法

1. 逻辑回归算法简介

逻辑回归算法（logistic regression algorithm）是一种用于分类任务的监督机器学习算法。与用于回归任务以预测连续数值的线性回归不同，逻辑回归用于预测二进制或分类值。逻辑回归的目标是找到将数据分成各自类别的最佳拟合线（或更高维度的超平面）。逻辑回归的输出是一个介于 0 和 1 之间的概率值，表示给定数据点属于某一类的可能性。

逻辑回归模型通过将 sigmoid() 函数应用于输入特征及其相关权重的线性组合进行工作。sigmoid() 函数将输出“压缩”到 0 ~ 1 之间的范围内，使其能够表示概率值。

提示：

sigmoid() 函数用于逻辑回归，将线性回归方程的输出转换为概率值，可以解释为事件发生的概率。sigmoid() 函数的定义如下：

$$\sigma(z) = 1 / (1 + e^{(-z)})$$

其中，z 是输入值，$\sigma(z)$ 是 sigmoid() 函数的输出。

在逻辑回归中，输入值 z 是输入特征及其对应系数的线性组合。然后 sigmoid() 函数将这个值映射到 0 ~ 1 之间的概率值。

例如，如果给定输入的 sigmoid() 函数的输出值为 0.5，则表示逻辑回归模型预测事件发生的概率为 50%。

在实践中，逻辑回归算法可以分析变量之间的关系。它使用 sigmoid() 函数将概率分配给离散结果，该函数将数值结果转换为 0 ~ 1.0 之间的概率表达式。概率为 0 或 1，具体取决于事件是否发生。对于二进制预测，该算法可以将总体分为两组，截止值为 0.5。例如，可以将高于 0.5 的一切都认为属于 A 组，低于 0.5 的一切都认为属于 B 组。sigmoid() 函数的示意图如图 13.1 所示。

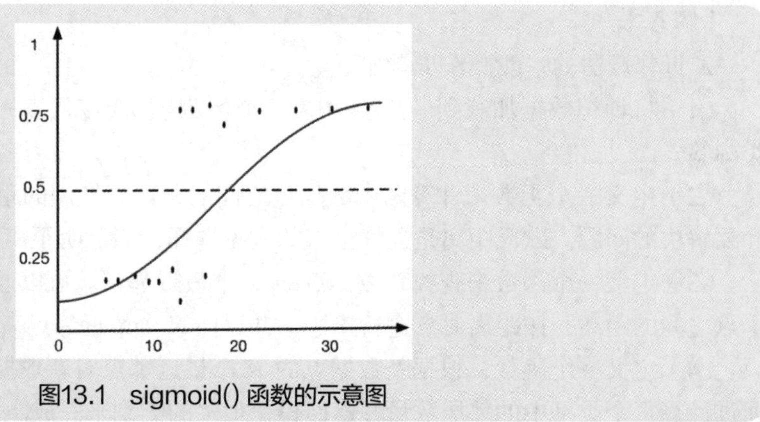

图13.1　sigmoid() 函数的示意图

在使用 sigmoid() 函数将数据点分配给一个类后，将超平面（hyperplane）用作决策线以尽可能分离两个类别。在二分类问题中，超平面是分隔两个类的直线；而在多类问题中，超平面是分隔类的多维空间。可以使用决策边界预测未来数据点的类别。超平面用作决策线的类别分类后的示意图如图 13.2 所示。

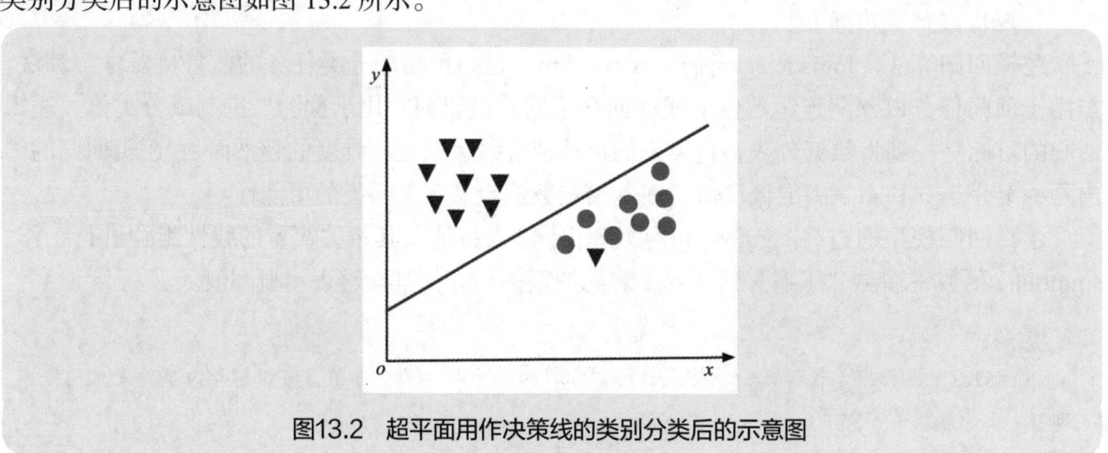

图13.2　超平面用作决策线的类别分类后的示意图

要实现逻辑回归算法，可按照以下步骤进行操作。

（1）将训练数据加载到一片结构中。每个结构都应该代表一个数据点，包含特征字段和类标签。

（2）定义一个名为 sigmoid 的函数，将输入特征及其相关权重的线性组合转换为 0 ~ 1 之间的概率值。

（3）定义成本函数，衡量预测类别概率与实际类别标签之间的差异。

（4）定义一个函数，使用梯度下降法或牛顿法等优化算法更新权重，以最小化成本函数。

（5）使用定义的函数在训练数据上训练逻辑回归模型并对新数据点进行预测。

逻辑回归可以使用多种优化算法进行训练，包括梯度下降法和牛顿法。该模型通常使用准确度、精确度、召回率和 F1 分数等指标进行评估。

逻辑回归算法的常见应用场景如下。

- 垃圾邮件检测：逻辑回归可以根据电子邮件内容、发件人地址和主题行等特征将电子邮件分类为垃圾邮件或非垃圾邮件。
- 客户流失预测：逻辑回归可以根据客户过去的行为和与公司的互动来预测客户是否会流失。
- 信用风险评估：逻辑回归可以根据信用历史、收入和债务/收入比等特征评估客户的信用风险。

逻辑回归的时间复杂度为 $O(n*k*I)$，其中 n 是数据点的数量，k 是特征的数量，I 是迭代次数。逻辑回归算法的空间复杂度取决于特征的数量和训练过程中执行的迭代次数。逻辑回归算法的空间复杂度与特征的数量乘以迭代次数的结果成正比。

2. Go 语言实现

在以下代码中，定义了一个名为 LogisticRegression 的包含权重、学习率和迭代次数的结构体。在此结构体上定义方法，用于计算逻辑函数、进行预测、训练模型以及对一组输入进行预测。

在 main() 函数中，定义了输入数据 X 和目标值 y，创建新的实例 NewLogisticRegression，使用训练模型方法 train()，并使用相同的数据调用预测方法 predictAll()。详细代码如下：

```
package main
import (
    "fmt"
    "math"
)
// 逻辑回归结构体，包含权重、学习率和迭代次数
type LogisticRegression struct {
    weights    []float64
    lr         float64
    iterations int
}

// 创建新的逻辑回归对象并返回
func NewLogisticRegression(lr float64, iterations int) *LogisticRegression {
    return &LogisticRegression{lr: lr, iterations: iterations}
}
// 计算 z 的 sigmoid() 函数值并返回
```

```
func (l *LogisticRegression) sigmoid(z float64) float64 {
    return 1.0 / (1.0 + math.Exp(-z))
}
// 预测方法，给定输入向量X，预测输出并返回
func (l *LogisticRegression) predict(X []float64) float64 {
    var z float64
    for i, xi := range X {
        z += xi * l.weights[i]
    }
    return l.sigmoid(z)
}
// 训练方法，给定输入矩阵X和输出向量y，训练模型的权重
func (l *LogisticRegression) train(X [][]float64, y []float64) {
    nSamples := len(X)
    nFeatures := len(X[0])
    l.weights = make([]float64, nFeatures)
    // 进行多次迭代，更新权重
    for i := 0; i < l.iterations; i++ {
        for j := 0; j < nSamples; j++ {
            yPred := l.predict(X[j])
            res := y[j] - yPred
            for k := 0; k < nFeatures; k++ {
                l.weights[k] += l.lr * res * X[j][k]
            }
        }
    }
}
// 预测方法，给定输入矩阵X，预测输出并返回
func (l *LogisticRegression) predictAll(X [][]float64) []float64 {
    nSamples := len(X)
    yPred := make([]float64, nSamples)
    for i, xi := range X {
        yPred[i] = l.predict(xi)
    }
    return yPred
}
func main() {
    // 输入矩阵X
    X := [][]float64{
```

```
        {1, 2},
        {2, 1},
        {3, 4},
        {4, 3},
    }
    //输出向量y
    y := []float64{0, 0, 1, 1}
    // 创建逻辑回归对象并训练模型
    lr := NewLogisticRegression(0.1, 100)
    lr.train(X, y)
    // 使用训练好的模型进行预测
    yPred := lr.predictAll(X)
    // 输出预测结果
    fmt.Println(yPred)
}
//$ go run logisticRegression.go
//[0.7203202998607646 0.6688645965102862 0.8854875088641785 0.858447853849889]
```

3. 面试题实战

【题目 13-8】**简述实现逻辑回归算法的步骤**

要实现逻辑回归算法，可以按照以下步骤进行操作。

（1）将训练数据加载到一片结构中。每个结构都应该代表一个数据点，包含特征字段和类标签。

（2）定义一个名为 sigmoid 的函数，将输入特征及其相关权重的线性组合转换为 0 ~ 1 之间的概率值。

（3）定义成本函数，衡量预测类别概率与实际类别标签之间的差异。

（4）定义一个函数，使用梯度下降法或牛顿法等优化算法更新权重，以最小化成本函数。

（5）使用定义的函数在训练数据上训练逻辑回归模型并对新数据点进行预测。

13.4.3 支持向量机算法

1. 支持向量机算法简介

支持向量机（support vector machine，SVM）是一种监督机器学习算法，可用于分类或回归任务。支持向量机算法的目标是找到最优超平面，使不同类别的数据点之间的间隔最大。

支持向量机是一种强大的算法，可以通过使用核函数（kernel function）将数据映射到线性可分的高维空间来处理非线性可分数据。最常用的内核包括线性、多项式、径向基函数（radial basis function，RBF）等。

支持向量机算法的伪代码如下：

```
function SVM(data, labels)
    hyperplanes <- data points
    for each iteration
        for each data point
            find the closest hyperplane
            assign the data point to the corresponding class
        end for
    end for
    return the class labels of the data points
```

支持向量机有几个优点，包括处理高维数据的能力、在维数大于样本数的情况下的有效性以及对噪声的鲁棒性。支持向量机广泛应用于各种场景，包括图像分类、文本分类和生物信息学等。

要训练支持向量机模型，需要执行以下操作。

（1）通过将数据拆分为训练集和测试集来准备数据。

（2）选择合适的核函数和超参数（hyperparameter）。

（3）使用训练数据和所选核函数训练模型。

（4）使用测试数据评估模型的性能。

如有必要，可以调整超参数和核函数并重复步骤（3）和（4），直到开发者对模型的性能感到满意为止。

支持向量机算法的常见应用场景如下。

- 图像分类：支持向量机算法可用于图像分类任务，如识别手写数字、识别图像中的对象和检测人脸。
- 文本分类：支持向量机算法可用于文本分类任务，如情感分析、垃圾邮件检测和主题建模。
- 异常检测：支持向量机算法可用于检测数据中的异常或异常值，如识别财务数据中存在的欺诈交易或检测制造过程中的错误。

支持向量机算法的时间复杂度为 $O(n*d*s*f)$，支持向量机算法的空间复杂度为 $O(n*d*s)$。其中 n 是数据点的数量，d 是数据中的特征，s 是支持向量的数量，f 是函数评估的次数。

2. Go 语言实现

在以下代码中，SVM 在具有两个特征和两个类的数据集上进行训练。train() 方法接收输入数据 X 和目标标签 y，以及要训练的时期数；predict() 方法接收单个输入样本并返回预测的类标签。

训练过程涉及通过迭代计算每个样本的激活并使用随机梯度下降法更新权重来更新 SVM 的权重和偏差；正则化参数用于平衡边缘宽度和允许的错误分类量之间的权衡。详细代码如下：

```
package main
import (
    "fmt"
)
// 包含SVM模型参数的结构体
type SVM struct {
    weights                []float64 // SVM模型的权重
    bias                   float64   // SVM模型的偏差
    learningRate           float64   //学习率
    regularizationParameter float64  //正则化参数
}
// train() 方法，用于在输入数据和标签上训练SVM模型
func (svm *SVM) train(X [][]float64, y []int, number int) {
    // 获取特征和样本的数量
    numFeatures := len(X[0])
    numSamples := len(X)
    // 将权重初始化为0
    svm.weights = make([]float64, numFeatures)
    for i := range svm.weights {
        svm.weights[i] = 0
    }
    // 将偏差初始化为0
    svm.bias = 0
    // 指定数量为number的训练模型
    for num := 0; num < number; num++ {
        // 遍历样本
        for i := 0; i < numSamples; i++ {
            // 计算激活
            activation := svm.bias
            for j := 0; j < numFeatures; j++ {
                activation += svm.weights[j] * X[i][j]
            }
            // 如果样本被错误分类，则更新模型参数
            if float64(y[i])*activation < 1 {
                for j := 0; j < numFeatures; j++ {
                    svm.weights[j] += svm.learningRate *
                        (float64(y[i])*X[i][j] - svm.regularizationParameter*
```

```
                    svm.weights[j])
            }
            svm.bias += svm.learningRate * float64(y[i])
        } else {
            // 基于正则化更新模型参数
            for j := 0; j < numFeatures; j++ {
                svm.weights[j] += svm.learningRate *
                    (-svm.regularizationParameter * svm.weights[j])
            }
        }
    }
}
}
// 预测输入数据的标签
func (svm *SVM) predict(X []float64) int {
    // 计算激活数
    activation := svm.bias
    for j := 0; j < len(svm.weights); j++ {
        activation += svm.weights[j] * X[j]
    }
    // 返回预测标签
    if activation > 0 {
        return 1
    } else {
        return -1
    }
}
func main() {
    X := [][]float64{{1, 2}, {2, 3}, {3, 1}, {4, 3}, {5, 5}, {6, 6}, {7, 7}, {8, 8}}
    y := []int{-1, -1, -1, -1, 1, 1, 1, 1}
    // 初始化SVM模型
    svm := SVM{
        learningRate:            0.1,
        regularizationParameter: 0.1,
    }
    svm.train(X, y, 1000)
    fmt.Println(svm.predict([]float64{2, 2}))
    fmt.Println(svm.predict([]float64{6, 5}))
}
```

```
//$ go run sVM.go
//-1
//1
```

3. 面试题实战

【题目 13-9】**如何训练支持向量机模型**

要训练支持向量机模型，需要执行以下操作。

（1）通过将数据拆分为训练集和测试集来准备数据。

（2）选择合适的核函数和超参数。

（3）使用训练数据和所选核函数训练模型。

（4）使用测试数据评估模型的性能。

如有必要，可以调整超参数和核函数并重复步骤（3）和（4），直到开发者对模型的性能感到满意为止。

13.4.4 *K*-Means 算法

1. *K*-Means 算法简介

K-Means 算法是一种聚类算法，用于将数据集划分为 *K* 个集群，其中 *K* 是预定义的集群数。该算法将数据集中的每个数据点分配给最近的聚类质心（cluster centroid），然后重新计算每个聚类质心作为分配给它的所有数据点的平均值。当质心不再改变或达到最大迭代次数时，迭代此过程直到收敛。

K-Means 算法的伪代码如下：

```
function K-Means(data, k)
    k <- cluster centroids
    repeat until convergence:
        for each data point:
            assign the data point <- closest centroid
        for each cluster:
            recalculate the centroid
    return the final cluster centroids
```

K-Means 算法涉及的步骤如下。

（1）随机选择 *K* 个初始质心。

（2）将每个数据点分配给最近的质心。

（3）通过取每个集群中所有数据点的平均值来计算新的质心。

（4）重复步骤（2）和（3）直到收敛，即质心不再显著变化。

K-Means 算法广泛应用于数据分析、机器学习和模式识别。它可以根据客户的购买行为

对客户进行聚类、按主题对文档进行分组、按颜色或纹理分割图像等。然而，聚类结果的质量可能取决于质心的初始随机放置和集群数 K 的选择。因此，可能需要多次运行具有不同初始质心和不同 K 值的算法来确定最佳聚类。

K–Means 算法的常见应用场景如下。

- 图像分割：*K*–Means 算法可根据颜色、纹理和其他视觉特征将图像分割成不同的区域，这在图像处理和计算机视觉应用程序中很有用。
- 推荐系统：*K*–Means 算法可用于推荐系统，将相似的项目组合在一起，并根据用户的偏好将它们推荐给用户。
- 自然语言处理：*K*–Means 算法可用于文本聚类任务，如主题建模和文档分类。它可以根据内容将相似的文档分组在一起。

K–Means算法的时间复杂度为 $O(I*K*n*m)$，空间复杂度为 $O(n*K*m)$。其中，I 是迭代次数，K 是集群数，n 是数据点的数量，m 是数据中特征的数量。

2. Go 语言实现

K–Means 算法的 Go 语言实现如下。

（1）定义两个结构体：代表二维点的结构体 Point 和代表一组点的结构体 Cluster。代码如下：

```
// Point 结构体
type Point struct {
    X, Y float64
}
// 表示一组点的 Cluster 结构体
type Cluster struct {
    Center Point
    Points []Point
}
```

（2）定义名为 KMeans 的函数接收点列表和所需聚类的数量，并返回表示最终聚类的 Cluster 对象列表。

K–Means 算法首先随机初始化 k 个集群，然后迭代地将每个点分配给最近的集群并重新计算集群中心，直到实现收敛。收敛性是通过检查每个集群的中心自上次迭代以来是否发生了显著变化来确定的。代码如下：

```
// 执行 K-Means 算法，将点分组到指定数量的集群中
func KMeans(points []Point, k int) []Cluster {
    // 创建一个包含 k 个空集群的切片
    clusters := make([]Cluster, k)
    // 使用随机中心初始化集群
```

```
    for i := range clusters {
        clusters[i].Center = Point{X: rand.Float64(), Y: rand.Float64()}
    }
    // 直到所有集群的中心收敛到一个稳定的位置
    for {
        // 将每个点分配给最近的集群
        for i := range points {
            nearest := 0
            nearestDist := math.Inf(1)
            // 为当前点找到最近的集群中心
            for j := range clusters {
                dist := distance(points[i], clusters[j].Center)
                if dist < nearestDist {
                    nearest = j
                    nearestDist = dist
                }
            }
            // 将当前点添加到最近的集群中
            clusters[nearest].Points = append(clusters[nearest].Points, points[i])
        }
        // 重新计算所有集群的中心。如果任何集群的中心发生变化，则继续聚类
        changed := false
        for i := range clusters {
            if len(clusters[i].Points) > 0 {
                // 计算当前集群中所有点的均值作为新的中心
                mean := Point{X: 0, Y: 0}
                for _, p := range clusters[i].Points {
                    mean.X += p.X
                    mean.Y += p.Y
                }
                mean.X /= float64(len(clusters[i].Points))
                mean.Y /= float64(len(clusters[i].Points))
                // 如果新中心与当前中心不同，则更新中心并继续聚类
                if distance(mean, clusters[i].Center) > 1e-6 {
                    changed = true
                    clusters[i].Center = mean
                }
                // 重置当前集群中的点
                clusters[i].Points = nil
            }
```

```
        }
        // 如果所有集群的中心都没有改变，则停止聚类并返回簇集群
        if !changed {
            break
        }
    }
    return clusters
}
```

（3）定义 distance() 函数，用于计算两点之间的欧氏距离。代码如下：

```
// 计算两点之间的欧氏距离
func distance(a, b Point) float64 {
    return math.Sqrt((a.X-b.X)*(a.X-b.X) + (a.Y-b.Y)*(a.Y-b.Y))
}
```

（4）定义 main() 函数，创建一个包含 10 个点的切片，然后调用 KMeans() 函数将这些点聚类为 2 个聚类，生成的集群被打印到控制台上。代码如下：

```
func main() {
    // 创建一个包含 10 个点的切片
    points := []Point{
        {X: 0, Y: 0},
        {X: 1, Y: 0},
        {X: 0, Y: 1},
        {X: 1, Y: 1},
        {X: 2, Y: 2},
        {X: 3, Y: 3},
        {X: 4, Y: 4},
        {X: 5, Y: 5},
        {X: 6, Y: 6},
        {X: 7, Y: 7}}
    clusters := KMeans(points, 2)
    for i, c := range clusters {
        fmt.Printf(" 集群 %d：中心 =%v, 点 =%v\n", i, c.Center, c.Points)
    }
}

//$ go run kMeans.go
// 集群 0：中心 ={5 5}, 点 =[]
// 集群 1：中心 ={0.8 0.8}, 点 =[]
```

3. 面试题实战

【题目 13-10】解释 *K*-Means 算法并简述其涉及的步骤

K-Means 算法是一种聚类算法，用于将数据集划分为 *K* 个集群，其中每个集群由其质心或中心表示。该算法从随机选择 *K* 个初始质心开始，然后迭代地将每个数据点分配给最近的质心并更新质心，直到收敛。

K-Means 算法涉及的步骤如下。

（1）随机选择 *K* 个初始质心。

（2）将每个数据点分配给最近的质心。

（3）通过取每个集群中所有数据点的平均值来计算新的质心。

（4）重复步骤（2）和（3）直到收敛，即质心不再显著变化。

13.5 本章小结

本章对其他常见算法（递归算法、网页排名算法、数学类算法和机器学习算法）进行了详细的分析和讲解。

本章主要知识结构如图 13.3 所示。

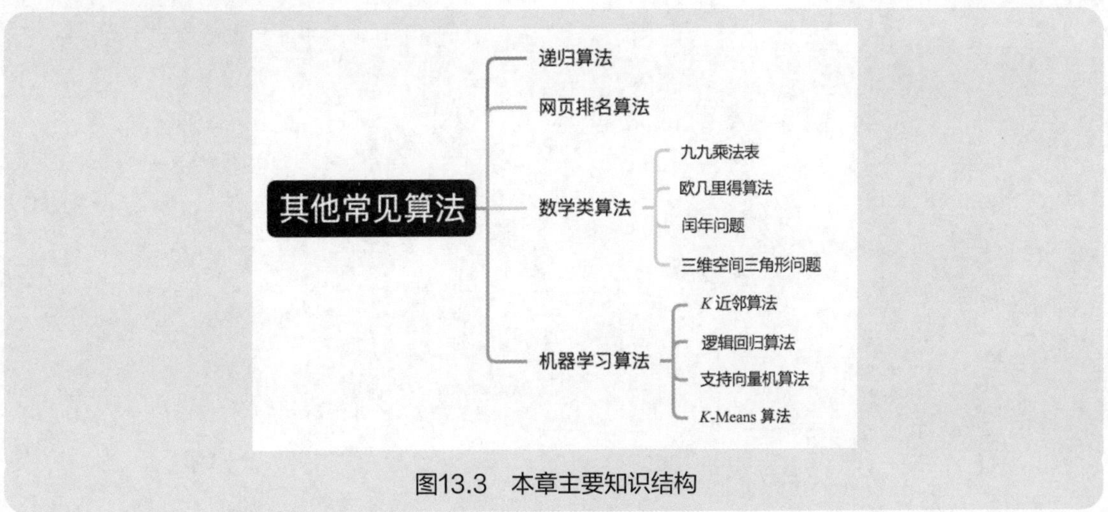

图13.3 本章主要知识结构

可以使用递归算法解决的问题示例包括计算阶乘、计算斐波那契数列、遍历二叉树和排序算法（如归并排序）。在 13.1.2 小节，计算给定数字阶乘的递归算法的 Go 语言实现，帮助读者理解如何在 Go 语言中使用递归算法。题目 13-1 是常见的算法面试题，读者须重点掌握斐波那契数列的实现方式，这是递归算法的典型例子。

网页排名算法是分析网页和网站的质量、受欢迎程度、结构和价值的有用工具，网页排名算法通常用于搜索引擎优化（SEO），以确定网页的重要性和相关性。在 13.2.2 小节，通过 Go 语言实现网页排名算法示例，帮助读者理解如何在 Go 语言中使用网页排名算法。题目 13–2 是常见的网页排名算法面试题。一般来说，网页排名算法只需掌握其原理即可。

数学类算法是比较简单的常见算法，其中比较基础的是九九乘法表和闰年问题，读者应该快速掌握。对于欧几里得算法，要掌握其算法的原理，该算法在生成随机数、密码学等方面有广泛应用。题目 13–4 是常见的欧几里得算法面试题，读者应尽量理解。三维空间三角形问题在计算机图形学、物理学和工程学等领域都有应用，通常用于建模和模拟三维物体和系统。在 13.3.4 小节，使用 Go 语言定义了一个结构体 Point 来表示三维空间中的一个点，定义了一个 Triangle 结构体来表示三维空间中的三角形（其中三角形由三个点组成），然后通过海伦公式来计算三角形的面积。题目 13–6 是常见的三维空间三角形问题的算法，熟悉海伦公式即可，该问题在实际面试中不是很常见。

机器学习算法难度比较大，在日常的程序员面试中出现的不是很多，对于这部分内容，读者只需了解一些概念即可，感兴趣的读者可以进一步学习。

算法的提升是一个循序渐进的过程，理解算法的原理与相关语言的语法与特性，加强实战编码，多做相关的面试真题，就能够在短时间内成为算法高手。预祝读者朋友们通过本书的学习，能够早日找到心仪的工作。

参 考 文 献

[1] 周志华. 机器学习 [M]. 北京：清华大学出版社，2016.

[2] 张雨萌. 机器学习线性代数基础：Python 语言描述 [M]. 北京：北京大学出版社，2019.

[3] 杨克昌. 计算机常用算法与程序设计案例教程 [M]. 2 版. 北京：清华大学出版社，2015.

[4] 杨克昌，严权峰 . 算法设计与分析实用教程 [M]. 北京：中国水利水电出版社，2013.

[5] 王晓东 . 计算机算法设计与分析 [M]. 4 版. 北京：电子工业出版社，2012.

[6] 冯俊. 算法与程序设计基础教程 [M]. 北京：清华大学出版社，2010.

[7] 朱青. 计算机算法与程序设计 [M]. 北京：清华大学出版社，2009.

[8] 王建德，吴永辉 . 新编实用算法分析与程序设计 [M]. 北京：人民邮电出版社，2008.

[9] 廖显东. Go Web 编程实战派：从入门到精通 [M]. 北京：电子工业出版社，2021.

[10] 艾伦 A.A. 多诺万，布莱恩 W. 柯尼汉 .Go 程序设计语言 [M]. 李道兵，高博，庞向才，等译 . 北京：机械工业出版社，2017.

[11] 何海涛. 剑指 Offer：名企面试官精讲典型编程题 [M]. 2 版. 北京：电子工业出版社，2017.

[12] 赵烨. 轻松学算法：互联网算法面试宝典 [M]. 北京：电子工业出版社，2016.